J.-M. AROCA,
T. SANCHEZ-GIRALDA,
J.-L. VINCENTE

Géométrie algébrique et applications

I. Géométrie et calcul algébrique

Comptes-rendus de la deuxième conférence internationale de La Rabida. Espagne. (10-18 décembre 1984)

TRAVAUX EN COURS HERMANN, PARIS

Collection **Travaux en cours**

Sous la direction de Jean Dieudonné et Lê Dũng Tráng

1. **Vaillant.** Equations aux dérivées partielles hyperboliques et holomorphes
2. **Mossino.** Inégalités isopérimétriques et applications en physique
3. **Benabdallah.** Opérateurs différentiels invariants
4. **Beauzamy, Lapresté.** Modèles étalés des espaces de Banach
5. **Dazord, Desolneux-Moulis.** Géométrie symplectique et de contact
6. **Dazord, Desolneux-Moulis.** Feuilletages et quantification géométrique
7. **Dazord, Desolneux-Moulis.** Autour du théorème de Poincaré-Birkhoff
8. **Bernstein, Deligne, Kazhdan, Vigneras.** Représentations des groupes réductifs sur un corps local
9. **Albert, Molino.** Pseudogroupes de Lie transitifs, vol. I
10. **Zamansky.** Analyse harmonique et approximation
11. **Vaillant.** Propagation des singularités et opérateurs différentiels
12. **Dufour.** Géométrie symplectique et de contact
13. **Dufour.** Singularités, feuilletages et mécanique hamiltonienne
14. **Avanissian.** Cellule d'harmonicité et prolongement analytique complexe
15. **Zamansky.** Approximation des fonctions
16. **Pajor.** Sous-espaces l_n des espaces de Banach
17. **Mauclaire.** Intégration et théorie des nombres
18. **Ekedahl.** Diagonal complexes and F-gauge structures
19. **Albert, Molino.** Pseudogroupes de Lie transitifs, vol. II
20. **Audin.** Cobordismes d'immersions lagrangiennes et legendriennes
21. **Choquet-Bruhat, Coll, Kerner, Lichnerowicz.** Géométrie et physique
22. **Aroca, Sanchez-Giralda, Vicente.** Géométrie et calcul algébrique
23. **Aroca, Sanchez-Giralda, Vicente.** Singularités et géométrie complexe
24. **Aroca, Sanchez-Giralda, Vicente.** Géométrie réelle. Systèmes différentiels et théorie de Hodge
25. **Dazord, Desolneux-Moulis.** Aspects dynamiques et topologiques des groupes infinis de transformation de la mécanique
26. **Dazord, Desolneux-Moulis.** Feuilletages riemanniens, quantification géométrique et mécanique
27. **Dazord, Desolneux-Moulis.** Actions hamiltoniennes de groupes. Troisième théorème de Lie
28. **Ghidaglia, Saut.** Equations aux dérivées partielles non linéaires dissipatives et systèmes dynamiques

Table des matières

V. Cossart
Forme normale d'une fonction sur un k-schéma de dimension 3 et de caractéristique positive 1

F. Delgado de la Mata et C. Ana Núnez Jimenez
Monomial rings and saturated rings 23

M. Demazure
La théorème de complexité de Mayr et Meyer 35

J. Finat
A combinatorial presentation of the variety of complete quadrics 59

G. Gonzalez-Sprinberg et J.-L. Verdier
Structure multiplicative des modules reflextifs sur les points doubles rationnels 79

J. A. Hermida
Fitting ideals and valuation rings 111

J. A Hermida et T. Sanchez-Giralda
Sur les anneaux de Prüfer 117

S. Ikeda et M. Herrmann
Blowing-up rings of low multiplicity 125

M. Morales
Clôture intégrale d'idéaux et anneaux gradués Cohen-Macaulay 151

U. Orbanz
On equimultiplicity of the normal cone 173

C. Sancho de Salas
Moduli of analytic branches 185

J. B. Sancho de Salas
Blowing-up morphisms with Cohen-Macaulay associated graded rings 201

M. T. Sancho de Salas
Factorization theorem for birational morphisms and relations between the multiplicities 211

ISBN 2 7056 6027 5

Classification AMS : 14-32

Avec le soutien du

CNL CENTRE NATIONAL DU LIVRE

Géométrie algébrique et applications
I. Géométrie et calcul algébrique

Travaux en cours, 22

Auteurs

V. COSSART
Université de Paris VI
Département de Mathématiques
4 Place Jussieu
75230 Paris Cédex 06

F. DELGADO
Facultad de Ciencias
Dpo. de Algebra y Geometria
Pdo. de la Magdalena s/n
47005 Valladolid Espagne

M. DEMAZURE
Ecole Polytechnique
Centre de Mathématiques
91128 Palaiseau Cédex

J. FINAT
Facultad de Ciencias
Dpo. de Geometria y Topologia
Universidad de Valladolid
47005 Valladolid Espagne

G. GONZALEZ-SPRINBERG
Ecole Normale Supérieure
Centre de Mathématiques
24 rue Lhomond
75005 Paris

J.A. HERMIDA ALONSO
Ecole Normale Supérieure
Centre de Mathématiques
24 rue Lhomond
75005 Paris

M. HERRMANN
Universität zu Köln
Mathematisches Institut
5000 Köln 41 R.F.A.

S. IKEDA
Nagoya Unviersity
Department of Mathematics
Chikussa-ku, Nagoya 464 Japon

M. MORALES
Institut Fourier
Laboratoire de Mathématiques
BP 74
38402 Saint-Martin-d'Hères

C.A. NUNEZ
Facultad de Ciencias
Dpo. de Algebra y Geometria
Pdo. de la Magdalena s/n
47005 Valladolid Espagne

U. ORBANZ
Max-Planck-Institut für Mathematik
Gottfried-Claren-str. 26
5300 Bonn 3 R.F.A.

C. SANCHO DE SALAS
Facultad de Ciencias
Dpo. de Matematicas
Universidad de Salamanca
37071 Salamanca Espagne

J.B. SANCHO DE SALAS
Facultad de Ciencias
Seccion de Matematicas
Universidad de Badajoz
06071 Badajoz Espagne

M.T. SANCHO DE SALAS
Facultad de Ciencias
Dpo. de Matematicas
Universidad de Salamanca
37071 Salamanca Espagne

J.-L. VERDIER
Ecole Normale Supérieure
Centre de Mathématiques
24 rue Lhomond
75005 Paris

Préface

La Conférence de géométrie algébrique dont nous présentons aujourd'hui les comptes-rendus s'est tenue du 10 au 18 décembre 1984 à l'Université Santa María de La Rábida (Huelva, Espagne). Une première Conférence avait eu lieu au même endroit au début de 1981. Le thème proposé était la géométrie algébrique en général, et son support d'algèbre commutative.
Ce choix, qui semble à première vue entraîner une grande dispersion, a permis au contraire d'obtenir un résultat très bénéfique; à savoir resserrer les liens entre les diverses spécialités en la matière qui, vu l'étendue du champ de travail, couraient le risque de s'ignorer mutuellement.

Au total, 83 mathématiciens ont participé à ces travaux, parmi lesquels 39 espagnols, 24 français, 7 allemands de l'Ouest, ainsi que des représentants moins nombreux pour la Suisse, les Etats-Unis, l'Autriche, l'Italie, la Hollande, Israël, l'URSS et le Vietnam.
Les conférences plénières étaient organisées autour de trois grands thèmes : structures mixtes de Hodge dans l'étude des singularités, calculs effectifs en algèbre commutative et cotes effectives en géométrie algébrique et analytique.

L'organisation de ces conférences aurait été impossible sans l'appui de diverses institutions et personnes. Le financement a été pris en charge par l'Université de Séville, le patronat de l'Université de Santa María de La Rábida, la Comisión Asesora de Investigación Científica y Técnica, la Direccion General de Universidades de la Junta de Andalucia, les Ayuntamientos de Huelva y Moguer, la Caja Provincial de Ahorros de Huelva et l'Universitad Nacional de Educacion a Distancia.

Nos remerciements les plus chaleureux s'adressent à ceux qui ont assumé l'ingrate tâche de l'organisation matérielle de la conférence : R. Piedra, F. Loeser et J.-C. Vilchez. Nous remercions également le personnel du département d'algèbre de l'université de Séville, qui a assuré le parfait fonctionnement des détails pratiques, et tout particulièrement Madame Eugenia Penalba pour son travail de secrétariat. Pour la partie scientifique, nous devons beaucoup, tout d'abord, à B. Teissier qui a conçu le projet de la réunion, et qui nous a encouragé lors de sa réalisation. De même, nous rendons hommage à l'appui de P. Abellanas, sans qui la conférence n'aurait jamais vu le jour. Toute notre reconnaissance va également à A. Campillo, F. Cano, J. Finat et J.A. Hermaida pour leur collaboration à l'édition de ces comptes-rendus.

J.M. Aroca T. Sanchez-Giralda J.L. Vicente

V. COSSART

Forme normale d'une fonction sur un k-schéma de dimension 3 et de caractéristique positive

INTRODUCTION.

Après les travaux d'Abhyankar [1] et d'HIRONAKA [8] [14], on a pratiquement résolu tous les problèmes classiques de désingularisation en caractéristique 0. Restent les cas de la caractéristique positive et de l'inégale caractéristique. En dimension 1 et 2, les problèmes sont résolus [6] [3] [12] [15].
En dimension 3, il existe un théorème de désingularisation d'Abhyankar [3], mais le problème suivant reste ouvert : étant donné un plongement $X \subset Z$ avec Z régulier, trouver une modification X' Z' avec X' et Z' réguliers. Si Z est de dimension 4 et si X a pour équation $g^p - f(u_1, u_2, u_3)$, on sait résoudre ce problème si on a (**) $f = g^p + u^a c$ où u est un monôme en $(u_1, \ldots, u_2) \subset (u_1, u_2, u_3)$ et ($a \neq 0(p)$ et c inversible) ou ($a = 0(p)$ et $(u_1, \ldots, r_r, c)$ différentiellement libres). On peut voir dans [2] comment Abhyankar utilise cette condition en dimension 2.

Etant donné un k-schéma lisse X de dimension 3, on peut trouver un morphisme propre $e : Y \longrightarrow X$, $e = \pi(n) \circ \ldots \circ \pi(0)$, composé d'éclatement à centres lisses et tel que $f \circ e$ vérifie (**) sur Y. Nous allons donner ici une idée de la construction de e et définir les outils employés dans la démonstration d'existence de e. Malheureusement la preuve est longue et ne peut être exposée ici dans son intégralité. Il faut bien convenir que pour le moment la résolution des singularités est une théorie caractérisée par la simplicité de ses énoncés et la longueur de leurs démonstrations.

I - PRELIMINAIRE.

A.1. Soit X un schéma noethérien de caractéristique $p > 0$, de dimension 1 et tel que le faisceau des différentielles absolues soit de type fini. Tout point x de X admet alors un voisinage ouvert affine U d'anneau $R = O_X(U)$ tel que R admet une p-base, c'est-à-dire une suite $\lambda_1, \ldots, \lambda_s$ d'éléments de R satisfaisant aux conditions équivalentes suivantes :

(1) Les monômes λ^a , $0 \leq a(i) < p$, (ce qu'on écrit $a \ll p$) forment une base de R sur R^p.

(2) Les $d\lambda_i$ forment une R-base de Ω_R.

Dans ces conditions, si l'on note $\mathcal{D}(X)$ le faisceau des dérivations absolues de X, on a $\mathcal{D}(X)(U) = \text{Dér}(R,R^p) = R\partial_i$, où ∂_i est défini par :

(3) $df = \Sigma \partial_i(f)\, d\lambda_i$, $f \in R$, (donc $\partial_i(\lambda_j) = \delta_{i,j}$).

Un diviseur à croisements normaux de X (on écrira d.c.n.) est un sous-schéma fermé E qui, localement, est de la forme $E = V(\lambda^a)$ où $\lambda = (\lambda_1, \ldots, \lambda_s)$ est une p-base et λ^a un monôme. Soit Y un fermé régulier de X , à croisements normaux avec E et d'idéal P. On note :

(4) $\mathcal{D}(X,E,Y)$

le faisceau des dérivations D de O_X telles que $D(I(E)) \subset I(E)$ et $D(P) \subset P$.

Si $f \in O_X(X)$, on a un faisceau d'idéaux défini par :

(5) $\mathcal{J}(X,f,E,Y) = \mathcal{J}(X,E,Y)f$,

on peut avoir $Y = \emptyset$; on pose alors :

(6) $\mathcal{J}(X,f,E,\emptyset) = \mathcal{J}(X,f,E)$, $\mathcal{D}(X,E,\emptyset) = \mathcal{D}(X,E)$ et on a

(7) $\mathcal{J}(X,f,E,Y) \subset \mathcal{J}(X,f,E)$.

Soient U et λ comme plus haut, on pose

(8) $I_1 = \{ i \in [1,s] / \mathrm{div}(\lambda_i) \subset E \}$, $I'_1 = \{ i \in [1,s] / Y \subset \mathrm{div}(\lambda_i) \subset E$,

(9) $I_2 = \{ i \in [1,s] / \mathrm{div}(\lambda_i) \not\subset E$ et $Y \subset \mathrm{div}(\lambda_i) \}$.

On observe que, si λ_i est une unité, $\mathrm{div}(\lambda_i) = 0$ et donc $i \in I_1$. On pose

(10) $I_3 = \{ i \in [1,s] / \mathrm{div}(\lambda_i) \not\subset E$ et $Y \not\subset \mathrm{div}(\lambda_i) \}$.

Désormais, nous supposerons E réduit. Alors, si X est régulier, si E est un d.c.n., si Y est à croisements normaux avec E , si $x \in Y$, il existe un voisinage affine $U = \mathrm{Spec}(R)$ de x et une p-base $(\lambda_i,\ 1 \leq i \leq s)$ de $O_X(U)$ et des entiers $1 \leq q \leq t \leq k \leq r \leq s$ tels que si $\mathfrak{m}$ est l'idéal de $\{x\}$, on ait

(11) $E = \bigsqcup_{1 \leq i \leq t} \mathrm{div}(\lambda_i)$, $P = \sum_{q+1 \leq i \leq k} \lambda_i R$, $\mathfrak{m} = \sum_{1 \leq i \leq r} \lambda_i R$,

(12) $\mathrm{div}(\lambda_i) \subset U$ est irréductible (i.e. connexe) $\forall i,\ 1 \leq i \leq t$.

On a alors :

(13) $I_1 = \{ i / 1 \leq i \leq t$ ou $r+1 \leq i \leq s \}$, $I'_1 = \{ i / q+1 \leq i \leq t \}$,

$I_2 = \{ i / t+1 \leq i \leq k \}$, $I_3 = \{ i / k+1 \leq i \leq r \}$.

Il nous sera commode d'utiliser aussi les notations que voici :

(14) $u_i = \lambda_i,\ 1 \leq i \leq r$, et $(u,\lambda) = ((u_1,\ldots,u_r),\lambda_{r+1},\ldots,\lambda_s) = (\lambda_1,\ldots,\lambda_s)$

$(u_1,\ldots,u_r)$ est donc un système régulier de paramètres (en abrégé : s.r.p.) de $O_{X,x}$. On définit alors $D^{u,\lambda}_{[i]} f$ par

(15) $df = \sum D^{u,\lambda}_{[i]} f\, d\lambda_i = \sum_{1\leq i\leq r} D^{u,\lambda}_{[i]} f\, du_i + \sum_{r+1\leq j\leq s} D^{u,\lambda}_{[j]} f\, d\lambda_j$.

(16) On vérifie les résultats suivants.

Etant donnée une p-base (u,λ) vérifiant (11), au voisinage de x, on a les générateurs suivants de nos modules de dérivées :

$\mathcal{D}(X,E) = (u_i D^{u,\lambda}_{[i]},\ 1\leq i\leq t) + (D^{u,\lambda}_{[i]},\ t+1\leq i\leq s)$,

$\mathcal{D}(X,E,Y) = (u_i D^{u,\lambda}_{[i]},\ 1\leq i\leq t) + (PD^{u,\lambda}_{[i]},\ t+1\leq i\leq k) + (D^{u,\lambda}_{[i]},\ k+1\leq i\leq s)$,

$\mathcal{D}(X,E,\{\bar{\pi}\}) = (u_i D^{u,\lambda}_{[i]},\ 1\leq i\leq t) + (MD^{u,\lambda}_{[i]},\ t+1\leq i\leq r) + (D^{u,\lambda}_{[i]},\ r+1\leq i\leq s)$.

On pose :

(17) $DM^{u,\lambda}_{[i]} = \lambda_i D^{u,\lambda}_{[i]}$, $1\leq i\leq s$,

bien sûr, si $1\leq i\leq r$, $DM^{u,\lambda}_{[i]} = u_i D^{u,\lambda}_{[i]}$.

PROPOSITION A.2.

Soit X un schéma régulier vérifiant les hypothèses (A.1), soit E un d.c.n. et soit $\mathcal{J}$ un faisceau d'idéaux sur X. Alors il existe un et un seul couple de faisceau d'idéaux $(\mathcal{H},J)$ tel que :

(i) $\mathcal{J} = \mathcal{H} J$,

(ii) $\mathcal{H}$ est l'idéal d'un d.c.n. à support contenu dans celui de E,

(iii) pour tout point maximal η de E , on a $\mathcal{H} O_{X,\eta} = \mathcal{J} O_{X,\eta}$.

On dit que $\mathcal{H}$ est le E-p.g.c.d. de $\mathcal{J}$.

Preuve :

Il est clair que $\mathcal{H}$ est caractérisé par les conditions (ii) et (iii) ; en effet, pour tout $x\in X$, on choisit un voisinage affine $U = \mathrm{Spec}(R)\subset X$ satisfaisant aux conditions (A.1.(11) (12)). Si $A(i)$ est l'ordre au point générique η de $\mathrm{div}(\lambda_i)$, $1\leq i\leq s$, de l'idéal $\mathcal{J}$, on a :

(1) $\mathcal{H}/U = \prod_{1\leq i\leq s} \lambda_i^{A(i)}\, O_U$.

Puisque $\mathcal{H}$ est inversible, on obtient (i) en prenant $J = \mathcal{H}^{-1}\mathcal{J}$.

Observons que (A.1. (12)) nous dit que $\text{div}(\lambda_i) \subset U$ est irréductible, λ_i est donc un élément premier de $O_{X,x}$, car cet anneau régulier est factoriel et $O_{X,\eta}$ est un localisé de $O_{X,x}$, l'entier $A(i)$ qui figure dans (1) est donc :

$$(2) \qquad A(i) = \inf \{ n \in \mathbb{N} ; \lambda_i^n \text{ divise } \mathcal{J} O_{X,x} \} .$$

PROPOSITION A.3.

Soient X et E vérifiant les hypothèses de (A.2), soit Y un fermé régulier de X et à croisements normaux avec E en x, $x \in Y$ et soit $f \in O_X(X)$. Alors le E-p.g.c.d. de $\mathcal{J}(X,f,E)$ est aussi celui de $\mathcal{J}(X,f,E,Y)$ et, dans un voisinage de x, $\mathcal{H}$ est aussi le E-p.g.c.d. de $\mathcal{J}(X,f,E,\{\bar{x}\})$. On le note $\mathcal{H}(X,f,E)$ ou plus simplement $\mathcal{H}$, on pose :

(i) $J(X,f,E,Y) = \mathcal{H}^{-1} \mathcal{J}(X,f,E,Y)$,

(ii) $J(X,f,E) = \mathcal{H}^{-1} \mathcal{J}(X,f,E)$,

(iii) $J(X,f,E,\{\bar{x}\}) = \mathcal{H}^{-1} \cdot \mathcal{J}(X,f,E,\{\bar{x}\})$,

(iv) $\alpha(Y,x) = \text{ord}_x(J(X,f,E,Y))$,

(v) $\alpha(x) = \text{ord}_x(J(X,f,E,\{\bar{x}\}))$,

(vi) $\nu(x) = \text{ord}_x(J(X,f,E))$,

et on a les inégalités :

(vii) $\nu(x) \leq \alpha(Y,x) \leq \alpha(x) \leq \nu(x)+1$.

DEFINITION A.4.

Etant donnés (X,f,E) comme ci-dessus, pour tout entier $\nu \geq 1$, on pose $\text{Sing}_\nu(X) = \{x \in X / \nu(x) \geq \nu\}$. On pose $\text{Sing}(X) = \text{Sing}_1(X) = \{x \in X / \nu(x) \geq 1\}$ et $\nu(X) = \text{Sup}\{\nu(x) \mid x \in X\}$.

L'invariant $\nu(.)$ étant l'ordre d'un idéal, il est semi-continu supérieurement.

B) PROBLEME :

Etant donnés (X,f) comme ci-dessus, $\dim(X) = 3$, nous allons montrer qu'il existe un morphisme propre $e : X' \longrightarrow X$, tel que

(i) e est composé d'un nombre fini d'éclatements de centres réguliers,

(ii) $E' = e^{-1}(V(J(X,f,\emptyset)))_{red}$ est un d.c.n. de X' ,

(iii) $J(X',f,E') = O_{X'}$.

Alors, d'après [5] (1.5), en tout point x' de X', il existe un voisinage affine U' de x' , $U' = \mathrm{Spec}(R')$, des éléments $g, u_1,\dots,u_r, \gamma$ de R' et des entiers naturels $a(1),\dots,a(n)$ tels que, dans R', on a (**) :

(a) $f = g^p + \gamma u^a$

(b) $a(i) \geqslant 2$, $1 \leqslant i \leqslant r$, $u_1,\dots,u_r$ est une partie d'un s.r.p. de x', γ unité.

(c) au moins une des deux conditions suivantes est satisfaite :

(c-1) $a \not\equiv 0(p)$

(c-2) $u_1,\dots,u_r, \gamma$ font partie d'une p-base de R'.

C) <u>LE PRINCIPE RECURRENT</u>.

Nous allons construire une suite

$(\pi(n) : X(n+1) \longrightarrow X(n), Y(n), E(n))$, $n \geqslant 0$ telle que :

(1) $X(0) = X$, $E(0) = \emptyset$,

(2) $Y(n)$ est un sous-schéma fermé de $X(n)$ et $\pi(n)$ est l'éclatement de $X(n)$ centré en $Y(n)$, $n \geqslant 0$,

(3) $E(n+1) = (\pi(n)^{-1}(E(n) \cup Y(n)))_{red}$ et on posera :

$e(n) = \pi(n) \circ \pi(n-1) \circ \dots \circ \pi(0)$, de plus ,

(5) $Y(n)$ est à croisements normaux avec $E(n)$.

Par récurrence on en déduit :

(6) $E(n)$ est un d.c.n. de $X(n)$,

(7) Si X, f et $E = \emptyset$ vérifient les hypothèses de (A.1), alors $X(n)$, $f\circ e(n)$ et $E(n)$ vérifient les hypothèses de (A.1), on pose alors

(8) $\nu(X(n)) = \sup(\nu(x(n)), x(n) \in X(n))$,

bien sûr, $\nu(x(n)) = \mathrm{ord}_{x(n)}(J(X(n),f,E(n))$ (on note $f = f\circ e(n)$).

Le problème B. revient donc à construire la suite $\pi(n)$ de façon que, pour un entier N, $\nu(X(N)) = 0$ (i.e. $\mathrm{Sing}(X(N)) = \emptyset$ (A.4)).

Par définition de $\nu(X(n))$ (A.4.), pour résoudre le problème B., il suffit de résoudre le problème suivant.

PROBLEME B'.

Etant donné $(X(n),f,E(n))$ comme ci-dessus, $\dim(X(n)) = 3$, $\nu(X(n)) \geq 1$, nous allons montrer qu'il existe une suite finie d'éclatements : $\pi(n+i) : X(n+i+1) \longrightarrow X(n+i)$, $0 \leq i \leq t-1$, telle que le centre $Y(n+i)$ de $\pi(n+i)$ est régulier et $\nu(X(n+t)) < \nu(X(n))$.

D) LES ECLATEMENTS PERMIS.

DEFINITION D.1.

Soit (X,f,E) satisfaisant aux conditions de A., soit $x \in \mathrm{Sing}(X)$ et soit Y un sous-schéma fermé de X. On dit que Y est permis en x si

(i) $x \in Y$ et Y est lisse en x,

(ii) Y est à c.n. avec E en x,

(iii) $\alpha(Y) = \alpha(Y,x)$,

(iv) $Y \subset \mathrm{Sing}(X)$.

REMARQUE D.2.

Soit η le point générique de la composante de Y passant par x, la condition D.1. (iii) signifie
$\mathrm{ord}_\eta[J(X,f,E,Y)] = \mathrm{ord}_x[J(X,f,E,Y)]$.

PROPOSITION D.3.

Soit (X,f,E) satisfaisant aux conditions de A., soit Y un fermé de X, irréductible, lisse à croisements normaux avec E, alors si on effectue l'éclatement $\pi : X' \longrightarrow X$ centré en Y et en notant $E' = \pi^{-1}(E)_{red}$, on a

$$\mathcal{J}(X',f,E') = \mathcal{J}(X,f,E,Y)\, O_{X'}$$
$$\mathcal{H}(X',f,E') = \mathcal{H}(X,f,E)\, P^{\alpha(Y)}\, O_{X'}$$
$$J(X',f,E') = P^{-\alpha(Y)}\, J(X,f,E,Y),$$

où $P = I(Y) \subset O_X$.

REMARQUE D.3.1.

Une des difficultés du problème provient du fait que $J(X',f,E')$ est le transformé faible d'un idéal qui dépend du centre d'éclatement.

COROLLAIRE ET DEFINITION D.4.

Avec les hypothèses de D.3., si Y est permis en x et si $x' \in \pi^{-1}(x)$ alors $\nu(x') \leq \nu(x)$, si $\nu(x') = \nu(x)$, x' est dit ν-proche de x.

COROLLAIRE D.4.1.

Avec les hypothèses de D.3., si Y est une courbe permise en x, il y a au plus un nombre fini de points $x' \in \pi^{-1}(x)$ avec $\nu(x') = \nu(x)$.

COROLLAIRE D.5.

Avec les hypothèses de D.3., si Y est de codimension 1 dans X et si $Y \subset \mathrm{Sing}_{\nu(X)}(X)$, alors

(i) π est isomorphisme $X' \longrightarrow X$,

(ii) en identifiant X et X', on a $E' = E \cup Y$,

(iii) $\forall x \in Y$, $\mathrm{ord}_x(J(X',f,E')) \leq 1$,

(iv) $Y \not\subset \mathrm{Sin}_{\nu(X')}(X')$.

Preuve.

Les assertions (i) et (ii) sont bien connues. De plus, en notant $Y = \mathrm{div}(u_1)$ et $\nu = \nu(X)$, on a

(1) $(u_1^{\nu}) = J(X,f,E) \subset J(X,f,E,Y)$.

(2) $\mathcal{J}(X',f,E') = \mathcal{J}(X,f,E,Y)$ (cf. D.3.)

(3) $h(X') = h(X).u_1^{r}$ avec $r = \alpha(Y)$,

(4) $\nu = \nu(X) \leq r = \alpha(Y) \leq 1+\nu(X)$ (cf. A.3.),

(5) $J(X',f,E') = u_1^{-r}\ J(X,f,E,Y)$.

Bien sûr, (5) donne (iii). Quant à (iv), on remarque que la définition de $\mathcal{X}$ implique qu'aucune composante de E n'est dans $\mathrm{Sing}(X)$.

REMARQUE D.5.1.

L'éclatement π de D.5. donne un résultat positif, à savoir la suppression d'une composante de dimension 2 de $\mathrm{Sing}_{\nu(X)}(X)$ mais il n'est pas forcément permis.

EXEMPLE D.5.1.

On prend $p = 2$

$$f = u_2^{A(2)} u_3^{A(3)} (u_1^2 + u_1u_2u_3)$$

avec $A(2) = 1(p)$ ou $A(3) = 1(p)$, $E(n) = \mathrm{div}(u_2u_3)$.

On a

$$\begin{cases} D^{u,\lambda}_{[1]} f = u_2^{A(3)} u_3^{A(3)} u_2 u_3 \\ DM^{u,\lambda}_{[2]} f = u_2^{A(2)} u_3^{A(3)} (A(i)u_1^2 + (A(i)+1)u_1u_2u_3), \ i=2 \text{ ou } 3, \\ D^{u,\lambda}_{[i]} f = 0 \text{ pour } 4 \leq i \leq s. \end{cases}$$

Alors $\mathcal{H}(X(n),f,E(n))$ est engendré par $u_2^{A(2)} u_3^{A(3)}$ et on a

$$J(X(n),f,E(n)) = (u_1^2, u_2 u_3),$$
$$\mathrm{Sing}_2(X(n)) = \{x(n)\}$$
$$\mathrm{Sing}(X(n)) = V(u_1,u_2) \cup V(u_1,u_3),$$
$$J(X(n),f,E(n),\{x(n)\}) = (u_1^2, \mathfrak{m}_{X(n),x(n)} u_2u_3),$$
$$J(X(n),f,E(n),V(u_1,u_2)) = (u_1^2, u_1u_2u_3, u_2^2u_3).$$

On voit que $V(u_1,u_2)$ n'est pas dans la ν-strate de $x(n)$, mais par I.D.4. (1), $V(u_1,u_2)$ est permise.

Effectuons l'éclatement π centré en $V(u_1,u_2)$. Par I.E.1., $J(X(n+1),f,E(n+1))$ est le transformé faible de $(u_1^2, u_1u_2u_3, u_2^2u_3)$. Donc dans l'ouvert où $\mathrm{div}(u_1) = \pi(n)^{-1}(x(n)) \subset X(n+1)$, on a $J(X(n+1),f,E(n+1)) = O_{X(n+1)}$.

Donc au dessus de $x(n)$, il y a au plus un point singulier, c'est le point x de paramètres $u' = (u_1u_2^{-1}, u_2, u_3)$. On a alors

$$f = u_2'^{A(2)+2} u_3'^{A(3)} (u_1'^2 + u_1'u_3'),$$

$$J(X(n+1),f,E(n+1)) = (u_2'^2, u_1'u_3', u_3') = (u_1'^2, u_3').$$

Donc $\nu(x) = 1 < 2 = \nu(x(n))$.

Ainsi, il n'y a pas de point ν-proche de $x(n)$, l'éclatement centré en $V(u_1,u_2)$ se révèle donc judicieux.

On remarque que u_2 et u_3 jouent des rôles symétriques et donc l'éclatement centré en $V(u_1,u_3)$ se révèle tout aussi judicieux.

Effectuons l'éclatement centré en $x(n)$ qui est le seul éclatement permis possible avec centre dans la ν-strate de $x(n)$. Regardons le point x au-dessus de $x(n)$ de paramètres $u' = (u_1 . u_2^{-1}, u_2, u_3 . u_2^{-1})$, on a

$$f = u_2'^{A(2)+A(3)+2} \, u_3'^{A(3)} (u_1'^2 + u_1' u_2' u_3') .$$

On retrouve $J(X(n+1), f, E(n+1)) = (u_1'^2, u_2' u_3')$

$$J(X(n+1), f, E(n+1), \{x(n+1)\}) = (u_1'^2, \mathfrak{m}_{X(n+1), x(n+1)} u_2' u_3') .$$

On voit que les idéaux

$$J(X(n), f, E(n)) \subset J(X(u), f, E(n), \{x(n)\}) \subset \hat{O}_{X(n), x(n)} = k[[u_1, u_2, u_3]]$$

et

$$J(X(n+1), f, E(n+1)) \subset J(X(n+1), f, E(n+1), \{x\}) \subset \hat{O}_{X(n+1), x} = k[[u_1', u_2', u_3']]$$

sont isomorphes.

Par I.D.3., il n'y a pas d'espoir d'amélioration de f par des éclatements centrés en des points fermés.

Cet exemple prouve qu'on doit effectuer des éclatement dont les centres ne sont pas forcément dans la ν-strate de $x(n)$.

On remarque également qu'il y a deux courbes permises passant par $x(n)$, à savoir $V(u_1, u_3)$ et $V(u_1, u_2)$ et que l'éclatement de l'une ou de l'autre suffit à faire laisser l'ordre de la singularité. Pour décrire sans ambiguité un algorithme de désingularisation, il nous faudra dire comment, dans une telle situation, on choisit la courbe à éclater.

REMARQUE D.6.

Soit (X, f, E) comme en A. et $x \in \mathrm{Sing}(X)$. Notons $\nu = \nu(x)$, $\alpha = \alpha(x)$. Par D.3., l'idéal $cl^{\alpha}[J(X, f, E, \{x\})]$ doit être étudié.

On peut montrer que l'on a : $f = h(x) g + l^p$, $(l, g) \in O_{X,x}^2$, $h(x)$ générateur de $\mathcal{H}(X, f, E)$ et $\mathrm{ord}_x(g) = \alpha$.

Il peut arriver que $cl^{\alpha}[J(X, f, E, \{x\})]$ soit engendré par L^{α} où L est une forme linéaire mais que $cl^{\alpha}(g)$ ne soit pas proportionnel à L^{α} . Cependant la proposition suivante dit que en toute dimension, il y a essentiellement un seul exemple de ce phénomène.

PROPOSITION D.6.1.

Soit k un corps tel que Ω_k est de type fini soit $\lambda_{r+1},\dots,\lambda_s$ une p-base de k, soit $A = k[U_1,\dots,U_r]$, soit $H = U_1^{A(1)}\dots U_r^{A(r)}$, $A(i)\in \mathbb{N}$, $1\leq i\leq r$, soit $G\in A$, G homogène de degré α. On suppose qu'il existe une forme linéaire $L\in A$ et des $c(i)\in k$ tels que

(1) $H^{-1}\ DM^{\nu,\lambda}_{[i]}\ (HG) = c(i)\ L^{\alpha}$, $1\leq i\leq s$

(2) $HG \notin A^p$.

Alors

(i) si L est proportionnelle à un U_i, $1\leq i\leq r$, on a $G = cL^{\alpha}$, $c\in k^*$,

(ii) si $\alpha = 0(p)$, alors $G = cL^{\alpha}$, $c\in k^*$,

(iii) si $\alpha\neq 0(p)$ et si on n'a pas (i), alors quitte à réindexer les U_i et à les multiplier par des inversibles, on a

$$L = U_1+U_2 \ ,\ A(i) = 0(p),\ 3\leq i\leq r\ ,$$

$\forall m\in\mathbb{N}$, on note $\hat{m}$ le représentant de m, mod.(p) dans $[0,p-1]$, alors

$$A(\hat{1}) + \hat{\alpha} < p\ ,\ A(\hat{2}) + \hat{\alpha} < p\ ,\ A(\hat{1}) + A(\hat{2}) + \hat{\nu} = p,\ \widehat{A(1)}\widehat{A(2)} \neq 0$$

et

$$G = c^p \sum_{0\leq j\leq\alpha,\ A(1)+j\neq 0(p)} \binom{\nu}{j}\ (A(1)+j)^{-1}\ U_1^j\ U_2^{\nu-j}\ ,\ c\in k^*.$$

EXEMPLE D.6.2.

Considérons la singularité S d'équation $F = T^p-f$, $\mathrm{ord}_x(f)\geq p$, $F\in O_{X,x}[T]$.

Quitte à remplacer T par $T+z$, $z\in O_{X,x}$, ce qui remplace f par $f-z^p$, on suppose $\mathrm{ord}_x(f)$ maximum et on note $\delta_x(F) = \mathrm{ord}_x(f)$. On a $\delta_x(F) = \mathrm{ord}_x(hg) = \mathrm{ord}_x(h) + \alpha(x)$ où $f = hg$ et h monôme, (I.A.3.).

Regardons le cas où $\alpha(x) = \nu(x) = \nu = \mathrm{ord}_x(g)$. Eclatons x et si on trouve un point proche x' de x avec $\alpha(x') = 1+\nu$, cela signifie qu'au voisinage de x', on a

$$f = z^p+h'g' \quad \text{avec} \quad z\neq 0\ ,\ t|z \quad \text{où} \quad \mathrm{div}(t) = \pi^{-1}(x)$$

et $\mathrm{ord}_{x'}(g') = 1+\nu$.

Alors l'équation du transformé strict de S s'écrit

$$t^{-p}(T^p-f) = (T/t-z/t)^p-t^{-p}h'g' = F'.$$

Autrement dit, pour faire apparaître $\delta_{x'}(F')$, on doit faire une translation sur $T' = T/t$, translation que l'on ne pouvait pas effectuer avant l'éclatement. Ce phénomène propre à la caractéristique $p>0$ se produit en particulier dans le cas de D.6.1.. On fournit l'exemple typique

$$F = T^p-X^aY^b \left(\sum_{0\leq i\leq \nu, a+i\neq 0(p)} (a+i)^{-1}\binom{\nu}{i} X^iY^{\nu-i} + g_{2\nu+1}\right)$$

avec $g_{2\nu+1} \in \mathfrak{m}_{X,x}^{2\nu+1}$, $0<\nu<p$, $a = a'+\lambda p$, $b = b'+\mu p$, $0<a'<p$, $0<b'<p$, $a'+b'+\nu = p$, $(\lambda,\mu)\in \mathbb{N}^2$.

Effectuons donc l'éclatement centré en x et notons x' le point de paramètres $(T',X',Y',Z') = (T(X,X=t,1+Y/X,Z/X)$. On a

$$t^{-p}F = T'^p-X'^{a+b+\nu-p}\left(\sum \frac{1}{a+i}\binom{\nu}{i}(Y'-1)^{b+\nu i} + t^{\nu+1}g\right)$$

avec $g = t^{-2\nu-1}g_{2\nu+1}$. On note $t^{-p}F = T'^p-X'^{a+b+\nu-p}(F_\nu + t^{\nu+1}g)$,

$$F_\nu = \sum_{0\leq i\leq \nu} (Y'-1)^{\mu p}\frac{1}{a+i}\binom{\nu}{i}(Y'-1)^{b'+\nu-i} \in k[Y'] .$$

On pose $F = (Y'-1)^{\mu p} Q_\nu$.

On a $\partial Q_\nu/\partial Y' = -\sum\binom{\nu}{i}(Y'-1)^{b'+\nu-i-1}$ car $b'+\nu-i = -(a'+i)\bmod.(p)$.

Donc $\partial Q_\nu/\partial Y' = -(Y'-1)^{b-1}[(Y'-1)+1]^\nu$.

D'où $Q_\nu = P(Y'^p) + Y'^{\nu+1}\varphi(Y')$. Mais comme $\deg Q_\nu = b'+\nu<p$, on a $P(Y'^p)\in k$. Donc $Q_\nu = \sum_{0\leq i\leq\nu}\frac{1}{a+i}\binom{\nu}{i}(-1)^{b+\nu-i} + Y'^{\nu+1}\varphi(Y')$

$$Q_\nu = Q_\nu(0) + Y'^{\nu+1}\varphi(Y') = \sum_{0\leq i\leq\nu}\frac{1}{a+1}\binom{\nu}{i}(-1)^{b+\nu-i} + Y'^{\nu+1}\varphi(Y') .$$

Or $Q_\nu(0)\neq 0$, car $(Y'-1)^{b'}$ divise Q_ν or $b'+\nu+1>\deg Q_\nu$ et donc $Y'^{\nu+1}$ ne divise pas Q_ν .

Donc

$$t^{-p}F = [T'-X'^{\lambda+\mu}(Y'-1)^\mu Q(0)]^p-[Y'^{\nu+1}(Y'-1)^{\mu p}\varphi(Y')+t^{\nu+1}g]X'^{(\lambda+\mu)p} .$$

On constate que l'on a $\alpha(x') = 1+\nu$ et que l'on doit faire la translation $T'\longrightarrow T'-X'^{\lambda+\mu}Q_\nu(0)(Y'-1)^\mu$ pour obtenir $\delta_{x'}(F')$.

II - REDUCTION DU PROBLEME A DES POINTS ISOLES.

Désormais on suppose $\dim(X) = 3$.

A. SUPPRESSION DES COMPOSANTES DE DIMENSION 2.

Etant donné $(X(n), f, E(n))$ vérifiant les conditions de C., nous pouvons construire une suite d'éclatements permis

$\pi(n+i) : X(n+i+1) \longrightarrow X(n+i)$, $0 \leq i \leq \ell-1$ telle que

$$\nu(X(n+\ell)) \leq \nu(X(n))$$

et si $\nu(X(n+\ell)) = \nu(X(n))$ alors le fermé $S(2,n+\ell)$ union des composantes de dimension 2 de $X(n+\ell)$ est lisse et à croisements normaux avec $E(n+\ell)$. On effectue alors l'éclatement $\pi(n+\ell)$ centré en $S(2,n+\ell)$ et par I.D.5., on a

$$\nu(X(n+\ell+1)) \leq \nu(X(n+\ell)) = \nu(X(n))$$

et si $\nu(X(n+\ell+1)) = \nu(X(n))$ alors $S(2,n+\ell+1) = \emptyset$. Ce type de résultat est classique mais, ici, il nous faut en outre choisir les centres d'éclatement de façon que ν n'augmente pas.

B. REDUCTION A DES POINTS ISOLES.

REMARQUE B.1.

On montre qu'une courbe irréductible $\Gamma \subset \mathrm{Sing}_{\nu(X)}(X)$ est permise en presque tous ses points.

D'autre part, si on effectue l'éclatement $\pi : X' \longrightarrow X$ centré en Γ, par I. D.4.1., on ne crée pas de composante verticale de $\mathrm{Sing}_{\nu(X)}(X')$ au-dessus de l'ouvert U où Γ est permise. Alors, en appliquant [5] à X au point générique η de Γ, on en déduit que si on effectue la suite d'éclatements $\pi(n+i) : X(n+i+1) \longrightarrow X(n+i)$ centrés en $\Gamma(i)$, courbe de $X(n+i)$ se projetant sur Γ et contenue dans $\mathrm{Sing}_{\nu(X(n))}(X(n+i))$, cette suite est finie et au-dessus d'un ouvert $\mho \subset U$ de Γ, ces éclatements sont permis et $\nu(.)$ a strictement baissé.

Nous avons donc un algorithme qui convient à presque tous les points de $\mathrm{Sing}_{\nu(X(n))}(X(n))$. Ceci nous amène à définir un nouvel invariant κ .

C. UN NOUVEL INVARIANT.

Cet invariant κ peut prendre les valeurs $0,1,\ldots,5$, et la définition de $\kappa = i+1$ sera donnée après que l'on ait défini et étudié les cas $\kappa \leq i$. L'usage que nous ferons de κ est expliqué par les définitions et les propositions suivantes où l'on montre d'abord que, sauf pour un nombre fini de points on a $\kappa \leq 1$, on propose ensuite un algorithme permettant de faire laisser l'invariant (ν, κ).

DEFINITION C.1.

On dit que $\kappa = 0$ en $x(n)$ point fermé de $X(n)$ et on écrit $\kappa(x(n)) = 0$ si l'algorithme suivant aboutit à un succès :

(i) Pour $i \geq 0$ on pose $Y(n+i) = \{y \in X(n+i)$, y est ν-proche de $x(n)\}$.

(ii) si $Y(n+i)$ est infini, on a un échec au rang i ,

(iii) si $Y(n+i) = \emptyset$, on a un succès au rang i.

(iv) si $Y(n+i)$ est fini non vide on définit $X(n+i+1)$ comme l'éclaté de $Y(n+i)$ de centre $Y(n+i)$.

REMARQUE C.1.1.

Si $\kappa(x(n)) = 0$ alors $x(n)$ est isolé dans sa ν-strate.

DEFINITION C.1.2.

Etant donnée une courbe C irréductible $C \subset X(n)$ de point générique η , on pose $m(C) = \text{ord}_{\eta}(E(n))$.

DEFINITION C.1.3.

Soit Y une composante de $E(n)$, on note $n(Y)$ le nombre i tel que Y est le transformé strict du diviseur exceptionnel de l'éclatement $\pi(i)$, $0 \leq i \leq n-1$. Autrement dit, $n(Y)$ est la date de naissance de la composante Y de $E(n)$.

Si $C \subset X(n)$ est une courbe irréductible, on pose :

$$\begin{cases} \sigma(C) = (-1,-1) \quad \text{si} \quad m(C) = 0, \\ \sigma(C) = (n(Y),-1) \quad \text{si} \quad m(C) = 1 \quad \text{et} \quad C \subset Y \subset E(n), \\ \sigma(C) = (n(Y),n(Z)) \quad \text{si} \quad m(C) = 2 \quad \text{et} \quad C = Y \cap Z, \\ Y \subset E(n),\ Z \subset E(n),\ n(Y) > n(Z). \end{cases}$$

DEFINITION C.2.

Soit $x(n)$ un point fermé de $\text{Sing}_{\nu(X'n))}(X(n))$, on dit que

$\kappa(x(n)) = 1$ si $\kappa(x(n)) = 0$ et si on a un des deux cas suivants :

1) $x(n)$ est isolé dans $\mathrm{Sing}_{\nu(X(n))}(X(n))$ et

(i) il existe une et une seule courbe C telle que $\alpha(C) = \alpha(x(n))$ et $(m(C), -\sigma(C))$ est maximal pour cette propriété (B.8.3.),

(ii) C est permise en $x(n)$,

(iii) l'éclatement centré en C n'engendre pas de point -proche de $x(n)$.

2)a) Au voisinage de $x(n)$, $\mathrm{Sing}_{\nu(X(n))}(X(n))$ est union de courbes irréductibles et :

(i) il en existe une et une seule notée C telle que $(\alpha(C), m(C), -\sigma(C))$ est maximal,

(ii) C est permise en $x(n)$.

b) L'algorithme suivant aboutit à un succès au bout d'un nombre fini d'éclatements :

On effectue l'éclatement $\pi(n)$ centré en la courbe C de 2)a).

(i) Si il n'y a pas de point ν-proche de $x(n)$, on a un succès.

(ii) Si il y a un et un seul point ν-proche $x(n+1)$ de $x(n)$ et si $x(n+1)$ vérifie 1), on a un succès.

(iii) Si il y a un et un seul point ν-proche $x(n+1)$ de $x(n)$, et si $x(n+1)$ vérifie 2)a), on continue l'algorithme.

(iv) Si il y a un et un seul point $x(n+1)$ ν-proche de $x(n)$ et s'il ne vérifie pas 2)a), on a un échec.

(v) Si il y a plus d'un point ν-proche de $x(n)$, on a un échec.

<u>REMARQUE</u> C.2.1.

Pour vérifier que $\kappa(x(n)) = 1$, nous devons effectuer un algorithme décrit dans (2), cet algorithme est fini.

Preuve.

S'il était infini, il existerait une courbe irréductible $\Gamma \subset X(n)$ et un ouvert $\mathcal{O} \subset \Gamma$ tel que l'algorithme de C.2. restreint à $\mathcal{O}$ serait infini et serait celui de B.1.. D'où une contradiction.

REMARQUE C.2.2.

D'après C.1., on a $\kappa(x) = 1$ pour presque tous les points de $\mathrm{Sing}_{\nu(X(n))}(X(n))$.

EXEMPLE C.2.3.

Reprenons l'exemple de I.E.1.4.1.. On a $p = 2$

$$f = u_2^{A(2)} u_3^{A(3)} (u_1^2 + u_1 u_2 u_3)$$

avec $A(2) = 1(p)$ ou $A(3) = 1(p)$, $E(n) = \mathrm{div}(u_2 u_3)$.

On a vu que $\mathrm{Sing}_2(X(n)) = \{x(n)\}$, $x(n)$ est isolé dans sa ν-strate. On a $\mathrm{Sing}(X(n)) = V(u_1,u_2) \cup V(u_1,u_3)$ et $V(u_1,u_2)$ et $V(u_1,u_3)$ sont permis. L'algorithme de C.2. nous dit de choisir pour centre d'éclatement $\Gamma_2 = V(u_1,u_2)$ ou $\Gamma_3 = V(u_1,u_3)$. On a $\alpha(\Gamma_2) = \alpha(\Gamma_3) = 2$, $\nu(\Gamma_2) = \nu(\Gamma_3) = 1$, $m(\Gamma_2) = m(\Gamma_3) = 1$. Nous ne pouvons différencier Γ_2 et Γ_3 que par les dates de naissance de $\mathrm{div}(u_2)$ et $\mathrm{div}(u_3)$ qui sont différentes et C.2.1. i) nous dit laquelle choisir.

On a vu que l'éclatement centré en Γ_i n'engendre pas de point ν-proche de $x(n)$. Donc $\kappa(x(n)) \leq 1$. Mais dans I.E.1.4.1., on a vu qu'un ne pouvait résoudre la singularité par une suite d'éclatement de points fermés, donc $\kappa(x(n)) \neq 0$ et $\kappa(x(n)) = 1$.

Bien entendu la démonstration utilise un certain nombre de propositions qui permettent d'affirmer que $K \leq 1$, par exemple la suivante.

PROPOSITION C.2.4.

Soit x un point fermé de $\mathrm{Sing}(X(n))$ tel que

(1) $\alpha(x) = \nu(x)$ que l'on note ν,

(2) il existe une p-base (u,λ) de $O_{X,x}$ satisfaisant à I.A.1.(11)-(14) et on a $f = h(x)(u_2 g + \mu\, u_1^{\nu} u_3) + \ell^p$, $(g,\ell) \in O_{X,x}^2$, $\mu \in O_{X,x}^{*}$, $\mathrm{in}(h(x), \mu\, u_1^{\nu} u_3)$ n'est pas une puissance p-ème.

On note $C = V(u_1,u_2)$. Alors

(i) si $\nu \geq 2$ et $\alpha(C) = \nu$, on a $\kappa(x) \leq 1$

(ii) si $\nu \geq 3$ et $\alpha(C) < \nu$, on a $\kappa(x) = 0$.

Il ne reste donc plus qu'à définir l'invariant κ pour un nombre fini de points fermés de $\mathrm{Sing}_{\nu(X(n))}(X(n))$. Avant de le faire, voyons quel usage nous ferons de K défini pour le moment.

DEFINITION C.3.

Soit X(n) un point fermé de $\mathrm{Sing}_{\nu(X(n))}(X(n))$, on dit que x(n) est bon s'il vérifie les propriétés suivantes :

1) au voisinage de x(n), il existe une et une seule courbe C irréductible où $(\nu(C),\alpha(C),m(X),-\sigma(C))$ est maximal. De plus, C est permise en x(n).

2) L'algorithme suivant aboutit à un succès au bout d'un nombre fini d'éclatements :

on effectue l'éclatement $\pi(n)$ centré en la courbe C de 1).

(i) Si il n'y a pas de point ν-proche de x(n), on a un succès.

(ii) Si il y a un et un seul point ν-proche x(n+1) de x(n) et si il vérifie : $(\nu,\kappa)(x(n+1))<(\nu,\kappa)(x(n))$, on a un succès.

(iii) Si il y a un et un seul point ν-proche x(n+1) de x(n) et si $(\nu,\kappa)(x(n+1)) = (\nu,\kappa)(x(n))$ et si x(n+1) vérifie 1), on continue l'algorithme.

(iv) Si il y a plus d'un point ν-proche de x(n), on a un échec.

(v) Si il y a un point ν-proche x(n+1) de x(n) avec $(\nu,\kappa)(x(n+1)) > (\nu,\kappa)(x(n))$ on a un échec.

(vi) Si il y a un point ν-proche x(n+1) de x(n) avec $(\nu,\kappa)(x(n+1)) = (\nu,\kappa)(x(n))$ et si x(n+1) ne vérifie pas 1), on a un échec.

Pour vérifier qu'un point est bon, nous devons effectuer un algorithme décrit dans (C.3.), cet algorithme est fini.

PROPOSITION C.4.1.

Soit x(n) un point mauvais de $\mathrm{Sing}_{\nu(X(n))}(X(n))$, alors, si on effectue l'éclatement centré en x(n), en tout point x au-dessus de x(n), on a $(\nu,\kappa)(x) \leq (\nu,\kappa)(x(n))$.

THEOREME C.4.2.

Soit $x(n)$ un point mauvais de $\mathrm{Sing}_{\nu(X(n))}(X(n))$, alors la suite d'éclatements $\pi(n+i)$, $0 \leq i$, ainsi définie : $\pi(n+i)$ est l'éclatement de $X(n+i)$ centré en $Y(n+i)$ qui est l'ensemble des points mauvais (ν,κ)-proches de $x(n)$, est finie.

C.5. Supposons toujours κ défini. Alors la proposition suivante résout le problème I.B'.

PROPOSITION C.5.1.

Supposons κ défini et C.4.1. et C.4.2. vrais. Etant donné $(f(X(n))$ avec $S(2,n) = \phi$, $\nu(X(n)) \geqslant 1$, l'algorithme qui suit est défini et fait baisser strictement $\nu(X(n))$ au bout d'un nombre fini d'éclatements.

ALGORITHME C.5.2.

1) Si il existe des points fermés de $\mathrm{Sing}_{\nu(X(n))}(X(n))$ où $\kappa = 0$ ou qui sont mauvais, on effectue l'éclatement $\pi(n)$ centré en tous ces points.

2) Si en tous les points de $\mathrm{Sing}_{\nu(X(n))}(X(n))$, $\kappa \geqslant 1$ et si tous les points fermés de $\mathrm{Sing}_{\nu(X(n))}(X(n))$ sont bons et si $\dim(\mathrm{Sing}_{\nu(X(n))}(X(n))) = 1$, alors on effectue l'éclatement $\pi(n)$ centré en la composante de dimension 1 de $\mathrm{Sing}_{\nu(X(n))}(X(n))$ où $(\alpha,m,-\sigma)$ est maximal pour l'ordre lexicographique.

3) Si $\dim(\mathrm{Sing}_{\nu(X(n))}(X(n))) = 0$, et si tous les points de $\mathrm{Sing}_{\nu(X(n))}(X(n))$ sont bons et ont leur $\kappa \geqslant 1$, on appelle C la courbe passant par au moins un de ces points et où $(\alpha,m,-\sigma)$ est maximal pour l'ordre lexicographique.

a) Si il y a des points fermés de C où elle n'est pas permise, on effectue l'éclatement $\pi(n)$ centré en ces points.

b) Si C est permise en tous es points, on effectue l'éclatement $\pi(n)$ centré en C.

C.6. Définissons $\kappa = 2$.

DEFINITION C.6.

Soit I un idéal homogène d'un anneau de polynômes

$k[W]$ sur un corps k, on note $V\,\mathrm{Dir}(I)$ le plus petit sous espace vectoriel de W tel que I soit engendré par $I \cap k[V\,\mathrm{Dir}(I)]$.

DEFINITION C.6.1.

Soit $x(n)$ un point fermé de $X(n)$, on dit que $x(n)$ est à directrice quasi-transverse et on écrit $x(n)$ est à D.Q. si il existe une p-base (u,λ) de $O_{X(n),x(n)}$ satisfaisant à I.A.1. (11)-(14) en $x(n)$ et

(i) si $\alpha(x(n)) = \nu(x(n))$ alors il existe $Z \in V\,\mathrm{Dir}[cl^{\nu}(J(X,f,E,\{x\}))] \subset \mathfrak{m}/\mathfrak{m}^2$ tel que Z n'est pas combinaison linéaire des formes initiales des équations des composantes de $E(n)$,

(ii) si $\alpha(x(n)) = 1+\nu(x(n))$, alors $E(x) \subset \mathrm{div}(u_3)$ et

a) si on pose $G_2 = cl^{\nu}[h(x(n))^{-1} D^{u,\lambda}_{[2]} f]$, on a :

$$G_2(U_1,U_2,0) \in k(x(n))[U_1^p,U_2] .$$

REMARQUE.

La condition (i) n'est pas stable par éclatements de points fermés, c'est pourquoi on donne (ii) car ((i) ou (ii)) est stable par éclatements de points fermés.

On remarque que dans (ii), ((b) et (c)) entraîne (a).

DEFINITION C.6.2.

Si $x(n)$ est à D.Q. et si $\kappa(x(n)) \notin \{0,1\}$, on dit que $\kappa(x(n)) = 2$.

Nous n'allons pas plus loin dans la définition de κ nous disons simplement que pour faire baisser (ν,κ) lorsque $\kappa = 2$ nous employons des méthodes voisines de celles utilisées pour la désingularisation des surfaces et nous utilisons le polygone de Newton [11] .

BIBLIOGRAPHIE

[1] S. ABHYANKAR - Weighted expansions for a canonical desingularization. Proceedings of La Rabida. Lecture Notes 910.

[2] S. ABHYANKAR - Uniformization in a p-cyclic extension of a two-dimensional regular domain of residue field characteristic p, wiss. Abh. des Landes Nordrhein-Westfallen. Band. vol. 33, 1966, p.243-317.

[3] S. ABHYANKAR - Resolution of singularities of embedded algebraïc surfaces, Academic Press, New York and London, 1966.

[4] V. COSSART - Desingularization of embedded excellent surfaces. Tohuku Math. Jour., vol. 33, n°1, pp.25-33, 1981.

[5] J. GIRAUD - Forme normale d'une fonction sur une surface de caractéristique positive. Bull. Soc. Math. France, 111, 1983, p.109-124.

[6] J. GIRAUD - Etude locale des singularités. Cours de 3ème cycle 1972, Orsay , Pub. n°26.

[7] J. GIRAUD - Contact maximal en caractéristique positive. Ann. Sc. de l'E.N.S., 4ème série, t.8, fasc. 2, 1975.

[8] H. HIRONAKA - Resolution of singularities of an algebraïc variety over a field of characteristic 0. I and II, Ann. Math. 79 (1964).

[9] H. HIRONAKA - Certain numerical characters of singularities. J. Math. Kyoto Univ., 10 (1970).

[10] H. HIRONAKA - Additive groups associated with points of a projective space. Ann. Math. vol. 92, (1970), p.151-187.

[11] H. HIRONAKA - Characteristic polyhedra of singularities. J. Math. Kyoto Univ. 10 (1967), p.251-293.

[12] H. HIRONAKA - Desingularization of excellent surfaces, Advanced Science Seminar in Algebraic Geometry. Bowdoin college 1967. Notes by B. Bennett. Lecture Notes 1101. Resolution of Surface Singularities by V. COSSART, J. GIRAUD, U. ORBANZ, appendix of H. HIRONAKA.

[13] H. HIRONAKA - Introduction to the theory of infinitely near singular points. Memorias de Matematica del instituto "Jorge Juan", 28.

[14] H. HIRONAKA, J.M. AROCA, J.L. VICENTE - The theory of the maximal contact. Desingularization theorems. Memorias de Mat. del inst. "Jorge Juan", 29 et 30.

[15] J. LIPMAN - Desingularization of two dimensional schemes, Ann. of Math. 107 (1978), p.151-207.

[16] T. SANCHEZ - Teoria de singularidades de superficias algebroïdes sumergidas. Monografias y memorias de Matematica. IX. Pub. del. Inst. "Jorge Juan" de Mat. Madrid (1976).

RESUME

En caracteristique $p > 0$ il existe un algorithme permettant de résoudre les singularités du type $y^p - f(u_1, u_2, u_3)$.

Dans la partie I, on définit un invariant ν et les éclatements permis pour ν. On donne également deux exemples typiques des difficultés du problème.

Dans la partie II on montre qu'on peut réduire le problème à des points isolés et on donne l'algorithme global de résolution.

F. DELGADO DE LA MATA et C. ANA NUNEZ JIMENEZ

Monomial rings and saturated rings

INTRODUCTION

Let C be a commutative ring with unit, $\bar{C}$ its integral closure in its total quotient ring. Following [4] the ring C will be said to be saturated if it has the following property:

If $z \in C$; $z_1, \ldots, z_r$, $w_1, \ldots, w_s$ are nonzero divisors in C such that $z z_i^{-1}$, $z w_j^{-1}$, $(z_1 \cdot \ldots \cdot z_r)(w_1 \cdot \ldots \cdot w_s)^{-1} \in \bar{C}$, then $z (z_1 \cdot \ldots \cdot z_r)(w_1 \cdot \ldots \cdot w_s)^{-1} \in C$.

Saturated rings were introduced by Zariski in [10] and [11] and by Pham and Teissier in [9] and Campillo in [4], each time in a different fashion. In [4] it is also proved that for local rings of algebroid curves all the above saturation concepts are the same.

For the saturation $\mathcal{O} \subset \tilde{\mathcal{O}} = k[[t_1]] \times \ldots \times k[[t_d]]$ of such a ring we can consider its semigroup of values

$$S = \{\underline{v}(z)) \mid z \text{ a nonzero divisor of } \mathcal{O}\}$$

where $\underline{v}(z) = (\mathrm{ord}_{t_1}(pr_1(z)), \ldots, \mathrm{ord}_{t_d}(pr_d(z))) \in \mathbb{Z}_+^d$, $\mathbb{Z}_+ = \{n \in Z \mid n \geq 0\}$. This semigroup has the properties considered in §1 below, so we will say that such a semigroup is saturated.

In §2 we construct for a saturated semigroup S a "monomial subring" A_S of $k[[t_1]] \times \ldots \times k[[t_d]]$, k a field, which is saturated and has S as semigroup of values. In §3 we prove that the saturation of the ring of an algebroid curve whose branches have multiplicity prime to p = charact. k is isomorphic to A_S, S being its semigroup of values. So this gives, in particular, a computation for the Zariski saturation of a curve.

§1 SATURATED SEMIGROUPS

Let $\mathbb{Z}_+ = \{n \in \mathbb{Z} \,/\, n \geq 0\}$ and $d \geq 1$ a natural number. Consider on $\mathbb{Z}_+^d$ the order given by $(\gamma_1, \ldots, \gamma_d) \leq (\gamma'_1, \ldots, \gamma'_d) \Leftrightarrow \gamma_i \leq \gamma'_i$ for all $i = 1,2,\ldots,d$.

Definition 1. An additive subsemigroup S of $\mathbb{Z}_+^d$ (i.e., a subset $S \subset \mathbb{Z}_+^d$ such that $\underline{0} \in S$ and $\gamma, \gamma' \in S \Rightarrow \gamma + \gamma' \in S$) will be said to be saturated with respect to a subset $R \subset S$ if the following properties hold:

a) There exists $\delta \in S$ such that $\gamma \in \mathbb{Z}_+^d$, $\gamma \geq \delta \Rightarrow \gamma \in S$.

b) If $\gamma, \gamma' \in S$ then $\inf(\gamma, \gamma')$ and $\sup(\gamma, \gamma')$ belong to S.

c) For every $\gamma \in S$ the binary relation R_γ defined on the set $\{1,2,\ldots,d\}$ by $i R_\gamma j$ iff $\forall \gamma' \geq \gamma$, $\gamma' \in S$, $pr_i \gamma' = pr_i \gamma \Rightarrow pr_j \gamma' = pr_j \gamma$ is symmetric (and so is an equivalence relation).

d) If $\gamma, \gamma^1, \ldots, \gamma^r \in S$ and $l_1, \ldots, l_r \in \mathbb{Z}$ are such that either $\gamma \geq \gamma^i$ or $\gamma^i \in R$, and $\sum_{i=1}^{r} l_i \cdot \gamma^i \geq \underline{0}$, then $\gamma + \sum_{i=1}^{r} l_i \cdot \gamma^i \in S$.

When $R = \emptyset$ we will say in short that S is saturated.

From b) and a) it follows that there exists a minimum element in S satisfying property a). This element will be called the conductor of S and we will denote it by Δ.

A saturated semigroup $S \subset \mathbb{Z}_+^d$ will be said to be local if it has only one equivalence class for the relation $R_{\underline{0}}$. For such a semigroup denote by $\mu^0 = \min(S - \{\underline{0}\})$ (it exists according to b)), by L the line joining $\underline{0}$ and μ^0, and let $S' = \{\gamma \in S \mid S \subset L \cup \{\delta \mid \delta \geq \gamma\}\}$. The set S' is finite, because of the existence of the conductor. Moreover S' is totally ordered, since if $\gamma^1 \nleq \gamma^2$ and $\gamma^2 \nleq \gamma^1$ then as $S \subset L \cup \{\delta \mid \delta \geq \gamma^i\}$ one would have that γ^1, γ^2 both lie on L which is contradictory. We remark that there is at most one element in $S'-L$ and that if such an element exists then it is necessarily the maximum element of S'. In any case we will denote by γ^0 the maximum element of S'.

We will also use the following notations, $[L] = \{\gamma \in L \mid \gamma < \gamma^0\}$ and $[L \cap S] = \{\gamma \in L \cap S \mid \gamma < \gamma^0\}$.

Definition 2.- A subsemigroup $S \subset \mathbb{Z}_+^d$ will be said to have the Arf property if $\gamma, \gamma^1, \gamma^2 \in S$, $\gamma^1 \geq \gamma$, $\gamma^2 \geq \gamma \Rightarrow \gamma^1 + \gamma^2 - \gamma \in S$.

If S is saturated then S has the Arf property. In fact if $\gamma, \gamma^1, \gamma^2$ are as above then $\gamma^1 + \gamma^2 - \gamma = \sup(\gamma^1 + \inf(\gamma^1, \gamma^2) - \gamma, \gamma^2 + \inf(\gamma^1, \gamma^2) - \gamma)$ and the right-hand-side member belongs to S by properties b) and d).

The relevance of the Arf property is indicated in the following result.

Proposition 1.- Let $S \subset \mathbb{Z}_+^d$ be a saturated semigroup with respect to R and let $\gamma \in S$. Then $S(\gamma) = \{\delta \in \mathbb{Z}_+^d \mid \delta + \gamma \in S\}$ contains S and is a saturated semigroup with respect to $R' = R \cup \{\delta \in S \mid \delta \leq \gamma\}$.

Proof.- That $S(\gamma)$ is a semigroup containing S is a direct consequence of the definitions and the Arf property. We will prove that it is saturated with respect to R'. The properties a) and c) are evident and b) follows from the equalities

$$\inf(\gamma^1, \gamma^2) + \gamma = \inf(\gamma^1 + \gamma, \gamma^2 + \gamma)$$

$$\sup(\gamma^1, \gamma^2) + \gamma = \sup(\gamma^1 + \gamma, \gamma^2 + \gamma).$$

In order to see d) take $\delta, \gamma^1, \ldots, \gamma^r, \delta^1, \ldots, \delta^s, \beta^1, \ldots, \beta^t \in S(\gamma)$ and $l_1, \ldots$ $\ldots, l_r, h_1, \ldots, h_s, k_1, \ldots, k_t \in \mathbb{Z}$ such that $\delta \geq \gamma^i$, $\delta^j \in R$, $\beta^l \in \{\delta \in S \mid \delta \leq \gamma\}$ and $\rho = \sum l_i \cdot \gamma^i + \sum h_j \cdot \delta^j + \sum k_l \cdot \beta^l \geq 0$. One has $0 \leq \rho = \sum l_i(\gamma^i + \gamma) - (\sum l_i)\gamma +$ $+ \sum h_j \cdot \delta^j + \sum k_l \cdot \beta^l$ and $\delta + \gamma \geq \gamma^i + \gamma$, $\delta + \gamma \geq \beta^l$ and $\delta^j \in R$, so since S is saturated with respect to R, then $\delta + \gamma + \rho \in S$ and hence $\delta + \rho \in S(\gamma)$ as required.

Lemma.- Let S be a local semigroup saturated with respect to R. With notations as above, $S(\gamma^0)$ is saturated with respect to $R \cup [L \cap S] \cup \{\gamma^0\}$ and R_{γ^0} has at least two equivalence classes. (Note that R_{γ^0} is the relation corresponding to the semigroup $S(\gamma^0)$ and the element $\underline{0}$, so $S(\gamma^0)$ is not local and γ^0 is the minimum element in S having this property).

Proof.- The first part follows from the above proposition. If $\gamma^0 \in L$ then $S(\gamma^0)$ is not local since otherwise $S(\gamma^0) - \{\underline{0}\}$ would have a minimum γ^1 and therefore $\gamma^0 + \gamma^1 \in S'$ and $\gamma^0 + \gamma^1 > \gamma^0$ which is contradictory. If $\gamma^0 \notin L$, then order the indices in such a way that $\frac{pr_i(\gamma^0)}{pr_i(\mu^0)}$ is a decreasing sequence. The element

$pr_1(\gamma^0)\, \mu^0 - pr_1(\mu^0)\, \gamma^0$ belongs to $S(\gamma^0)$ (by the saturation of S) and it has 0 as its first component and a nonzero last component, so 1 and d are non-equivalent modulo R_{γ^0}.

Proposition 2.- Let S be a saturated subsemigroup of $\mathbb{Z}_+^d$ and let r be the cardinal of the set $\{1,2,\ldots,d\}/R_{\underline{0}}$. Then S is isomorphic to $S_1 \times \ldots \times S_r$ where S_i is a local saturated subsemigroup of $\mathbb{Z}_+^{n_i}$ and $n_1 + \ldots + n_r = d$. Moreover, if R is a subset of S and if $R_i = \pi_i(R)$ then the following statements are equivalent:

i) S is saturated with respect to R.

ii) S_i is saturated with respect to R_i, $1 \leq i \leq r$.

iii) S is saturated with respect to $R_1 \times \ldots \times R_r$.

Proof.- Let $I_1, \ldots, I_r$ be the classes for R_0. For each i denote by $\pi_i: \mathbb{Z}_+^d \longrightarrow \mathbb{Z}_+^{n_i}$ the map which sends $\gamma \in \mathbb{Z}_+^d$ into the n_i-tuple of projections of γ corresponding to indices $j \in I_i$. Set $S_i = \pi_i(S)$ and let $\phi: S \to S_1 \times \ldots \times S_r$ be the obvious map. Since ϕ is an injective semigroup homomorphism, it suffices to prove that ϕ is onto. We claim that if $\gamma_i = \pi_i(\gamma)$ there exists $\gamma' \in S$ of type $\gamma' = 0 \times \ldots \times \gamma'_i \times \ldots \times 0$ such that $\gamma'_i \geq \gamma_i$. From the claim it is clear that $0 \times \ldots \times \gamma_i \times \ldots \times 0 = \inf(\gamma, \gamma') \in S$ so ϕ is onto. To prove the claim, note that for each $k \neq i$ there exists $\gamma^k = (\gamma_1^k, \ldots, \gamma_d^k) \in S$ such that $\gamma_j^k \neq 0$ for $j \in I_i$ and $\gamma_j^k = 0$ for $j \in I_k$. Hence γ' can be choosen to be $m \cdot \inf_{k \neq i}(\gamma^k)$, $m \gg 0$.

To see the second part of the proposition, note that ii) $\Rightarrow$ iii) and iii) $\Rightarrow$ i) directly follow from the definitions. We will prove i) $\Rightarrow$ ii). Take $k \in \{1,2,\ldots,r\}$ and $\gamma, \gamma^1, \ldots, \gamma^n, \delta^1, \ldots, \delta^s \in S_k$ with $\gamma \geq \gamma^i$, $\delta^j \in R_k$, and l_i, $h_j \in \mathbb{Z}$ such that $\beta = \sum l_i \cdot \gamma^i + \sum h_j \cdot \delta^j \geq 0$. Since $\delta^j \in R_k$ there exists $\tilde{\delta}^j \in R$ such that $\pi_k(\tilde{\delta}^j) = \delta^j$; we denote by $\Delta^j \in S$ the element given by $pr_h(\Delta^j) = pr_h(\tilde{\delta}^j)$ if $h \notin I_k$ and $pr_h(\Delta^j) = 0$ otherwise. Finally set $\gamma^* = \sup\{\bar{\gamma}, \Delta^1, \Delta^2, \ldots, \Delta^s\} \in S$, where for each $\rho \in S_k$, $\bar{\rho}$ denotes the element $\bar{\rho} = 0 \times \ldots \times \rho \times \ldots \times 0$. Now one has $\pi_k(\gamma^*) = \gamma$, $\gamma^* \geq \bar{\gamma}_i$, $\gamma^* \geq \Delta^j$ and $\tilde{\beta} = \sum l_i \bar{\gamma}^i + \sum h_j \tilde{\delta}^j - \sum h_j \Delta^j \geq 0$, so by the saturation hypothesis on S one concludes that $\gamma^* + \tilde{\beta} \in S$ and hence that $\pi_k(\gamma^* + \tilde{\beta}) = \gamma + \beta \in S_k$ as required.

Theorem.- (Structure of saturated semigroups). If S is a local saturated semigroup of $\mathbb{Z}_+^d$, then one has

$$S = [L \cap S] \cup (\gamma^0 + S_1 \times \ldots \times S_r)$$

where S_i is again a local saturated subsemigroup of $\mathbb{Z}_+^{n_i}$ and $n_1 + \ldots + n_r = d$.

Proof.- This is a consequence of the above results.

Remark.- Note that the theorem gives a method of constructing the saturated semigroups in an algorithmic fashion and, on the other hand, in a recursive form.

§2 MONOMIAL SATURATED RING ASSOCIATED TO A SATURATED SEMIGROUP

Let k be a field and $A = k[[t_1]] \times \dots \times k[[t_d]]$ where $t_1,\dots,t_d$ are indeterminates over k. For each nonzero divisor z in A denote by $\underline{v}(z) = (\mathrm{ord}_{t_1}(pr_1(z)),\dots,\mathrm{ord}_{t_d}(pr_d(z))) \in \mathbb{Z}^d_+$. In the rest of the paper we shall only consider subrings B of A satisfying: i) $B \supset k[[z]]$ for some nonzero divisor $z \in A$ such that $pr_i(\underline{v}(z)) > 0, i = 1,\dots,d$; ii) the total quotient ring of B is the same as that of A. Note that rings satisfying i) and ii) are semilocal and complete having A as integral closure in its total quotient ring.

The purpose of this paragraph is to construct, for a given local saturated subsemigroup S of $\mathbb{Z}^d_+$, a saturated local ring A_S satisfying i) and ii) whose semigroup of values is S, i.e., such that $S = \{\underline{v}(z) \mid z \in A_S, z \text{ a nonzero divisor}\}$. Here, by a saturated ring C with respect to some subset $D \subset C$ we mean a ring satisfying the following condition:

If $z, z_1,\dots,z_r, w_1,\dots,w_s \in C$, z_i, w_j nonzero divisors, are such that for any i (resp. j) either $z \cdot z_i^{-1} \in \bar{C}$:= integral closure of C, or $z_i \in D$ (resp. $z\, w_j^{-1} \in \bar{C}$ or $w_j \in D$) and $(z_1 \dots z_r)(w_1 \dots w_s)^{-1} \in \bar{C}$, then $z(z_1 \dots z_r)(w_1 \dots w_s)^{-1} \in C$. When $D = \emptyset$ we will say, in short, that C is saturated.

We keep the notations of §1 for saturated semigroups.

Definition.- Let $S \subset \mathbb{Z}^d_+$ be a local saturated semigroup. We define the monomial ring over k associated to S to be the subring A_S of A given inductively by:

$$\text{for } d = 1, \quad A_S := k[[t^\gamma \mid \gamma \in S]] = \Big\{ \sum_{\gamma \in S} a_\gamma t^\gamma \mid a_\gamma \in k \Big\}$$

$$\text{for } d > 1, \quad A_S := k[\underline{t}^\gamma \mid \gamma \in [L \cap S]] + \underline{t}^{\gamma^0} (A_{S_1} \times \dots \times A_{S_r}),$$

where $\underline{t}^\gamma = (t_1^{\gamma_1},\dots,t_d^{\gamma_d})$ if $\gamma = (\gamma_1,\dots,\gamma_d)$.

Proposition 1.- A_S satisfies i) and ii). Moreover S is the semigroup of values of A_S.

Proof: Property i) is clear since $k[[x]] \subset A_S \subset A$, where $x = \underline{t}^{\Delta}$, Δ the conductor of S. If $f,g \in A$ then $\frac{f}{g} = \frac{fx}{gx}$ so ii) also holds. We will prove that the semigroup of A_S is S by induction on d. For d = 1 it is evident. In the inductive step we know that the semigroup of $A' = A_{S_1} x \ldots x A_{S_r}$ is $S_1 x \ldots x S_r = S(\gamma^0)$. Hence, if $z \in A_S$ one has

$$(*) \qquad z = \sum_{\gamma \in [L \cap S]} a_\gamma \underline{t}^{\gamma} + \underline{t}^{\gamma^0} z' \qquad z' \in A',$$

and so $\underline{v}(z) \in [L \cap S]$ or $\underline{v}(z) \in \gamma^0 + S(\gamma^0) \subset S$ according as $a_\gamma \neq 0$ for some γ or $a_\gamma = 0$ for every γ. It follows that S is the semigroup of A_S.

Proposition 2.- Let $S \subset \mathbb{Z}_+$ a local saturated semigroup with respect to R and set $D = \{t^\gamma \mid \gamma \in R\}$. Then A_S is saturated with respect to D.

Proof.- Take $z = t^{\gamma} \cdot u$, u a unit in $A_{S(\gamma)}$; $z_i = t^{\gamma_i} \cdot u_i$, u_i a unit in $A_{S(\gamma_i)}$; $w_j = t^{\gamma'_j} \cdot (u'_j)^{-1}$, u'_j a unit in $A_{S(\gamma'_j)}$; $\delta_1, \ldots, \delta_r \in R$ and $l_1, \ldots, l_r \in \mathbb{Z}$ such that $\gamma \geq \gamma_i$, $\gamma \geq \gamma'_j$ and $\rho = \sum \gamma_i - \sum \gamma'_j + \sum l_i \cdot \delta_i \geq 0$. Then, $z(z_1 \ldots z_r)(w_1 \ldots w_s)^{-1} t^{\Sigma l_i \delta_i} = t^{\gamma + \rho} \cdot u(u_1 \ldots u_r)(u'_1 \ldots u'_s) = t^{\gamma+\rho} u^*$. Now, by the saturation hypothesis on S it is clear than every exponent in the expansion of u^* belongs to $S(\gamma + \rho)$. So A_S is saturated.

Theorem.- Let $S \subset \mathbb{Z}^d_+$ be a local saturated semigroup with respect to $R \subset S$. Then the monomial ring A_S is saturated with respect to $D = \{\underline{t}^\gamma \mid \gamma \in R\}$.

Proof: We will use induction on d. For d = 1 the result is the above proposition. Assume d > 1. Since $S(\gamma^0) = S_1 x \ldots x S_r$ is saturated relative to $R^* = R \cup [L \cap S] \cup \{\gamma^0\}$ (by the lemma of §1) it follows from proposition 2, §1, that S_i is saturated with respect to $R_i = \pi_i(R^*)$. The induction hypothesis asserts that A_{S_i} is saturated with respect to $D_i = \{\underline{t}^\rho \mid \rho \in R_i\}$ and, therefore, $A' = A_{S_1} x \ldots x A_{S_r}$ is saturated with respect to the set $D^* = \{\underline{t}^\gamma \mid \gamma \in R^*\}$.

Now, we will see that A_S is saturated relative to D. Take $z \in A_S$, $z_1, \ldots, z_r$, $w_1, \ldots, w_s \in A_S$ nonzero divisors; $\delta_1, \ldots, \delta_k \in R$ and $l_1, \ldots, l_k \in \mathbb{Z}$ such that $z \cdot z_i^{-1}$, $z \cdot w_j^{-1}$, $w' = (z_1 \ldots z_r)(w_1 \ldots w_s)^{-1} \underline{t}^{\Sigma l_i \delta_i} \in \bar{A}_S$. For each element of A_S, we will consider its expression in the form

$$(*) \qquad \sum_{\gamma \in [L \cap S]} a_\gamma t^{\gamma} + t^{\gamma^0} z'$$

Note that we may assume, without loss of generality, that z is not a zero divisor, since otherwise we could replace z by $z + t^{\Delta}$ where $pr_i \Delta$ is large enough, $i = 1,2,\ldots,d$.

We distinguish two cases:

Case A: $\underline{v}(z) = \gamma \in [L \cap S]$. One has $z = t^{\gamma} u$, $z_i = t^{\gamma_i} u_i$, $w_j = \underline{t}^{\gamma'_j}(u'_j)^{-1}$ where u is a unit in $A_{S(\gamma)} = A_S(\underline{t}^{\gamma})$, u_i a unit in $A_{S(\gamma_i)}$, u'_j a unit in $A_{S(\gamma'_j)}$ and $\gamma_i \leq \gamma$, $\gamma'_j \leq \gamma$. So one has $\gamma_i, \gamma'_j \in [L \cap S]$ and

$$z\, w' = \underline{t}^{\gamma^*} u\, u_1 \ldots u_r\, u'_1 \ldots u'_s = \underline{t}^{\gamma^*} u^*$$

where $\gamma^* = \gamma + \sum \gamma_i - \sum \gamma'_j + \sum l_h \cdot \delta_h \in S$ since S is saturated relative to R. Now taking into account the expressions (*) for the elements u, u_i, u'_j and the Arf property of S, zw' can be written as a sum of elements of type $a \cdot \underline{t}^{\delta}$ with $\delta \in [L \cap S]$ and elements of type $a \cdot \underline{t}^{\gamma^0} \cdot z''$ with $z'' \in A'$. So $\underline{t}^{\gamma^*} \cdot u^* \in A_S$ as required.

Case B: $\underline{v}(z) \geq \gamma^0$. We may assume $z = \underline{t}^{\gamma^0} \cdot z'$, $z_i = \underline{t}^{\gamma^0} \cdot z'_i$ $(1 \leq i \leq h)$, $w_j = \underline{t}^{\gamma^0} \cdot w'_j$ $(1 \leq j \leq l)$ with $z', z'_i, w'_j \in A'$ and $z_i = \underline{t}^{\gamma_i} \cdot u_i$ with $\gamma_i \in [L \cap S]$ and u_i unit in $A_{S(\gamma_i)}$ $(h+1 \leq i \leq r)$, $w_j = \underline{t}^{\gamma'_j} u'^{-1}_j$ with $\gamma'_j \in [L \cap S]$ and u'_j unit in $A_{S(\gamma'_j)}$ $(l+1 \leq j \leq s)$. One has

$$z \cdot w' = \underline{t}^{\gamma^0} z'\, z'_1 \ldots z'_h\, (w'_1 \ldots w'_l)^{-1} (\underline{t}^{\gamma^0})^{h-1} u_{t+1} \ldots u_r\, u'_{l+1} \ldots u'_s\, \underline{t}^{\sum l_i \delta_i}$$

$$= \underline{t}^{\gamma^0} z^* .$$

Since A' is saturated with respect to D* and since u_i, u'_j are units in A' it follows that $z^* \in A'$ whence $z \cdot w' \in A_S$.

§3 MONOMIAL STRUCTURE OF SATURATED RINGS

We keep the notations of §1 for a saturated subsemigroup of $\mathbb{Z}^d_+$.

For $\gamma^1, \gamma^2 \in L \cap S$ we define their greatest common divisor to be the element $e \in \mathbb{Z}^d_+$ given by $pr_i(e) = $ g.c.d. $(pr_i(\gamma^1), pr_i(\gamma^2))$. If h, l are integers such that $h pr_i(\gamma^1) + l\, pr_i(\gamma^2) = pr_i(e)$ for some i (and hence for every i) then one has "Bezout's theorem".

$$e = h \cdot \gamma^1 + l \cdot \gamma^2 .$$

As consequences one has $e \in L$ and $e \leq \gamma^1$, $e \leq \gamma^2$, and $e = \gamma^1$ iff $\gamma^2 = \lambda\gamma^1$ for some $\lambda \in \mathbb{N}$.

In this paragraph we will assume that k is a field containing all the roots of unity.

Lemma 1.-Let μ, $\gamma \in \mathbb{N}$ satisfy $\mu \not\equiv 0 \pmod p$. Set $\gamma/\mu = \alpha/\beta$ where g.c.d. $(\alpha, \beta) = 1$ and let x be a β-th root of unity. Then there exists a μ-th root of unity y such that $x \cdot y^{\gamma} = 1$. If u is an e-th root of unity, where e = g.c.d. (μ, γ), then $\tilde{y} = u \cdot y$ also satisfies $x \cdot \tilde{y}^{\gamma} = 1$.

Proof.- Take a primitive μ-th root of unity η. Then, since $\mu = \beta \cdot e$ one has $x = \eta^{ek}$ and by Bezout's theorem $k = n\beta - h\alpha$; so it is clear that $y = \eta^{h}$ satisfies $x \cdot y^{\gamma} = 1$.

Lemma 2.- Let $\mathcal{O}'$ be a local subring of $A = k[[t_1]] \times \ldots \times k[[t_d]]$ satisfying i) and ii) and let $\beta \in \mathbb{N}$ be prime to the characteristic p of k. Let $\underline{m}'$ be the maximal ideal of $\mathcal{O}'$ and let $z \in A$ be such that $z^{\beta} \in \mathcal{O}'$ and $z^{\beta} \equiv 1 \pmod{\underline{m}'}$. Then $z \in \mathcal{O}'$.

Proof.- Consider the polynomial $P(X) = X^{\beta} - z^{\beta} \in \mathcal{O}'[X]$ and $\bar{P}(X) = X^{\beta} - \bar{1} \in k[X]$ its reduction modulo $\underline{m}'$. Since β is prime to p, $\bar{P}(X) = (X-1)\, g(X)$ where $g(X) \in k[X]$ is prime to X-1. By the Hensel lemma there exist H(X), G(X) $\in \mathcal{O}'[X]$ such that $P(X) = H(X) \cdot G(X)$, $H(X) = X - a$ with $a \in \mathcal{O}'$, $a \equiv 1 \pmod{\underline{m}'}$. Since a, $z \in A$ are two roots of $X^{\beta} - z^{\beta}$ both having the same residues modulo the maximal ideals of A one has $z = a \in \mathcal{O}'$ as required.

From now on, we will assume that $\mathcal{O}$ is a saturated local subring of A satisfying i) and ii). Let S be the semigroup of values of $\mathcal{O}$. From the definitions S is a local saturated subsemigroup of $\mathbb{Z}_+^d$. Following [4], for any nonzero divisor $z \in \mathcal{O}$ we denote by $\mathcal{O}(z)$ the set $\{w \in A \mid wz \in \mathcal{O}\}$. It is clear, from the saturation hypothesis, that $\mathcal{O}(z)$ is again a saturated ring satisfying $\mathcal{O} \subset \mathcal{O}(z) \subset A$, see [4], and so in particular i) and ii). Moreover, $\mathcal{O}(z)$ only depends on $\gamma = \underline{v}(z) \in S$ so it can be denoted by $\mathcal{O}(\gamma)$.

Take $\gamma \in [L \cap S]$ and $z \in \mathcal{O}$ such that $z = (t_1^{\gamma_1}$ + higher terms, $a_2 \cdot t_2^{\gamma_2}$ + higher terms, ..., $a_d\, t_d^{\gamma_d}$ + higher terms) where $\gamma_i = pr_i(\gamma)$. Note that such an element always exists. Denote by $I(z) = (t_1^{\gamma_1}, a_2\, t_2^{\gamma_2}, \ldots, a_d t_d^{\gamma_d})$.

Lemma 3.- Let $\gamma, \gamma' \in [L \cap S]$. Assume that $\underline{t}^{\gamma'} \in \mathcal{O}$, and that $\mathcal{O}$ is saturated with respect to $\{\underline{t}^{\gamma'}\}$, and let $z \in \mathcal{O}$ with $\underline{v}(z) = \gamma$ chosen as above. If $\gamma / \gamma' = \alpha / \beta$ with g.c.d. $(\alpha, \beta) = 1$ and $\beta \not\equiv 0 \pmod p$ then $a_2, \ldots, a_d$ are β-th roots of unity and one has $I(z) \in \mathcal{O}$.

Proof.- Since $\mathcal{O}$ is saturated with respect to $\{\underline{t}^{\gamma'}\}$ one has $z(\underline{t}^{\gamma'})^{\alpha} z^{-\beta} \in \mathcal{O}$, so $(\underline{t}^{\gamma} z^{-1})^{\beta} \in \mathcal{O}(z)$. Since $\mathcal{O}(z)$ is local one has $(\underline{t}^{\gamma} z^{-1})^{\beta} = a + y$ where $a \in k$ and y belongs to the maximal ideal of $\mathcal{O}(z)$. Taking into account the form of $I(z)$ it follows that $a = 1$ and hence $a_i^{\beta} = 1$, $i = 2, \ldots, d$.

On the other hand, $I(z)^{\beta} = \underline{t}^{\gamma\beta}$ and $I(z)\, z^{-1} \equiv 1$ modulo the maximal ideal of $\mathcal{O}(z)$, so by the above lemma one has $I(z)\, z^{-1} \in \mathcal{O}(z)$ whence $I(z) \in \mathcal{O}$.

Theorem 1.- Let $\mathcal{O}_1$ be a local subring of $A_1 = k[[t]]$ satisfying i) and ii). Assume that $t^h \in \mathcal{O}_1$, $h \not\equiv 0 \pmod p$, and that $\mathcal{O}_1$ is saturated with respect to $\{t^h\}$. Then one has $\mathcal{O}_1 = A_S = \left\{ \sum_{\gamma \in S} a_{\gamma} t^{\gamma} \mid a_{\gamma} \in k \right\}$ where S is the semigroup of values of $\mathcal{O}_1$.

Proof.- Take $\gamma \in S$ and $z \in \mathcal{O}_1$ such that $z = t^{\gamma}$ + higher terms. Since $\mathcal{O}_1$ is saturated relative to $\{y = t^h\}$ one has $z \cdot y^{\gamma} z^{-h} \in \mathcal{O}_1$ so $(t^{\gamma} z^{-1})^h \in \mathcal{O}_1(z)$. By lemma 3 one has $t^{\gamma} z^{-1} \in \mathcal{O}_1(z)$ whence $t^{\gamma} \in \mathcal{O}_1$. Since $\mathcal{O}_1$ is complete we just proved that $A_S \subset \mathcal{O}_1$. The converse is evident, so $A_S = \mathcal{O}_1$.

Now let $\mathcal{O} \subset A$ be as above. Assume, further, that if $\mu^0 = \min(S - \{\underline{0}\})$ then $pr_i(\mu^0)$ is prime to p for every $i = 1, 2, \ldots, d$.

Proposition.- Assume that $\mathcal{O}$ is saturated and that $\underline{t}^{\mu^0} \in \mathcal{O}$. Then one can replace t_i by $\tilde{t}_i = \xi_i \cdot t_i$, ξ_i a $pr_i(\mu^0)$-th root of unity, in such a way that $\underline{\tilde{t}}^{\gamma} \in \mathcal{O}$ for all $\gamma \in [L \cap S]$.

Proof.- Define $\mu^1 = \min\{\mu \in [L \cap S] \mid \text{g.c.d.}(\mu^0, \mu) < \mu^0\}$ and inductively $\mu^{r+1} = \min\{\mu \in [L \cap S] \mid \text{g.c.d.}(\mu^0, \mu^1, \ldots, \mu^r, \mu) < \text{g.c.d.}(\mu^0, \mu^1, \ldots, \mu^r)\}$ provided that the minimum in the definition of μ^{r+1} makes sense. From the saturation hypothesis and the Bezout's theorem for d-tuples in L, it is sufficent to see that $\tilde{t}_i$ can be taken such that $\underline{\tilde{t}}^{\mu^r} \in \mathcal{O}$.

We will prove by induction on r that $\tilde{t}_i$ can be taken in such a way that $\underline{\tilde{t}}^{\mu^j} \in \mathcal{O}$ for $0 \leq j \leq r$. For $r = 0$ it is evident. In the inductive step if $\underline{t}^{\mu^j} \in \mathcal{O}$ for $0 \leq j \leq r$ and if μ^{r+1} can be defined, set $e = \text{g.c.d.}(\mu^0, \mu^1, \ldots, \mu^r)$ and consider the ring $\mathcal{O}(y)$ where $y = \underline{t}^{\mu^r}$. One has $\underline{t}^e \in \mathcal{O}(y)$ since by Bezout's theorem $\underline{t}^{\mu^r+e} \in \mathcal{O}$, and $\mathcal{O}(y)$ is saturated with respect to $\underline{t}^e$. Since $\gamma = \mu^{r+1} - \mu^r$ belongs to the semigroup of values of $\mathcal{O}(y)$, it follows from lemma 3 that there exists an element in $\mathcal{O}(y)$ of type $(t_1^{\gamma_1}, a_2 t_2^{\gamma_2}, \ldots, a_d t_d^{\gamma_d})$, with $\gamma_i = pr_i(\gamma)$ and a_i a β-th root of unity, where β satisfies $\frac{\gamma}{e} = \frac{\alpha}{\beta}$ and g.c.d. $(\alpha,\beta) = 1$. Now by lemma 1, for each i there exists a $pr_i(e)$-th root of unity ξ_i such that $a_i(\xi_i)^{\gamma_i} = 1$, so setting $\tilde{t}_i = \xi_i^{-1} t_i$, $2 \leq i \leq d$, and $\tilde{t}_1 = t_1$, it is evident that $\tilde{t}^{\gamma} \in \mathcal{O}(y)$ and hence $\tilde{t}^{\mu^{r+1}} \in \mathcal{O}$. Furthermore, since ξ_i is a $pr_i(e)$-th root of unity it follows that $\tilde{t}^{\mu^j} = t^{\mu^j} \in \mathcal{O}$ for $0 \leq j \leq r$. This completes the proof.

Now consider again the monomial ring A_S associated to S.

<u>Definition</u>.- If $S = [L \cap S] \cup (\gamma^0 + S_1 \times \ldots \times S_r)$ as in §1, we will call elementary monomials the elements of A_S given by recurrence as follows.

1) Elements of type $a\underline{t}^{\gamma}$ where $a \in k$ and $\gamma \in [L \cap S]$.

2) Elements of type $\underline{t}^{\gamma^0} \cdot z'$ where $z' \in A_{S_1} \times \ldots A_{S_r}$ and $\pi_i^*(z')$ is an elementary monomial of A_{S_i}, $1 \leq i \leq r$, where π_i^* is the map induced by π_i (see §1).

It is evident that A_S is the minimum subring of A satisfying i) and ii) which contains all the elementary monomials. On the other hand, the elementary monomials for $A_{\pi_i(S)}$ are exactly the images by π_i^* of the elementary monomials of A_S, so taking into account the structure theorem of §1 one has $\pi_i^*(A_S) = A_{\pi_i(S)}$.

<u>Theorem 2</u>.- (Monomial structure of saturated rings)

With the assumptions in the above proposition, there exist roots of unity $\xi_1, \ldots, \xi_d$ such that if we replace t_i by $\xi_i t_i$ then $\mathcal{O} = A_S$.

<u>Proof</u>.- According to the proposition we can assume that $\underline{t}^{\gamma} \in \mathcal{O}$ for all $\gamma \in [L \cap S]$. We can also assume $\underline{t}^{\gamma^0} \in \mathcal{O}$. In fact, $\mathcal{O}(\gamma^0) = \mathcal{O}'_1 \times \ldots \mathcal{O}'_r$ where $\mathcal{O}'_i$ is saturated with semigroup S_i and $\pi_i^*(\mathcal{O})$ is saturated (see [4], §3). So $\underline{t}^{\gamma^0} \in \mathcal{O} \Leftrightarrow$ $\Leftrightarrow \underline{t}^{\pi_i(\gamma^0)} \in \pi_i^*(\mathcal{O})$ $(i = 1,2,\ldots,d)$ and $\underline{t}^{\pi_i(\gamma^0)} \in \pi_i^*(\mathcal{O})$ can be reached by a change $\tilde{t}_i = \xi_i \cdot t_i$ since $\pi_i(\gamma^0) \in [\pi_i(L) \cap \pi_i(S)]$. Note that these changes $\tilde{t}_i = \xi_i t_i$ do not alter the conditions $\underline{t}^{\gamma} \in \mathcal{O}$ for $\gamma \in [L \cap S]$.

Now we derive the theorem by induction on d. For $d = 1$ it is theorem 1 of §3. In the inductive step take the t_i's in such a way that $\underline{t}^{\gamma} \in \mathcal{O}$ for $\gamma \in [L \cap S] \cup \{\gamma^0\}$, and $\pi_i^*(\mathcal{O}) = A_{\pi_i(S)}$. We claim that $\mathcal{O} = A_S$. In fact, from assump tions it is sufficent to see that $\theta(\gamma^0) = A_S(\gamma^0)$ or equivalently $\theta'_i = A_{S_i}$, but this is clear since $\theta'_i = \pi_i^*(\theta)(\pi_i(\gamma^0)) = A_{\pi_i(S)}(\pi_i(\gamma^0)) = A_{S_i}$.

Remark.- When k is an algebraically closed field, and θ is a 1-dimensional saturated local complete ring having k as a coefficient field then for any $x \in \theta$ such that $\underline{v}(x) = \mu^0$ there are elements $t_1,\ldots,t_d \in \bar{\theta}$ such that $\bar{\theta} = k[[t_1]] \times \ldots\ldots \times k[[t_d]]$ and $x = \underline{t}^{\mu^0}$. So, by the above theorem, θ is the monomial ring A_S corresponding to these particular t_i's. Thus when k is algebraically closed, θ is saturated and $pr_i(\mu^0)$ is prime to p, then θ is isomorphic to a monomial ring.

REFERENCES:

[1] E. BOGER, "Uber die Gleichheit von absoluter and relativer Lipschitz-saturation bei analytischen Algebren", Manuscripta Math. 16 (1975), 229-249.

[2] J. BRIANÇON, A. GALLIGO, M. GRANGER, "Deformations equisingulières des germes de courbes gauches réduites", Bull. Soc. Math. de France (1980).

[3] A. CAMPILLO "Algebroid curves in positive characteristic", Lecture Notes in Math.,vol. 813, Springer-Verlag (1980).

[4] A. CAMPILLO "On saturations of curve singularities", Proc. Symp. in Pure Math. Vol. 40 (1983), 211-220.

[5] A. CAMPILLO, "Singularities of strange curves". These Proceedings.

[6] J. LIPMAN, "Stable ideals and Arf rings", Amer. J. Math. 93 (1971), 649-685.

[7] J. LIPMAN "Saturation of one dimensional local rings", Amer J. Math. 97 (1975), 771-790.

[8] J. LIPMAN "Relative Lipschitz saturation", Amer. J. Math. 97 (1975) 791-813.

[9] F. PHAM and B. TEISSIER, "Fractions lipschitzienes et saturations de Zariski des algèbres analytiques complexes", Actes Congr. Internat. Math. (Nice 1970), vol II, Gauthiers-Villars, Paris (1971), 649-654.

[10] O. ZARISKI, "Studies in equisingularity III", Amer. J. Math. 90 (1968) 961-1023.

[11] O. ZARISKI, "General theory of saturation and saturated local rings. I, II, III", Amer. J. Math. 93 (1971), 573-648; 93 (1971) 872-964; 97 (1975), 415-512.

M. DEMAZURE

Le théorème de complexité de Mayr et Meyer

1. INTRODUCTION.

Ce qui suit est un commentaire libre sur l'article "the complexity of the word problem for commutative semigroups and polynomial ideals", de Ernst W. MAYR et Albert R. MEYER paru aux Advances in Mathematics 46, 305-329 (1982). Le résultat principal de l'article est que le problème des mots pour les monoïdes commutatifs est "complet en espace exponentiel" . Un des sous-produits de la démonstration est un exemple d'idéal de polynômes ayant des syzygies de degré doublement exponentiel par rapport au degré des générateurs,qui donne la meilleure borne inférieure de complexité connue pour ce problème.

La clé de l'ensemble est la construction ingénieuse d'un monoïde commutatif ayant des syzygies d'un type très spécial. Je donne ci-dessous une construction plus simple que celle de l'article original, incorporant notamment des améliorations dues à Daniel LAZARD ; de plus, pour la commodité du lecteur, j'ai séparé la construction proprement dite qui occupe les numéros 2 et 3, l'application aux syzygies (n°4) et le théorème de complexité. En ce qui concerne ce dernier, compte tenu de l'aversion connue des mathématiciens (classiques) pour ce genre d'énoncés, j'ai essayé de donner des définitions et une démonstration complètes, sans références extérieures. Pour des détails supplémentaires concernant la complexité et notamment l'approche "informatique" utilisée ici, on pourra consulter les ouvrages suivants.

AHO - MOPCROPT - ULLMAN : The design and analysis of computer algorithms, Addison Wesley, 1974.

MACHTEY - YOUNG : An introduction to the general theory of algorithms, Elsevier North Holland.

MINSKI : Computation : finite and infinite machines, Prentice Hall.

2 . LA RECURRENCE.

La construction de Mayr et Meyer s'exprime le plus commodément en termes de monoïdes et de Γ-ensembles (qui sont aux monoïdes ce que les modules sont aux anneaux).

Fixons notre terminologie. Tous les monoïdes considérés dans le n° seront commutatifs. On appellera donc monoïde un ensemble Γ muni d'une loi de composition, notée $(a,b)\longmapsto ab$, associative et commutative, possédant un élément neutre. Un Γ -ensemble est un ensemble E muni d'une opération $\Gamma \times E \longrightarrow E$, notée $(a,e)\longmapsto ae$, telle que $1e = e$ et $a(be) = (ab)e$. Une relation d'équivalence sur E est compatible (avec l'action de Γ) si, pour a dans Γ , x et y dans E avec $x \equiv y$, on a $ax \equiv ay$. Le quotient de E par cette relation possède alors une structure de Γ-ensemble naturelle. Si (x_i,y_i), $i \in I$, est une suite d'éléments de $E \times E$, la relation d'équivalence compatible engendrée est la relation d'équivalence engendrée (au sens usuel) par les couples (ax_i,ay_i), $i \in I$, $a \in \Gamma$.

On notera $\Gamma\Gamma'$ le produit direct de deux monoïdes Γ et Γ' , et on identifiera Γ et Γ' à leurs images dans $\Gamma\Gamma'$; les éléments de $\Gamma\Gamma'$ sont donc les produits $aa' = a'a$, $a \in \Gamma$, $a' \in \Gamma'$, et on a $(aa' = bb') \Rightarrow ((a=b)$ et $(a'=b'))$.
On note $<b>$ le monoïde libre $\{b^i, i \in \mathbb{N}\}$ engendré par une lettre b ; on pose

$$<b_1, b_2,\dots,b_n> = <b_1><b_2>\dots<b_n> .$$

Ainsi par exemple, $\Gamma<b,c>$ est la réunion disjointe des $\Gamma b^i c^j$, avec la multiplication évidente.

On considère un monoïde M , et un $M<b>$ -ensemble E . Un élément f de E est dit b-isolé s'il satisfait aux deux conditions suivantes :

(i) pour tout entier $n \geq 0$, et tout $a \in M<b>$, la relation $af = b^n f$ implique $a = b^n$;

(ii) pour tout entier $n \geq 0$ et tout $x \in E$, la relation $bx = b^n f$ implique $n > 0$ et $x = b^{n-1} f$.

On suppose donnés deux éléments s et f de E et un entier $N \geq 1$ avec :

(1) $s = b^N f$,

(2) f est b-isolé dans le $M<b>$ -ensemble E .

On va construire un monoïde M', un $M'<B>$ -ensemble E' et des éléments S et F de M' avec

(3) $S = B^{N^2} F$,

(4) F est B-isolé dans le $M'<B>$ -ensemble E' .

Introduisons neuf nouvelles lettres $b_1,\ldots,b_4$, $c_1,\ldots,c_4$, B et posons

$$M' = M < b_1, b_2, b_3, b_4 > ,$$

on a donc $M' < B > = M < b_1, b_2, b_3, b_4, B >$. On définit quatre $M' < B >$-ensembles $\widetilde{E}_i$, $i = 1,\ldots 4$, comme suit. On pose

$$\widetilde{E}_1 = < b_2, b_3, b_4, B > \times E \times \{ c_1 \} ,$$

où on fait opérer $< b_2, b_3, b_4, B >$ de façon évidente, et $M< b_1 >$ via l'opération de $M < b >$ sur E. Si l'on préfère, on peut définir $\widetilde{E}_1$ comme le quotient du $M'< B>$-ensemble $< b_1,\ldots,b_4, B > \times E \times \{c_1\}$ formé des expressions

$$b_1^{\alpha_1}\ldots b_4^{\alpha_4} B^{\alpha_0} x c_1 , \alpha \in \mathbb{N}^5 , x \in E ,$$

par la relation d'équivalence compatible engendrée par les couples

$$b^i x c_1 = b_1^i x c_1 , x \in E, i \in N .$$

On construit de façon analogue $\widetilde{E}_2$, $\widetilde{E}_3$, $\widetilde{E}_4$ en remplaçant dans ce qui précède b_1 par $b_2,\ldots$ et c_1 par $c_2,\ldots$, et on considère le $M'< B>$-ensemble

$$\widetilde{E} = \widetilde{E}_1 \cup \widetilde{E}_2 \cup \widetilde{E}_3 \cup \widetilde{E}_4 .$$

On définit E' comme le quotient de $\widetilde{E}$ par la relation d'équivalence compatible engendrée par les couples

$$(5) \quad \begin{cases} b_1 f c_1 \equiv s c_2 \\ f c_2 \equiv f c_3 \\ b_1 s c_3 \equiv b_4 s c_2 \\ s c_3 \equiv b_4 f c_4 \end{cases}$$

et par les couples

$$(6) \qquad b_2 z = b_3 B z \quad , \quad i \in [1,4] , z \in \widetilde{E}_i .$$

Notons S et F les classes respectives de sc_1 et sc_4 dans E'.

Proposition : Dans le $M'\langle B\rangle$-ensemble E', l'élément F est B-isolé, et on a $S = B^{N^2} F$.

La relation d'équivalence proposée est engendrée (au sens usuel) par les couples

$$(7)\qquad \begin{cases} ab_1fc_1 \equiv ab_2^Nfc_2 \\ afc_2 \equiv afc_3 \\ ab_1b_3^Nfc_3 \equiv ab_2^Nb_4fc_2 \\ ab_3^Nfc_3 \equiv ab_4fc_4 \\ b_2\,x\,c_i \equiv b_3B\,x\,c_i \quad , \quad i\in[1,4] , \end{cases}$$

avec

$$a = m\,B^{\alpha_o}\,b_1^{\alpha_1}\dots b_4^{\alpha_4} \quad , \quad \alpha\in\mathbb{N}^5 \quad , m\in M \quad , \quad x\in E .$$

Elle est aussi engendrée par les couples

$$(8)\qquad \begin{cases} a\,b_1\,f\,c_1 \equiv a\,B^N(b_3^N\,f\,c_2) \\ a\,f\,c_3 \equiv a\,f\,c_2 \\ a\,b_1\,(b_3^N\,f\,c_2) \equiv a\,B^N\,b_4(b_3^N\,f\,c_2) \\ a\,b_4\,f\,c_4 \equiv a(b_3^N\,f\,c_2) \\ b_2\,x\,c_i \equiv b_3\,B\,x\,c_i \quad , \quad i\in[1,4] \quad , \end{cases}$$

où a et x sont comme ci-dessus. En particulier, on a

$$S = sc_1 = b_1^{N-1}(b_1\,f\,c_1) \equiv b_1^{N-1}\,B^N(b_3^N\,f\,c_2) \equiv$$
$$b_1^{N-2}(B^Nb_4)B^N(b_3^N\,f\,c_2) \equiv \dots \equiv (B^Nb_4)^{N-1}\,B^N(b_3^N\,f\,c_2) =$$
$$B^{N^2}\,b_4^{N-1}(b_3^N\,f\,c_2) \equiv B^{N^2}\,b_4^N\,f\,c_4 = B^{N^2}\,F .$$

Il reste à prouver que F est B-isolé, ce qui est l'assertion essentielle de la proposition.

Notons Γ le sous-monoïde $\langle b_1,\dots,b_4,B\rangle$ de $M'\langle B\rangle$ et $\overline{E}$ le sous Γ-ensemble de $\tilde{E}$ formé des éléments $a\,f\,c_i$, $a\in\Gamma$, $i\in[1,4]$. Soit

$$u : \mathbb{N}^5 \times [1,4] \longrightarrow \overline{E}$$

l'application telle que

$$u(\alpha,i) = B^{\alpha_o} b_1^{\alpha_1} \ldots b_4^{\alpha_4} f\, c_i \quad .$$

Puisque f est b-isolé dans E, il résulte aussitôt de la définition des $\tilde{E}_i$ que u est <u>bijective</u> et que la relation $u(\alpha,i) = a\, u(\beta,j)$ avec $a \in M' \langle B \rangle$ implique $i=j$, $\alpha \geqslant \beta$ et $a = B^{\alpha_o - \beta_o} \ldots b_4^{\alpha_4 - \beta_4} \in \Gamma$. L'inspection des relations (8) montre alors que, dès que l'un des membres de l'une de ces relations appartient à $\overline{E}$, on a $a \in \Gamma$ (resp $x \in \Gamma f$), et l'autre membre appartient aussi à $\overline{E}$. Ainsi, $\overline{E}$ est saturé pour la relation d'équivalence définissant E', et la relation induite sur $\overline{E}$ est engendrée par les couples (8), avec $a \in \Gamma$ et $x \in \Gamma f$. Puisque F est la classe d'un élément de $\overline{E}$, à savoir $b_4^N f\, c_4$, ou encore $b_4^{N-1}(b_3^N f\, c_2)$, on est ainsi ramené à prouver que F est B-isolé dans le Γ-ensemble quotient de $\overline{E}$. En d'autres termes, on peut se placer dans

$$\tilde{\Gamma} = \Gamma c_1 \cup \Gamma c_2 \cup \Gamma c_3 \cup \Gamma c_4 ,$$

considérer la relation d'équivalence compatible avec l'action de Γ engendrée par les couples

$$(9) \quad \begin{cases} b_1 c_1 \equiv B^N u \\ c_3 \equiv c_2 \\ b_1 u \equiv B^N b_4 u \\ b_4 c_4 \equiv u \\ b_2 c_i \equiv b_3 B c_i \quad , i \in [1,4] , \end{cases}$$

avec $u = b_3^N c_2$; il s'agit de résoudre les équations

$$(10) \qquad B^n b_4^{N-1} u \equiv a\, b_4^{N-1} u \quad , n \in \mathbb{N} , a \in \Gamma ,$$

$$(11) \qquad B^n b_4^{N-1} u \equiv B x \quad , n \in \mathbb{N} , x \in \tilde{\Gamma} .$$

Or, appelons <u>réduits</u> les éléments de $\tilde{\Gamma}$ qui ne se divisent par aucun des premiers membres des équivalences (9) ; ce sont donc les éléments de l'une des formes suivantes :

$$(12)\quad \begin{cases} B^{\alpha_o} b_3^{\alpha_3} b_4^{\alpha_4} c_1 , \\ B^{\alpha_o} b_1^{\alpha_1} b_3^{\alpha_3} c_4 , \\ B^{\alpha_o} b_1^{\alpha_1} b_3^{\alpha_3} b_4^{\alpha_4} c_2 , \quad \alpha_3 < N \\ B^{\alpha_o} b_3^{\alpha_3} b_4^{\alpha_4} u . \end{cases}$$

On vérifie sans difficultés que toute classe d'équivalence dans $\tilde{\Gamma}$ contient un élément réduit et un seul.

Considérons alors l'équation (10), avec $a = B^{\alpha_o} b_1^{\alpha_1} \ldots b_4^{\alpha_4}$. On a

$$\begin{aligned} a\, b_4^{N-1} u &\equiv B^{\alpha_o} (B^N b_4)^{\alpha_1} (b_3 B)^{\alpha_2} b_3^{\alpha_3} b_4^{\alpha_4} b_4^{N-1} u \\ &= B^{\alpha_o + N\alpha_1 + \alpha_2} b_3^{\alpha_2 + \alpha_3} b_4^{\alpha_1 + \alpha_4 + N-1} u ; \end{aligned}$$

comme $B^n b_4^{N-1} u$ est réduit, l'équivalence (10) implique

$$\alpha_o + N\alpha_1 + \alpha_2 = n , \quad \alpha_2 + \alpha_3 = 0 , \quad \alpha_1 + \alpha_4 + N-1 = N-1 ,$$

soit $\alpha_1 = \alpha_2 = \alpha_3 = \alpha_4 = 0$, et $\alpha_o = n$, donc $a = B^n$.

De même, si x est réduit dans (11), alors Bx est réduit, et (11) implique $Bx = B^n b_4^{N-1} u$, donc $n \geqslant 1$ et $x = B^{n-1} B_4^{N-1} u$.

Cela achève la démonstration.

3 . LE MONOÏDE DE MAYR -MEYER

Partons de $M_o = \{1\}$, $E_o = \langle b_o \rangle$, $f_o = 1$, $s_o = b_o^d$, $d \geqslant 1$; on construit alors un monoïde M_1 , un $M_1 \langle b_1 \rangle$ -ensemble E_1 , des éléments s_1 , f_1 de E_1 avec $s_1 = f_1 b_1^{d^2}$,..., un monoïde M_n , un $M_n \langle b_n \rangle$ -ensemble E_n , des éléments s_n et f_n de E_n avec $s_n = f_n b_n^{d^{2^n}}$,...

A chaque étape, on introduit 11 variables, à savoir $b_{1,j},\ldots,b_{4,j}$, $c_{1,j},\ldots,c_{4,j}$, b_j, s_j, f_j ; le monoïde M_n est le monoïde libre $\langle (b_{i,j}),\ i \in [1,4],\ j \in [0,n] \rangle$ et le $M_n \langle b_n \rangle$ -ensemble E_n est un quotient de la réunion des $M_n \langle b_n \rangle c_{i_1,1} \ldots c_{i_n,n}, (i_1,\ldots i_n) \in [1,4]^n$, que l'on peut plonger dans

$\langle (b_{i,j}) , (c_{i,j}), b_n \rangle$.

On a par ailleurs, à l'étape j , des relations du type (6)

$(6)_j$ $$b_{2,j-1} z \equiv b_{3,j-1}\, b_j\, z,\ i \in [1,4]\ ,$$

mais, à l'étape suivante, b_j n'intervient que dans les relations $b_j^m\, c_{i,j} \equiv b_{i,j}^m\, c_{i,j}$, ce qui fait que l'on peut remplacer $(5)_j$ par

$(5')_j$ $$b_{2,j-1}\, c_{i,j} \equiv b_{3,j-1}\, b_{i,j}\, c_{i,j}$$

et éliminer la variable b_j. A la première étape, il suffit de même de remplacer $s_o \equiv b_o^d$ par

$$s_o\, c_{i,o} \equiv b_{i,o}^d\, c_{i,o}\ ,\ \in [1,4]\ .$$

<u>Théorème</u> : <u>Soient</u> n <u>et</u> d <u>deux entiers</u> > 0 . <u>Dans le monoïde commutatif libre à</u> $10n + 9$ <u>générateurs</u>

$$b_{i,j}\ ,c_{i,j}\ ,\ i \in [1,4]\ ,\ j \in [0,n]$$

$$s_i\ ,\ i \in\ [0,n]\ ,\ f_i\ ,\ i\ \in [1,n]\ ,$$

<u>considérons la relation d'équivalence compatible engendrée par les</u> $10n + 4$ <u>couples</u>

(R') $$s_o\, c_{i,o} \equiv b_{i,o}^d\, c_{i,o}\ ,$$

(R'') $$\begin{cases} b_{1,j}\, f_j\, c_{1,j} \equiv s_j\, c_{2,j}\ , \\ f_j\, c_{2,j} \equiv f_j\, c_{3,j}\ , \\ s_j\, b_{1,j}\, c_{3,j} \equiv s_j\, b_{4,j}\, c_{2,j}\ , \\ s_j\, c_{3,j} \equiv f_j\, b_{4,j}\, c_{4,j}\ , \\ b_{2,j}\, c_{i,j+1} \equiv b_{3,j}\, b_{i,j+1}\, c_{i,j+1}\ , \end{cases}$$

(R''') $$\begin{cases} s_{j+1} \equiv s_j\, c_{1,j}\ , \\ f_{j+1} \equiv s_j\, c_{4,j}\ , \end{cases}$$

<u>où</u> i <u>parcourt</u> $[1,4]$ <u>et</u> j <u>parcourt</u> $[0,n-1]$. <u>Notons</u> $\Gamma_{d,n}$ <u>le monoïde quotient et soient</u> S_i, F_i, B_i <u>les classes de</u> $s_n\, c_{i,n}$, $f_n\, c_{i,n}$ <u>et</u> $b_{i,n}$ <u>dans</u> $\Gamma_{d,n}$.

(a) <u>Le sous-monoïde</u> $\langle B \rangle$ <u>engendré par</u> $B_1,\dots,B_4$ <u>est libre</u> .

(b) <u>Si</u> u <u>et</u> v <u>sont dans</u> $\langle B \rangle$ <u>et</u> w <u>dans</u> $\Gamma_{d,n}$ <u>avec</u> $u = vw$, <u>alors</u> $w \in \langle B \rangle$.

(c) <u>On a</u> $S_i = F_i\, B_i^N$, <u>avec</u> $N = d^{2^n}$.

(d) <u>Si</u> $F_i\, u = F_k\, v$ <u>avec</u> i <u>et</u> k <u>dans</u> $[1,4]$, $u \in \langle B \rangle$ <u>et</u> $v \in \Gamma_{d,n}$, <u>alors</u>

$i = k$ et $u = v$.

Les assertions (a) et (b) sont évidentes puisque qu'aucun des deux membres d'aucune des relations de définition de $\Gamma_{d,n}$ n'appartient à $\langle B \rangle$. L'assertion (c) est claire. Démontrons (d). Il existe, vu la forme des relations de définition de $\Gamma_{d,n}$ un homomorphisme φ de $\Gamma_{d,n}$ dans le monoïde $\langle \gamma_o,\dots,\gamma_{n-1} , c_1 , c_2 , c_3 , c_4 \rangle$ qui applique chaque $b_{i,j}$ sur 1 , chaque $c_{i,j}$ (j < n) sur γ_j et les $c_{i,n}$ sur les c_i ; de plus $\varphi^{-1}(1)$ est le monoïde libre $M_n = \langle (b_{i,j}) \rangle$. On a

$$\varphi (F_i) = \gamma_o \dots \gamma_{n-1} c_i \ ,$$

et l'équation $F_i u = F_k v$ implique

$$\gamma_o \dots \gamma_{n-1} c_i = \gamma_o \dots \gamma_{n-1} c_k \varphi(v) \ ,$$

donc $k = i$ et $v \in \langle (b_{i,j}) \rangle$. Prenons pour simplifier les notations $k = i = 1$ et écrivons $u = B_1^{\alpha_1} \dots B_4^{\alpha_4}$, $v = w B_1^{\beta_1} \dots B_4^{\beta_4}$, avec $w \in M_{n-1}$. Alors on a

$$B_1^{\alpha_1} \dots B_4^{\alpha_4} f_n c_{1,n} \equiv B_1^{\beta_1} \dots B_4^{\beta_4} w f_n c_{1,n} \ .$$

Comme les seules relations qui font intervenir les B_i sont les relations $b_{2,n-1} c_{i,n} \equiv b_{3,n-1} B_i c_{i,n}$, on en déduit que $\alpha_2 = \beta_2$, $\alpha_3 = \beta_3$, $\alpha_4 = \beta_4$ et que l'on a dans le $M_n \langle b_n \rangle$ ensemble E_n $b_n^{\alpha_1} f_n \equiv b_n^{\beta_1} w f_n$. Mais, <u>puisque</u> f_n <u>est</u> b_n<u>-isolé</u>, cela donne $\beta_1 = \alpha_1$ et $w = 1$.

4 . <u>APPLICATION AU DEGRE DES SYZYGIES</u>.

Prenons $d \geq 3$.

Posons $s'_k = s_{k(d-2)}$ et $f'_k = f_{k(d-2)}$. On a $f'_o = 1$, $s'_o = s_o$ et

$$(\overline{R'''}) \quad \begin{cases} s'_{k+1} \equiv s'_k \displaystyle\prod_{k(d-2) \leq j < (k+1)(d-2)} c_{1,j} \ , \\ \\ f'_{k+1} \equiv s'_k \displaystyle\prod_{k(d-2) \leq j < (k+1)(d-2)-1} c_{1,j} \cdot c_{4,(k+1)(d-2)-1} \ . \end{cases}$$

Toutes ces relations sont de degré $d - 1$. Par ailleurs, les s_j et les f_j se calculent à l'aide des s'_k et des f'_k par des relations de degré $\leq d-2$ comme suit :

a) si $(d-2)k \leqslant j < (d-2)(k+1)-1$,

$$s_j = s'_k \prod_{k(d-2)\leqslant r<j} c_{1,r} ;$$

b) si $(d-2)k = j$, $f_j = f'_k$;

c) si $(d-2)k < j < (d-2)(k+1)-1$,

$$f_j = s'_k c_{4,j-1} \prod_{k(d-2)\leqslant r<j-1} c_{1,r} .$$

Introduisant les variables s'_k et f'_k , remplaçant les relations (R''') par les $(\overline{R'''})$, et remplaçant dans chacune des relations (R''), les s_j et les f_j par les expressions ci-dessus, on obtient un système équivalent, dont les équations ont au plus le degré d . On peut par ailleurs remplacer les relations (R') par les suivantes, qui sont aussi de degré $\leqslant d$.

$$s_o c_{i,o} \equiv t_i c_{i,o} , t_i \equiv b^d_{i,o} .$$

Enfin, n'introduisant à la dernière étape que trois variables S , F et B (autrement dit, faisant $s_n = S$, $f_n = F$, $b_{1,n} = b_{2,n} = b_{3,n} = b_{4,n} = B$, $c_{1,n} = c_{2,n} = c_{3,n} = c_{4,4} = 1$), on obtient :

Théorème : Soient n et d des entiers, avec $n > 0$, $d \geqslant 3$, et k un corps. Il existe, dans l'anneau de polynômes sur k à $8n+2[\frac{n-1}{d-2}] + 8$ variables $A = k[(t_i),(b_{i,j}),(c_{i,j}),(s'_k),(f'_k)_{k\neq 0}, S, F, B]$, où $1\leqslant i\leqslant 4$, $0\leqslant j\leqslant n-1$, $0\leqslant k \leqslant[\frac{n-1}{d-2}]$, un idéal $\mathfrak{I}$ engendré par des polynômes de degré $\leqslant d$ (en fait, en nombre égal au nombre des variables), tel que :

a) On a $S - B^N F \in \mathfrak{I}$, avec $N = d^{2^n}$.

b) Soit $\varphi : A \longrightarrow k[B]$ l'homomorphisme obtenu en annulant toutes les variables sauf B . Alors, si $a \in A$ est tel que $a F \in \mathfrak{I}$, on a $\varphi(a) = 0$.

La dernière assertion est une forme du fait que F est B-isolé dans $A/\mathfrak{I}$. En effet, l'annulateur de F modulo $\mathfrak{I}$ est engendré par les couples $\alpha - \beta$, où α et β sont deux monômes distincts avec $\alpha F - \beta F \in \mathfrak{I}$, et dire que $\varphi(\alpha) \neq 0$ signifie que $\alpha = B^n$.

Corollaire. Considérons le sous-A-module de A^2 formé des (u,v) avec $u S + v F \in \mathfrak{I}$. Pour tout système générateur $\{(u_\alpha , v_\alpha)\}$ de ce module, il existe α avec $\deg(v_\alpha) \geqslant N$

En effet, il existe des $a_\alpha \in A$ avec

$$\Sigma\, a_\alpha u_\alpha = 1 \,,\, \Sigma\, a_\alpha v_\alpha = - B^N \,.$$

Par ailleurs, on a $(v_\alpha - u_\alpha B^N)F \in \mathcal{J}$, donc $\varphi(v_\alpha) = \varphi(u_\alpha)B^N$. Comme $\Sigma\, \varphi(a_\alpha)\varphi(u_\alpha) = 1$, il existe un α avec $\varphi(u_\alpha) \neq 0$ et cela donne $\deg(\varphi(v_\alpha)) \geqslant N$.

Corollaire. <u>Soit</u> $\varepsilon > 0$. <u>Soient</u> m <u>et</u> d <u>deux entiers avec</u> $m \geqslant 10$, $d \geqslant 3$, $d \geqslant 2 + \frac{1}{32\varepsilon}$. <u>Il existe une suite</u> $(P_1,\ldots,P_m)$ <u>de polynômes de degré</u> $\leqslant d$ <u>de l'anneau de polynômes</u> $R = k[X_1,\ldots,X_m]$, <u>(avec</u> $P_1 = X_1$, $P_2 = X_2$) <u>telle que toute base du sous R-module de</u> R^m <u>formé des suites</u> U_i <u>avec</u> $\Sigma\, U_i P_i = 0$, <u>contienne un vecteur dont le premier coefficient est de degré</u> $\geqslant N$, <u>avec</u>

$$\log_2 \log_2 N > (\tfrac{1}{8} - \varepsilon)m + \log_2 \log_2 d - \tfrac{9}{4} \,.$$

Soit n le plus grand entier tel que

$$8n + 2[\tfrac{n-1}{d-2}] + 10 \leqslant m \,.$$

Avec les notations ci-dessus, prenons pour R l'anneau $A[S,F,T_1,\ldots,T_r]$, où $r = m-8n-2[\frac{n-1}{d-2}] - 10$, et pour suite (P_i) la suite des polynômes engendrant $\mathcal{J}$, augmentée de S et F . Chaque relation entre ces générateurs donne une relation $uS + vF \in \mathcal{J}$, et il suffit de prouver, vu le corollaire précédent, que l'on a $n \geqslant (\frac{1}{8} - \varepsilon)m - \frac{9}{4}$. Or, on a

$$m < 8(n+1) + 2[\tfrac{n}{d-2}] + 10 \leqslant (8 + \tfrac{2}{d-2})\ (n + \tfrac{9}{4}) \,,$$

et par ailleurs

$$8 + \frac{2}{d-2} \leqslant 8(1 + \frac{1}{8\varepsilon}) \leqslant 1/(\frac{1}{8} - \varepsilon) .$$

<u>Remarque</u>. L'entier d étant fixé , il existe une infinité de m pour lesquels le 9/4 de la formule précédente peut être remplacé par 5/4 : il suffit de prendre m de la forme $8n + 2[\frac{n-1}{d-2}] + 10$.

5. UN MODELE RUDIMENTAIRE DE CALCULATEUR

On fixe un entier m ; par exemple m = 4 . Le calculateur en question possède m <u>registres</u> $R_1, \ldots, R_m$ capable chacun de contenir un entier naturel ; on note r_i le contenu du registre R_i . Ce calculateur peut exécuter des <u>programmes</u>. Un programme P est une liste finie d'instructions (dont on note $|P|$ le nombre), séparées par des points-virgules, chaque instruction ayant l'une des quatre formes suivantes, où $z \in \mathbb{Z}$, et $i \in [1,m]$:

<u>stop</u> ;
<u>jmp</u> z ;
<u>inc</u> R_i ;
<u>djp</u> R_i z ;

La signification de ces instructions est la suivante : <u>stop</u> demande d'arréter ; <u>jmp</u> z ("jump") demande d'aller exécuter la z-ième instruction suivante (pour z = + 1 c'est la suivante ; pour z = - 1 c'est la précédente ; pour z = 0 , cela déclenche un cycle infini,...) - à moins qu'elle n'existe pas, auquel cas l'instruction équivaut à <u>stop</u> ; <u>inc</u> R_i ("increase") demande d'ajouter 1 à r_i , puis d'exécuter l'instruction suivante (au sens de <u>jmp</u> + 1) ; <u>djp</u> R_i z ("decrease and jump") demande, si $r_i > 0$ de diminuer r_i de 1 et si $r_i = 0$, d'exécuter <u>jmp</u> z .

L'application f_P calculée par un programme P est la suivante : on place un entier $n \geqslant 0$ dans R_1 , et zéro dans $R_2, \ldots, R_m$ et on donne la main à la première instruction du programme. Si le programme s'arrète, $f_P(n)$ est le contenu de R_1 au moment de l'arrêt. Si le programme ne s'arrète pas, $f_P(n)$ est indéterminé.

Pour donner une définition plus précise, appelons <u>état</u> de la machine un élément de $E = [1,|P|] \times \mathbb{N}^m$, où $|P|$ est le nombre d'instructions du programme. Définissons une application "état suivant" associée à P

$$\phi_P : (\{0\} \times \mathbb{N}) \cup E \longrightarrow E \cup (\{\infty\} \times \mathbb{N})$$

de la façon suivante :

$$\phi_P(0,n) = (1 ; n, 0 \ldots)$$

et pour $\alpha \in [1,|P|]$, suivant la valeur de α-ième instruction

Instruction	condition	$\phi(\alpha, r_1, \ldots)$
stop		$(\infty\ ,\ r_1)$
jump z	$\alpha + z \in [1, \lvert P \rvert]$ $\alpha + z \notin [1, \lvert P \rvert]$	$(\alpha+z\ ,\ r_1, \ldots)$ $(\infty,\ r_1)$
inc R_1	$\alpha \neq \lvert P \rvert$ $\alpha = \lvert P \rvert$	$(\alpha+1, r_1+1, \ldots)$ (∞, r_1+1)
...	...	...

Soit $n \in \mathbb{N}$. Alors ou bien $\phi_P^i(0,n)$ est défini pour tout i et $f_P(n)$ est indéterminé, ou bien il existe i avec $\phi_P^i(0,n) = (\infty,m)$ et alors $f_P(n) = m$.

Donnons des exemples de fragments de programme simples, avec entre crochets leur nom abrégé et entre parenthèses leur longueur et les hypothèses sur les indices utilisés.

On suppose qu'à l'entrée dans un de ces fragments, on a $r_m = 0$; on pourra toujours l'assurer en précédant ce fragment de "djp R_m + 2 ; jmp - 1 ; " . A la sortie, on aura toujours $r_m = 0$. Dans 2), on suppose aussi $r_{m-1} = 0$ à l'entrée. On note $[R_j \leftrightarrow R_m]$ le fragment suivant de longueur 3

djp R_j + 3 ; inc R_m ; jmp - 2 ;

1) $[R_i \leftarrow R_i + R_j]$ (7, $i<m, j<m$) : ajoute r_j à r_i sans changer r_j :
$[R_j \leftrightarrow R_m]$; djp R_m + 4 ; inc R_i ; inc R_j ; jmp-3 ;

2) $[R_i \leftarrow R_i * R_j]$ (16, $i<m-1$, $j<m-1$) : multiplie r_i par r_j sans changer r_j :
$[R_j \leftrightarrow R_m]$; $[R_i \leftrightarrow R_{m-1}]$; djp R_m + 10 ; $[R_i \leftarrow R_i + R_{m-1}]$; inc R_j ; jmp-9 ;

3) $[R_i \leftarrow 2 \uparrow R_i]$ (13, $i < m$) : remplace r_i par 2^{r_i} :
$[R_i \leftrightarrow R_m]$; inc R_i ; djp R_m + 9 ; $[R_i \leftarrow R_i + R_i]$; jmp-8 ;

4) $[R_i \leftarrow 2 \uparrow 2 \uparrow R_i]$ (26, $i<m$) : remplace r_i par $2^{2^{r_i}}$: $[R_i \leftarrow 2 \uparrow R_i]$; $[R_i \leftarrow 2 \uparrow R_i]$;

5) $[R_i \leftarrow 2 \uparrow \ldots \uparrow 2 \uparrow R_i]$ (13k , $i < m$) ...

6) $[R_i \leftarrow n]$ $(8[\log_2 n] + 3,\ i < m)$: place dans R_i la constante n , donnée sous forme binaire

$$n = 2^p + \alpha_1 2^{p-1} + \ldots + \alpha_p \quad , \; p = [\log_2 n] \; .$$

Notons [0] le texte "jmp + 1" et [1] le texte "inc R_i" .

djp R_i + 2 ; jmp-1 ; [1] ; $[R_i \leftarrow R_i + R_i]$; $[\alpha_1]$; $[R_i \leftarrow R_i + R_i]$; ... ; $[\alpha_p]$;

6. COMPLEXITE EN ESPACE

Pour tout entier $n \geqslant 0$, posons

$$\|n\| = 1 + [\log_2 n] \; ;$$

pour $r > 0$, on a donc $\|n\| \leqslant r \Leftrightarrow n < 2^r$.

Soit $D(f_P)$ le domaine de définition de f_P . Pour $n \in D(f_P)$, on définit l'espace $e(P,n)$ et le temps $t(P,n)$ utilisés par P pour calculer $f_P(n)$ comme suit. Soit $R_i(P,n)$ la valeur maximale atteinte par r_i au cours du calcul ; on pose

$$e(P,n) = \sum_{i=1}^{m} \| R_i(P,n) \| \; .$$

Par ailleurs $t(P,n)$ est le nombre de pas de calcul ; avec les notations du paragraphe précédent c'est l'entier t tel que $\phi_P^{t+1}(0,n) = (\infty\ , f_P(n))$.

Lemme. On a $t(P,n) \leqslant |P| 2^{e(P,n)}$.

On a toujours $r_i \leqslant R_i(P,n) < 2^{\|R_i(P,n)\|}$. Les états possibles de la machine appartiennent à l'ensemble fini

$$[1,|P|] \times \prod_{i=1}^{m} [0,\ R_i(P,n)] \; ,$$

dont le cardinal est $|P| \prod_{i=1}^{m} R_i(P,n) \leqslant |P| \; 2^{e(P,n)}$. Puisque $f_P(n)$ est défini, la machine ne passe pas deux fois dans le même état, d'où l'inégalité cherchée.

Soit $\varphi : \mathbb{N} \to \mathbb{R}_+$ une fonction croissante. Soit E une partie (infinie) de $\mathbb{N}$ et $f : E \to \mathbb{N}$ une application. On dit que f est calculable en espace φ s'il existe un programme P avec $E \subset D(f_P)$ et tel que pour n dans E , on ait $f(n) = f_P(n)$ et $e(p,n) \leqslant \varphi(\|n\|)$. On a alors $t(P,n) \leqslant |P| \; 2^{\varphi(\|n\|)}$.

On dit que f est calculable en espace exponentiel (resp. polynomial) s'il existe une constante $a > 0$ telle que f soit calculable en espace $2^{a\|n\|}$ (resp.

$\sup(a,\|n\|^a)$).

Soit T une partie de $\mathbb{N}$. Notons $\chi_T : \mathbb{N} \longrightarrow \mathbb{N}$ la fonction caractéristique de T définie par

$$\chi_T(n) = \underline{\text{si}}\ n \in T\ \underline{\text{alors}}\ 1\ \underline{\text{sinon}}\ 0\ .$$

On dit que T (ou que le problème $n \in T$) est <u>décidable</u> en espace exponentiel (resp. polynomial), si χ_T est calculable en espace exponentiel (resp. polynomial), autrement dit s'il existe un programme P répondant à la question "a-t'on $n \in T$?" <u>par oui ou non</u> et tel que $e(P,n)$ sont majoré par $2^{a\|n\|}$ (resp. $\sup(a,\|n\|^a)$).

Il convient de faire quelques remarques sur ces définitions :

1) On a négligé la place occupée par le texte du programme P, mais elle est constante et nous nous intéressons à des évaluations asymptotiques.

2) On a utilisé un modèle totalement rudimentaire de calculateur, mais il permet de calculer toutes les fonctions récursives. De plus, il donne la même notion de complexité en espace exponentiel ou polynomial que tout modèle connu.

3) Nous avons supprimé toute instruction d'entrée-sortie, ce qui nous a obligé d'imposer que n (resp. $f(n)$) soit présent dans un registre au début (resp. à la fin) du calcul. Par conséquent, on a

$$e(P,n) \geqslant \|n\| \quad , \quad e(P,n) \geqslant \|f(n)\|\ .$$

Cela nous interdit de parler de calculabilité en espace φ avec $\varphi(x) < x$, en particulier de calculabilité en espace logarithmique (voir ci-dessous)

7. <u>COMPLEXITE D'UN LANGAGE</u>

Il est commode d'assouplir le cadre ci-dessus. Soit A un alphabet fini, disons $A = \{x_1,\dots,x_b\}$ avec $b \geqslant 2$. Notons A^* le monoïde (non commutatif) libre des mots sur A. Nous aurons besoin de définir une complexité pour des fonctions $A^* \longrightarrow B^*$ ou pour des parties de A^*. Une méthode <u>ad hoc</u>, dans l'approche choisie ici, est la suivante :

Codons chaque mot $\alpha = x_{i_1}\dots x_{i_r}$ de A^*, de <u>longueur</u> $r = \|\alpha\|$, par l'entier

$$\mathrm{code}(\alpha) = i_1 + i_2(b+1)+\dots+ i_r(b+1)^{r-1}\ .$$

On a $\mathrm{code}(\alpha) < (b+1)^r \leqslant 2^{r\|b\|}$, donc pour $\|\alpha\| > 0$

$$\|\alpha\| \leqslant \|\mathrm{code}(\alpha)\| \leqslant \|\alpha\| \, \|b\| .$$

Soit L une partie de A^* ("langage sur A"). Associons à L la fonction $\chi_L : \mathbb{N} \to \mathbb{N}$ définie par

$$\chi_L(n) = \underline{\text{si}}\ n \in \mathrm{code}(L)\ \underline{\text{alors}}\ 1\ \underline{\text{sinon}}\ 0 .$$

On dit que L <u>est décidable en espace exponentiel</u> (resp. <u>polynomial</u>) si χ_L est calculable en espace exponentiel, ou polynomial.

On notera que, si on plonge $\mathbb{N}$ dans A^* par représentation des nombres en base $b > 1$, on retrouve la notion définie plus haut pour les parties de $\mathbb{N}$.

On définit de manière analogue, par codage et décodage, la notion d'application (partiellement définie) de A^* dans B^*, calculable en espace exponentiel (resp. polynomial).

Nous aurons besoin accessoirement d'une notion qui ne se traite pas bien dans le cadre choisi ici, celle d'une application de type ci-dessus calculable en <u>espace logarithmique</u> (il s'agit de l'espace de stockage intermédiaire d'une machine de Turing qui lit des mots de A^* sans pouvoir en écrire et écrit des mots de B^* sans pouvoir en lire). Dans la suite, nous dirons "<u>petit espace</u>" pour "espace logarithmique". On pourra toujours lire "petit espace" au sens d' "espace polynomial" ; les énoncés qui font référence à cette notion resteront vrais, mais un peu plus faibles ; ceux qui n'y réfèrent pas resteront vrais tels quels.

Soient A et A_o deux alphabets, L un langage sur A, L_o un langage sur A_o. On appelle <u>réduction</u> de L à L_o une application $f : A^* \to A_o^*$ qui est <u>calculable en petit espace</u> et telle que $L = f^{-1}(L_o)$. Si P_o est un programme décidant L_o, on obtient un programme P décidant L en appliquant P_o à $f(\alpha)$, $\alpha \in L$; on aura

$$e(P,\alpha) = \sup(e(f,\alpha),\ e(P_o, f(\alpha))).$$

Si L_o est décidable en espace φ_o, avec $\varphi_o \gg \log$, et si $u : \mathbb{N} \to \mathbb{N}$ est la fonction (croissante)

$$u(n) = \sup_{\|\alpha\| \leqslant n} \|f(\alpha)\| ,$$

alors L est décidable en espace $\varphi_o \circ u$.

8. PROBLEMES DE MOTS

Appelons problème de mots à n variables une liste

$$\mu = (m \equiv m', m_1 \equiv m'_1, \ldots, m_r \equiv m'_r) ,$$

de couples de monômes en ces variables, la réponse étant oui ou non selon que l'on a ou non $m \equiv m'$ modulo la relation d'équivalence compatible engendré par les $m_i \equiv m'_i$. On peut coder un tel problème de deux façons différentes. Si l'entier n est borné, on utilise un alphabet formé des variables, des chiffres 0,...,9 , et des symboles ↑ , ≡ . Ainsi, le monôme $X^{31} Y^7 Z$ s'écrit X↑31Y↑7Z ; on notera $|\mu|$ la taille de μ dans cette représentation. En revanche, si n est arbitraire, on doit coder les variables par un mécanisme d'indexation, donc écrire par exemple X↓1, X↓2,... et la i-ème variable a une taille équivalente à $\|i\|$. On notera $\|\mu\|$ la taille de α dans une telle représentation. Ainsi, si μ est un problème de mot faisant effectivement intervenir n variables, on a

$$\|\mu\| \leqslant \|n\| \, |\mu| .$$

Comme $n = O(|\mu|)$, on en tire la majoration

$$\|\mu\| = O(|\mu| \log_2 |\mu|).$$

Notons CSG le langage formé des problèmes de mots à réponse positive, dans l'une ou l'autre de ces représentations.

Le point clé de l'article de Mayr et Meyer est le théorème suivant :

Théorème : Soient A un alphabet fini et $L \subset A^*$ un langage décidable en espace exponentiel. Il existe une constante C et une application f , calculable en petit espace, qui associe à chaque élément α de A^* un problème de mots $f(\alpha)$ avec

$$|f(\alpha)| \leqslant C \|\alpha\|$$

et

$$(\alpha \in L) \Leftrightarrow (f(\alpha) \in CSG).$$

La démonstration utilise plusieurs réductions successives.

9. LA PREMIERE REDUCTION

Considérons l'alphabet B formé des chiffres 0,1,...9 et des symboles

$$R_1\ R_2\ R_3\ R_4\ \ \underline{jmp}\ \underline{stop}\ \underline{inc}\ \underline{djp}\ +\ -\ ;\ .$$

On peut écrire dans B^* les programmes d'une machine à 4 registres. On considère dans B^* le langage U formé des programmes P ayant la propriété suivante :

partant avec tous les registres à 0 , P s'arrête avec tous les registres à 0
avec, tout au long du calcul, les inégalités $r_i \leqslant 2^{2^{|P|}}$.

Proposition : Pour tout langage $L \subset A^*$, décidable en espace exponentiel, il existe une réduction $p : A^* \longrightarrow B^*$ de L à U , avec $\|p(\alpha)\| \leqslant C\,\|\alpha\|$.

Soit P un programme décidant L en espace $\leqslant 2^{a\|\alpha\|}$. Pour chaque $\alpha \in A^*$, définissons un programme $p(\alpha) \in B^*$ comme suit. On écrit d'abord le fragment $p_o(\alpha)$ qui place code (α) dans R_1 ; cela nécessite, on l'a vu, au plus $8\|\text{code}(\alpha)\| \leqslant 8\|A\|\,\|\alpha\|$ instructions, chacune de taille $\leqslant 5$ (on a posé $\|A\| = \|\text{Card}(A)\|$). On a donc $|p_o(\alpha)| \leqslant 8\|A\|\,\|\alpha\|$, $\|p_o(\alpha)\| \leqslant 40\|A\|\,\|\alpha\|$; ajoutant si nécessaire des constructions inutiles (du type jmp + 1), on peut toujours assurer les inégalités

$$a\|\alpha\| \leqslant |p_o(\alpha)| \leqslant D\,\|\alpha\| ,\ \|p_o(\alpha)\| \leqslant 5D\,\|\alpha\| ,$$

(avec $D = \sup(a, 8\|A\|)$).

Ensuite, on écrit le fragment $\tilde{P}$ obtenu à partir de P en remplaçant chaque instruction stop par un jmp après la fin de $\tilde{P}$. Enfin, on termine par le fragment p_∞ suivant :

djp R_1 0 ; djp R_2 + 2 ; jmp-1 ; djp R_3 + 2 ; jmp - 1 ; djp R_4 + 2 ; jmp - 1 ; stop .

On a alors

$$\|p(\alpha)\| = \|p_o(\alpha)\| + \|\tilde{P}\| + \|p_\infty\| \leqslant E + D\,\|\alpha\| \leqslant C\,\|\alpha\| ,$$

et aussi

$$a\|\alpha\| \leqslant |p_o(\alpha)| \leqslant |p(\alpha)| .$$

Il est clair que p se calcule en petit espace. Enfin, si $\alpha \notin L$, on sort de $\tilde{P}$ avec $r_1 = 0$ et $p(\alpha)$ cycle indéfiniment, tandis que si $\alpha \in L$, on sort de $\tilde{P}$ avec

$r_1 = 1$, et alors $p(\alpha)$ s'arrête avec tous les registres à 0 , en ayant utilisé un espace $\leqslant 2^{a\|\alpha\|} \leqslant 2^{|p(\alpha)|}$. On a bien $(\alpha \in L) \Leftrightarrow (p(\alpha) \in U)$, d'où la proposition.

Remarque. On obtient $|p(\alpha)| \leqslant C_1\|\alpha\| + C_2$, avec $C_1 = \sup(a, 8\|A\|)$.

10. LA DEUXIEME REDUCTION

Nous allons maintenant ramener U à CSG, mais par une réduction $\tilde{\mu}$ avec $|\tilde{\mu}(P)| >> |P|$.

Il est d'abord immédiat de décider si un texte de B^* est un programme ou non ; partons donc d'un programme P . Nous allons définir un problème de mot $\mu(P)$ avec

$$(P \in U) \Leftrightarrow (\mu(P) \in CSG).$$

Considérons le monoïde commutatif libre $\tilde{M}$ engendré par des variables A_1 , A_2 , A_3 , A_4 , B_1 , B_2 , B_3 , B_4 et des variables $q_1, \ldots, q_n, q_{n+1}$, où n est le nombre d'instructions $|P|$ de P . Posons $N = 2^{2^{2^n}}$ et, à chaque instruction de P , associons un ou deux couples de monômes de $\tilde{M}$, notés $u \xrightarrow{\sim} v$, conformément au tableau suivant. On suppose que l'instruction analysée est la α-ième, avec $1 \leqslant \alpha \leqslant n$ et on convient que, si $\beta \notin [1,n]$, q_β désigne q_{n+1} .

stop	$q_\alpha \xrightarrow{\sim} q_{n+1}$
jmp z	$q_\alpha \xrightarrow{\sim} q_{\alpha+z}$
inc R_i	$q_\alpha B_i \xrightarrow{\sim} q_{\alpha+1} A_i$
djp $R_i z$	$q_\alpha A_i \xrightarrow{\sim} q_{\alpha+1} B_i$ $q_\alpha B_i^N \xrightarrow{\sim} q_{\alpha+z} B_i^N$

Pour deux monômes a et b de $\tilde{M}$, on écrit $a \xrightarrow{\sim} b$ s'il existe un monôme c et un couple $u \xrightarrow{\sim} v$ de la liste précédente avec $a = cu$, $b = cv$. On pose $\tilde{q}_1 = q_1 B_1^N \ldots B_4^N$ et $\tilde{q}_{n+1} = q_{n+1} B_1^N \ldots B_4^N$, et on note $\tilde{\mu}(P)$ le problème de mots formé de $\tilde{q}_1 \equiv \tilde{q}_{n+1}$ et de tous les couples associés aux instructions de P . On a alors $(P \in U) \Longleftrightarrow (\tilde{\mu}(P) \in CSG)$.

En d'autres termes :

Proposition : Pour que P appartienne à U , il faut et il suffit que l'on ait $\tilde{q}_1 = \tilde{q}_{n+1}$ modulo la relation d'équivalence compatible $\cong$ engendrée par les couples associés aux instructions de P .

1) A chaque état $e = (\alpha, r_1, r_2, r_3, r_4)$ de la machine avec $r_i \leqslant N$, donc $e \in E = ([1,n] \cup \{\infty\})\times[0,N]^4$, associons le mot

$$m(e) = q_\alpha \; A_1^{r_1} B_1^{N-r_1} \ldots A_4^{r_4} B_4^{N-r_4} \quad .$$

Posons $e_1 = (1,0,0,0,0)$, $e_\infty = (\infty,0,0,0,0,)$, de sorte qu'on a $\tilde{q}_1 = m(e_1)$, $\tilde{q}_{n+1} = m(e_\infty)$.

2) On a par construction de la relation $\overset{\sim}{\longrightarrow}$

$$(e \in E,\ \phi_p(e) = e') \Longleftrightarrow (e \in E,\ e' \in E\ ,\ m(e) \overset{\sim}{\longrightarrow} m'(e')).$$

3) Cela implique notamment que, si $P \in U$, il existe une suite d'états e_2 , $e_3,\ldots,e_t$ avec

$$\tilde{q}_1 \overset{\sim}{\longrightarrow} m(e_2) \overset{\sim}{\longrightarrow} \ldots \overset{\sim}{\longrightarrow} m(e_t) \overset{\sim}{\longrightarrow} \tilde{q}_{n+1} \quad ,$$

donc $\tilde{q}_1 \cong m(e_1) \cong \ldots \cong m(e_t) \cong \tilde{q}_{n+1}$. Par conséquent $\mu(P) \in CSG$.

4) Démontrons la réciproque : supposons $\tilde{q}_1 \cong \tilde{q}_{n+1}$. Comme E est stable par la relation $\cong$ et que celle-ci est la fermeture transitive de la relation ($a \overset{\sim}{\longrightarrow} b$ ou $b \overset{\sim}{\longrightarrow} a$), il existe une suite d'états $e_2,\ldots,e_t$, e_{t+1} , avec $e_{t+1} = e_\infty$ et telle que dans la suite

$$\tilde{q}_1 = m(e_1),\ m(e_2),\ldots,\ m(e_t)\ ,\ m(e_{t+1}) = \tilde{q}_{n+1} \quad ,$$

on ait $m(e_i) \overset{\sim}{\longrightarrow} m(e_{i+1})$ ou $m(e_{i+1}) \overset{\sim}{\longrightarrow} m(e_i)$, c'est à dire $\phi_P(e_i) = e_{i+1}$, ou $\phi_P(e_{i+1}) = e_i$. Supposons t <u>minimal</u>. Si l'on a toujours $\phi_P(e_i) = e_{i+1}$, alors $P \in U$. Supposons le contraire. Puisque q_{n+1} n'apparait qu'à <u>droite</u> des relations initiales, la dernière flèche est forcément $m(e_t) \overset{\sim}{\longrightarrow} m(e_{t+1})$; il existe donc i avec $m(e_{i-1}) \overset{\sim}{\longleftarrow} m(e_i) \overset{\sim}{\longrightarrow} m(e_{i+1})$; donc $e_{i-1} = \phi_P(e_i) = e_{i+1}$. Mais cela contredit la minimalité de t , et achève la démonstration.

<u>Remarque</u>. 1) La clé de la démonstration est le fait que la machine est "déterministe" : ϕ_P est une application et pas une relation quelconque.

2) La réduction $P \longrightarrow \tilde{\mu}(P)$ se fait évidemment en petit espace, mais la taille de $\tilde{\mu}(P)$ est immense : $|\tilde{q}_1|$ vaut déjà essentiellement $4\|N\| \geqslant 4.2^{|P|}$, et

on n'a pas $|\tilde{\mu}(P)| \leqslant C|P|$. C'est ce point auquel la troisième réduction va remédier.

11. LA TROISIEME REDUCTION

Soit P un programme comme ci-dessus avec $|P| = n$.

Appelons monoide de Mayr -Meyer d'indice n un monoïde Γ (commutatif unitaire) muni de 12 éléments B_i , S_i , F_i , $i \in [1,4]$, satisfaisant aux conditions suivantes :

(MM1) Le sous-monoïde $< B >$ engendré par les B_i est libre.

(MM2) Pour u et v dans $< B >$ et $w \in \Gamma$, la relation $u = vw$ implique $w \in < B >$.

(MM3) On a $S_i = F_i B_i^N$, avec $N = 2^{2^n}$, pour $i = 1,\ldots,4$.

(MM4) Si $F_i u = F_j v$ avec $u \in < B >$, $v \in \Gamma$, $i \in [1,4]$, et $j \in [1,4]$, alors $i = j$ et $u = v$.

Considérons le monoïde commutatif M engendré par Γ , et les variables suivantes

$$\begin{cases} A_1 , A_2 , A_3 , A_4 , \\ p_o , p_1 , p_2 , p_3 , p_4 , \\ t_o , t_1 , t_2 , t_3 , t_4 , \\ q_\alpha , \alpha \in [1,n+1] , \\ u_{\alpha,i} , v_{\alpha,i} , (\alpha,i) \in \Lambda , \end{cases}$$

où Λ désigne l'ensemble des couples (α,i) tels que la α-ième instruction soit un djp R_i z .

D'après (MM1), on peut identifier $\tilde{M}$ au sous-monoïde M de $\tilde{M}$ engendré par les A_i, les B_i et les q_α.

Introduisons les couples d'éléments de M que voici

$$p_o \to p_1S_1 , \quad p_1F_1 \to p_2S_2 , \quad p_2F_2 \to p_3S_3 , \quad p_3F_3 \to p_4S_4 , \quad p_4F_4 \to q_1 ,$$

$$q_{n+1} \to t_4F_4 , \quad t_4S_4 \to t_3F_3 , \quad t_3S_3 \to t_2F_2 , \quad t_2S_2 \to t_1F_1 , \quad t_1S_1 \to t_o ,$$

et, pour chaque instruction, de numéro α , les couples donnés par le tableau suivant (où q_β désigne q_{n+1} pour $\beta \notin [1,n]$)

stop	$q_\alpha \longrightarrow q_{n+1}$
jmp z	$q_\alpha \longrightarrow q_{\alpha+z}$
inc R_i	$q_\alpha B_i \longrightarrow q_{\alpha+1} A_i$
djp $R_i z$	$q_\alpha A_i \longrightarrow q_{\alpha+1} B_i$ $q_\alpha \longrightarrow u_{\alpha,i} F_i$ $u_{\alpha,i} S_i \longrightarrow v_{\alpha,i} S_i$ $v_{\alpha,i} F_i \longrightarrow q_{\alpha+z}$

Introduisons comme on l'a fait ci-dessus pour $\tilde{M}$ des relations $\longrightarrow$ et $\equiv$ dans M . On a :

$$p_o \longrightarrow p_1 S_1 = p_1 F_1 B_1^N \longrightarrow p_2 S_2 B_1^N \longrightarrow \cdots \longrightarrow q_1 B_1^N B_2^N B_3^N B_4^N = \tilde{q}_1 \quad ,$$

$$\tilde{q}_{n+1} = q_{n+1} \; B_1^N \cdots B_4^N \longrightarrow t_4 F_4 B_1^N \cdots B_4^N = t_4 S_4 B_1^N B_2^N B_3^N \longrightarrow \cdots \longrightarrow t_o \; ,$$

et pour chaque $(\alpha,i) \in \Lambda$.

$$q_\alpha B_i^N \longrightarrow u_{\alpha,i} F_i B_i^N = u_{\alpha,i} S_i \longrightarrow v_{\alpha,i} S_i = v_{\alpha,i} F_i B_i^N \longrightarrow q_{\alpha+z} B_i^N \; .$$

Par conséquent, si a et b sont dans $\tilde{M}$, la relation $a \overset{\sim}{\longrightarrow} b$ implique $a \longrightarrow b$, et on a $p_o \equiv \tilde{q}_1$, $\tilde{q}_{n+1} \equiv t_o$. Ainsi, vu le paragraphe précédent, on a

$$(P \in U) \Longleftrightarrow (\tilde{q}_1 \cong \tilde{q}_{n+1}) \Longrightarrow (\tilde{q}_1 \equiv \tilde{q}_{n+1}) \Longleftrightarrow (p_o \equiv t_o).$$

Nous allons démontrer :

Proposition. ($P \in U$) équivaut à ($p_o \equiv t_o$).

Il s'agit de prouver $(p_o \equiv t_o) \Longrightarrow (\tilde{q}_1 \cong \tilde{q}_{n+1})$. Notons $< A,B >$ le monoïde commutatif libre engendré par les A_i et les B_i et notons H l'ensemble des mots de M de l'une des formes suivantes :

$$p_o \; , \; t_o \; , \; q_\alpha \; , \; p_i F_i \; , \; t_i F_i \; , \; u_{\alpha,i} \, F_i \; , \; v_{\alpha,i} F_i \; ;$$

considérons le produit $H \times < A,B >$ noté $H< A,B >$, et l'application

$$\theta : H < A,B > \longrightarrow M \; ,$$

qui à (h,x) associe hx . Il résulte des propriétés (MM1), (MM2), (MM4) que θ est injective et que si $\theta(h,x) = \theta(h',x')w$ avec $w \in M$, alors $w \in < A,B >$, $h = h'$ et

$x = x'w$.

Considérons dans $H < A,B >$ la relation $\xrightarrow{\wedge}$, formée des couples suivants, où x décrit $< A,B >$, qui décalquent la liste donnée plus haut

$$(p_o,x) \xrightarrow{\wedge} (p_1F_1 \ , \ B_1^N x) \ ,$$
$$(p_1F_1,x) \xrightarrow{\wedge} (p_2F_2 \ , \ B_2^N x) \ ,$$
$$\dots$$
$$(v_{\alpha,i}F_i,x) \xrightarrow{\wedge} (q_{\alpha+z},x) \ .$$

Alors, vu la propriété de θ énoncée ci-dessus, on a pour tout élément $a \in H< A,B >$ et tout $w \in M$,

$$(\theta(a) \longrightarrow w) \Longleftrightarrow (\text{il existe } b \in H< A,B > \text{ avec } a \xrightarrow{\wedge} b \text{ et } w = \theta(b)),$$

$$(w \longrightarrow \theta(a)) \Longleftrightarrow (\text{il existe } b \in H< A,B > \text{ avec } b \xrightarrow{\wedge} a \text{ et } w = \theta(b)).$$

Par conséquent, si $\hat{=}$ est la relation d'équivalence sur $H < A,B >$ déduite de $\xrightarrow{\wedge}$, on a :

<u>Lemme</u>. <u>Pour</u> a <u>et</u> b <u>dans</u> $H <A,B >$, <u>on à l'équivalence</u>

$$(\theta(a) \equiv \theta(b)) \Longleftrightarrow (a \hat{=} b).$$

On est ainsi ramené à prouver que $(p_o,1) \hat{=} (t_o,1)$ implique $\tilde{q}_1 \cong \tilde{q}_{n+1}$. Or, considérons l'application

$$\psi : H \longrightarrow \tilde{M}$$

définie par

$\psi(q_\alpha) = q_\alpha$, $\psi(u_{\alpha,i}F_i) = q_\alpha$, $\psi(v_{\alpha,i}F_i) = q_{\alpha+z}$, $\psi(p_o) = q_1B_1^NB_2^NB_3^NB_4^N$, $\psi(p_1F_1) = q_1B_2^NB_3^NB_4^N$, $\psi(p_2F_2) = q_1B_3^NB_4^N$, $\psi(p_3F_3) = q_1B_4^N$, $\psi(p_4F_4) = q_1$, $\psi(t_o) = q_{n+1}B_1^NB_2^NB_3^NB_4^N$, $\psi(t_1F_1) = q_{n+1}B_2^NB_3^NB_N^N$, $\psi(t_2F_2) = q_{n+1}B_3^NB_4^N$, $\psi(t_3F_3) = q_{n+1}B_4^N$, $\psi(t_4F_4) = q_{n+1}$,

et prolongeons-la à $H <A,B>$ par $\psi(h,x) = \psi(h)x$. On a aussitôt $(a \xrightarrow{\wedge} b) \Longrightarrow \psi(a) \xrightarrow{\sim} \psi(b)$, d'où $a \hat{=} b \Longrightarrow \psi(a) \tilde{=} \psi(b)$. Donc $(p_o,1) \hat{=} (t_o,1)$ implique $\psi(p_o) \tilde{=} \psi(t_o)$, c'est à dire $\tilde{q}_1 = \tilde{q}_{n+1}$, ce qu'on voulait démontrer.

12. L'ETAPE FINALE

Soit P un programme comprenant $n = |P|$ instructions, dont n_1 instructions **djp** . La construction de Mayr -Meyer fournit un monoïde de Mayr -Meyer $\Gamma_{2,n}$ de niveau n , quotient du monoïde commutatif libre à 10n + 9 générateurs par la relation d'équivalence compatible engendré par 10n + 4 couples de monômes de degrés $\leqslant 3$. Si on utilise ce monoïde dans la construction précédente, on trouve un problème de mots $\mu(P)$

$$\mu(P) = (p_o \equiv t_o \ , m_1 \equiv m_1' \ ,\ldots, m_r \equiv m_r') \ .$$

à $10n + 9 + 14 + (n+1) + 2n_1$ variables, où les m_i et m_i' sont tous de degrés $\leqslant 3$, avec

$$r = 10n + 4 + 10 + n + 3n_1 \leqslant 15n+14 \ .$$

En fait, $|\mu(P)|$ est majoré par $5 + 8(10n+4)+ 8.10 + 6.n + 20n_1 = 86n + 20n_1 + 37$.

Si on revient à la construction de la réduction $\alpha \longmapsto p(\alpha)$ initiale, on voit que si un langage L sur l'alphabet A est décidable en espace $\leqslant 2^{a\|\alpha\| +b}$, avec $a \geqslant 8\|A\|$, le programme $p(\alpha)$ satisfait aux inégalités

$$n \leqslant a\|\alpha\| + b_1 \qquad\qquad n_1 \leqslant 16\|A\|\ \|\alpha\| + b_2 \ .$$

On a donc

$$|\mu(p(\alpha))| \leqslant (86a + 320\|A\|)\ \|\alpha\| + b_3 \leqslant C\ \|\alpha\| \ .$$

Cela achève la démonstration.

Supposons que le problème des mots soit décidable par un programme Q , fonctionnant en espace $\leqslant 2^{c|\mu|+d}$. On en déduit alors par la réduction précédente, un programme décidant L en espace $2^{c|\mu(p(\alpha))| +d}$. Mais on a $c|\mu(p(\alpha))| + d \leqslant (86c)\ (a + \frac{320}{86}\|A\|) + b'$, ainsi L est aussi décidable en espace $2^{a'\|\alpha\| + b'}$, avec $a' = (86c)\ (a + \frac{320}{86}\ A\ )$. Supposons $86c < 1$, et soit $r > 0$ assez grand pour que, pour $a \geqslant r$, on ait $a' \leqslant k\ a$, $k < 1$; alors réitérant cet argument, on voit dès que L est décidable en espace exponentiel, il est décidable en espace $2^{(r+1)\|\alpha\|}$. Or cela est faux, car on connait pour tout $s > 0$ des langages décidables en espace exponentiel, mais pas en espace $2^{s\|\alpha\|}$. Par conséquent :

<u>Théorème. Le problème des mots n'est pas décidable en espace</u> $2^{c|\mu|+d}$ <u>pour</u> $c < 1/86$.

Fixons un corps k . Soit PI le problème suivant : "<u>des polynômes</u> $f, f_1,\ldots,f_m$ <u>à coefficients dans</u> k <u>étant donnés</u>, f <u>appartient-il à l'idéal engendré par les</u> f_i ? Notons $|(f,f_1,\ldots,f_m)|$ la longueur du texte $(f_1,f_1,\ldots,f_m)$ où chaque variable et chaque élément de k sont considérés comme de longueur 1 , les polynômes étant représentés comme somme de termes αm où α est un scalaire et m un monôme, écrit comme précédemment ("représentation creuse").

On a alors :

<u>Corollaire : il existe une constante</u> $c > 0$ <u>telle que</u> PI <u>ne soit pas décidable en espace</u> $2^{c|(f,f_1,\ldots,f_m)|}$.

J. FINAT

A combinatorial presentation of the variety of complete quadrics

1. INTRODUCTION

We shall identify the space of hyperquadrics in $\mathbb{P}^n = \mathbb{P}(E)$ with the projective space $\mathbb{P}^N = \mathbb{P}(H^0(\mathcal{O}_{\mathbb{P}^n}(2))$ associated to the vector space of symmetric maps, which we interpret initially for a fixed reference as symmetric matrices $M = M_q$ of order $n+1$. Let us consider the correspondence λ_{r+1} which associates to each $[M]$ the class of the $\binom{n+1}{r+1}$ -matrix $\Lambda^{r+1}M$ modulo multiplication by a nonzero scalar This correspondence is obviously not injective on $\mathbb{P}^N - V_r$, V_r being the variety parametrising the quadrics of rank less than or equal to r (note that $\mathbb{P}^N = V_{n+1}$).

A classical problem of enumerative geometry has been to extend the correspondences λ_r to other ones such that the new ones are one-to-one over some transformation of the projective space $\mathbb{P}^N$. In other words, to obtain a "natural" compactification B for the graph $(\lambda_2 \times \ldots \times \lambda_n)$.

For $n = 2$ we refer to the suggestive survey of Kleiman |4|. The interesting work of Casas and Xambó |1| contains a complete and up-to-date revision of a different approach based on Halphen's theory. One can find also in these papers a great number of references which will not be repeated by us. Nevertheless, we shall quote the classical works (cf. Schubert |6|, |7|, Van der Waerden |14|, Semple and Roth |9|, Semple |8| and Tyrrell |11|), which may also serve as motivation for some general constructions of B presented below.

From a modern viewpoint, the interest has been centered on the explicit computations of the Chow rings of the variety B or in classical language, the determination of "characteristikzahlen" of Schubert's book (|6|,p.104). These have been determined recently by Vainsencher |12| and De Concini and Procesi |2| by using quite different methods. We have no new method for obtaining this Chow ring and thus the aim of this work is to show the geometrical aspects of the variety B in the vein of classical approaches which are not explicitly presented in the quoted works.

This paper is organised as follows. In §2 we introduce the set of complete quadrics following the classical approach in the vein of works of Severi, Van der Waerden and Semple. We give a first approach to the enveloping-quadrics founded on the classical polarity with respect to a form. The main point is Lemma 2.5 showing the incidence variety between quadrics and linear r-spaces.

The approach based in the resolution of singularities of V_n is treated in §3. We give there an analytical local presentation of monoidal transforms. The crucial point is the choice of the regular system of parameters explained in 3.2. The iteration of these monoidal transformations gives a model $B_n^{(n-1)}$ for the complete quadrics which is essentially B (Corollary 3.6). The idea is to identify the successive monoidal transforms $B_n^{(i)}$ of $\mathbb{P}^N$ with the closure of graphs of some correspondence products parametrizing incidence varieties.

In the following Chapter, we recover the combinatorial viewpoint and give two presentations of the types of complete quadrics by means of multiranks of quadrics (This is possible by virtue of remark 2.7) and partitions of n+1. One sees easily that it is possible to give a representation of both partially ordered sets by means an ordered n-cube (see e.g the figure appearing in 4.8). We introduce an action on the set B extending the projectivization of the linear action (monoidal transforms are equivariant, in this case). This allow us to interpret such presentations in terms of projectivizations of linear representations associated to all the possible unordered decompositions of a vector space of dimension n+1. This will be the main point for §6.

Next, in §5, we make the explicit construction of the n-hypercube representing orbits of B from the n-simplex representing orbits of $\mathbb{P}^N$. We introduce the permissible transform on an ordered graph. Then, we verify that the orbits appearing in each step of the resolution of singularities of V_n are represented by the vertices of the polyhedra appearing from n-simplex to n-hypercube.

Finally in §6, I sketch another proof of the formulas given by Schubert |7| relating the primary condition (of being tangent to linear spaces) with the classes of the components of the exceptional divisors. This proof is founded on the geometry of parabolic subgroups. The approach is simpler (I think) than De Concini and Procesi's |2|. It is not so general but it has the advantage that it makes available the geometry of divisors on $B_n^{(i)}$ in each step of the monoidal transformations. Roughly speaking, the central idea is to study the cellular decomposition associated to each monoidal transform $B_n^{(i)}$ and to observe that each transformation separates cells which are unions of orbits into smaller cells to obtain cells which have a single orbit. At last, one justifies the degeneration formulas of Schubert's book.

All these results make part of my doctoral dissertation (Valladolid, 1983).

The author is grateful to J.M. Aroca, his advisor, for all his encouragement and helpful discussions. Thanks also to D. Laksov who very attentively looked through a preliminary version of this paper. His suggestions have been very useful for the actual form of this paper.

2. NOTATIONS, DEFINITIONS AND ELEMENTARY CONSTRUCTIONS

(2.1) Let E be a vector space of dimension n+1 over an algebraically closed field k of characteristic $\neq 2$. Let $\mathbb{P}^n = \mathbb{P}(E)$ and let us denote by $\mathbb{P}^N = \mathbb{P}(H^0(\mathcal{O}_{\mathbb{P}^n}(2)))$ the projectivization of the vector space of symmetric maps $E^* \longrightarrow E$. Then we have a natural stratification of $\mathbb{P}^N$ by the rank: $V_1 \subset V_2 \subset \dots \subset V_n \subset V_{n+1} = \mathbb{P}^N$ where V_r denotes the subvariety of $\mathbb{P}^N$ of quadric loci q of rank $\leqslant r$ which are parametrised by the set of symmetric maps M_q of rank at most r up to a proportional factor (obviously V_1 is the image of $\mathbb{P}^n$ by the Veronese embedding). The description of V_r as a determinantal variety gives its natural structure as closed subscheme of V_{r+1}.

Each stratum $V_{r+1} - V_r$, for $r = 1,\dots,n$, is an open orbit for the natural action of PGL(E) on $\mathbb{P}^N$. Furthermore V_1 is the only closed orbit of this action.

(2.2) Let $F_r = \mathrm{Sym}^2(\Lambda^r E^*)$ be the space of symmetric bilinear forms over the r-th exterior power $\Lambda^r E^*$ of the dual vector space E^* of E. Consider the morphism $\lambda_r : F_1 \longrightarrow F_r$ given by

$$(\lambda_r F)(e_{i_1} \wedge \dots \wedge e_{i_1}, e_{j_1} \wedge \dots \wedge e_{j_r}) = \det F((e_{i_k}, e_{j_1})_{1 \leqslant k,l \leqslant r})$$

for any fixed basis of E^*. In terms of matrices $\lambda_r F$ is given by a symmetric matrix M_r of size $\binom{n+1}{r}$ whose generic entry M_I^J is the minor of order r of M_1 indexed by the pair of r-multi-indices (I,J).

The space of hyperquadrics in $\mathbb{P}^n$ corresponds to the projectivization of $\mathbb{P}(F_1)$ which can be indentified with $\mathbb{P}(\mathrm{Hom}(E,E^*))$. The projectivization of λ_r gives a rational map $\mathbb{P}^N \longrightarrow \mathbb{P}^{N_r}$, which we shall also denote by λ_r and which associates to each "quadric locus" the r-th "enveloping quadric" $[\lambda_r(q)]$ which is the envelope by r-spaces of q as we shall see in 2.7. The map λ_{r+1} is only geometrically defined outside of V_r for each $r = 1,\dots,n$. Our aim is to extend λ_{r+1}, replacing $\mathbb{P}^N$ by a certain variety in such a way that the extension $\hat{\lambda}_{r+1}$, becomes one-to-one.

(2.3) Before realising this extension let us recall some well known facts (at least for n = 2,3). These allow us to justify the geometric language. I choose deliberately the classical language of polarity with respect to V_n for showing the connection with the work of Semple and Roth (|9|).

Let L_r be a fixed r-dimensional subspace of $\mathbb{P}^n$ and let us denote by $\underline{P}$ its Plücker coordinates in the Grassmannian G(r,n) i.e. we consider L_r as the intersection of n-r hyperplanes. Let us remember that in coordinate terms, a quadric q is tangent to L_r if and only if

$$\underline{P}(\Lambda^{r+1} M_q)\, \underline{P}^t = 0 \qquad (2.4)$$

where $\Lambda^{r+1} M_q$ is the (r+1)-th exterior product of the matrix M_q representing the quadric q. We shall represent this more synthetically by writing $L_r \in \Lambda^r q$.

(2.5) Lemma-Definition.- The closure in $\mathbb{P}^N_k$ of the set of point-quadrics $P_q \in V_{n+1} - V_n$ such that q is tangent to a fixed space L_r, is a divisor of degree r+1 which we shall call the r-th primary condition and which we shall denote by W_r

Proof: Observe that if u denotes the (n+1)x(n-r)-matrix given by the coefficients of n-r hyperplans defining L_r, then we may write the condition for a quadric to be tangent to L_r as follows (see Semple and Roth |9| p. 311):

$$\det \begin{bmatrix} M_q & U^t \\ & \\ U & 0 \end{bmatrix} = 0$$

If $(z_{ij})_{0 \leqslant i \leqslant j \leqslant n}$ are the local coordinates of $\mathbb{P}^N$ and $\underline{P} = (P^{j_1 \ldots j_{n-r}})$ the Plücker coordinates of the Grassmannian we may write this condition in a more descriptive form as

$$\sum_{J,L} \frac{\partial^{n-r} f}{\partial z_{j_1 l_1} \ldots \partial z_{j_{n-r} l_{n-r}}} P^{j_1 \ldots j_{n-r}} P^{l_1 \ldots l_{n-r}} = 0 \qquad (2.5.1)$$

which is the (n-r)-th polar variety induced by the determinant f of a general symmetric matrix of order n+1.

(2.6) As a by-product one obtains that in a linear generic pencil the number of tangent hyperquadrics to a general L_r is r+1. (For each fixed space L_r, (2.5.1) is a form of degree r+1).

Moreover, if V_r denotes the variety of quadrics less than or equal to r, then $V_r \subset W_k$ for $k \geqslant r$. This generalizes the well known classical facts for conics in $\mathbb{P}^2$ (resp. quadrics in $\mathbb{P}^3$) that the condition to be tangent to a line (resp. plane) is satisfied at all elements of the Veronese variety V_1. Analogously the condition for a quadric in $\mathbb{P}^3$ to be tangent to a line is satisfied for all the quadrics of rank less than or equal to 2.

(2.7) Remark.- Conversely, by (2.5.1) if we fix the quadric $q \subset \mathbb{P}^n$, the variety of r-spaces tangent to q is given by a quadric section of G(r,n), which we shall call the (r+1)-th generalised quadric associated to q, which clearly is the same as the (r+1)-th enveloping quadric introduced in (2.2). With this interpretation, the correspondence which to each quadric-locus associates the (r+1)-th generalised quadric gives a non-zero quadric section of G(d,n) when rank $(M_q) \geq r+1$. This gives a correspondence between the sections of $O_{\mathbb{P}^n}(2)$ and the sections of $O_G(2)$ where G = G(r,n), which we shall denote by λ_{r+1}.

(2.8) We define (as in Tyrrell |11| or Vainsencher |13|) the variety of complete quadrics which we shall denote B, to be the closure of the image of the product correspondence $\lambda_2 \times \ldots \times \lambda_n$ in the Segre product $\prod_{r=1}^{n} \mathbb{P}^{N_r}$.

Set-theorically every n-complete quadric $Q \in B$ is given by an n-tuple of quadric loci $(q_1, \ldots, q_n)$, where q_{r+1} is a quadric in $\Lambda^{r+1} E$ called the (r+1)-th enveloping quadric of $q = q_1$.

If $\lambda_{r+1}: B \longrightarrow \mathbb{P}^{N_{r+1}}$ is the (r+1)-th natural projection we can obtain q_{r+1} as the image of Q vía λ_{r+1}. The multirank or simply rank of Q is defined to be the n-tuple $(r_1, \ldots, r_n)$ given by $r_t = \text{rank}\ (\lambda_t(Q))$ for $t = 1, \ldots, n$. Naturally if M represents the matrix of a quadric-locus q of maximal rank n+1 its associated complete quadric is represented by $(M, \Lambda^2 M, \ldots, \Lambda^n M)$ and its rank is given by $(n+1, \binom{n+1}{2}, \ldots \binom{n+1}{n})$. The results of the following section allow to us extend this description for quadrics of rank less than or equal to n.

3. MONOIDAL TRANSFORMS ON $\mathbb{P}^N_k$

(3.1) Let us denote generically by $\Pi: \tilde{\mathbb{P}}^N_k \longrightarrow \mathbb{P}^N_k$ the monoidal transform of $\mathbb{P}^N_k$ with center a subvariety V which is stable under the action of $PGL_{n+1}(k)$. By a straightforward argument one shows directly that there exists an action on $\tilde{\mathbb{P}}^N_k$ extending that of $PGL_{n+1}(k)$ on $\mathbb{P}^N_k$ such that the projection Π is $PGL_{n+1}(k)$-equivariant (this is also a consequence of Prop. 2.4 of Wright |15|). The aim of this paragraph is to give a description of the orbits of the model of complete quadrics which uses succesive monoidal transforms.

First we need a simple description of the monoidal transforms. If we consider V_r as a determinantal variety, e.g., the locus of zeros of minors of order r+1, the idea is the following: After making the monoidal transform with center V_1, the variety V_r becomes a "cylinder with directrix" a determinantal variety V_r of order one less, as locus of zercs of minors of order r with respect to a new regular system of parameters (for a more general presentation see Vainsencher

|13|). More precisely:

(3.2) Proposition.- Let $V_{i,1}^{(n)}$ be the strict transform of V_1 by the monoidal transform p_1: $B_1 \longrightarrow \mathbb{P}_k^N$ of $\mathbb{P}_k^N = V_{n+1}$ with center at V_1. Then $V_{i,1}^{(n)}$ is given locally by $V_{i-1}^{(n-1)} \times \mathbb{P}^n$ for $i = 1,\ldots,n$. In particular $V_{2,1}^{(n)}$ is non-singular.

Proof: The action of $PGL_{n+1}(k)$ on $\mathbb{P}_k^N$ allows us to reduce the study of the monoidal transform p_1 to the situation of a generic point P_q of each orbit $V_r - V_{r-1}$. Therefore we may suppose that $\sum_{i=0}^{r-1} x_i^2 = 0$ is the equation of the quadric-locus corresponding to p_q with respect to a system $(x_i')_{0 \leqslant i \leqslant n}$ (resp. $(z_{ij}')_{0 \leqslant i \leqslant j \leqslant n}$) of homogeneous coordinates of $\mathbb{P}_k^n$ (resp. $\mathbb{P}_k^N$). Then it is clear that the minors of order r+1 given by

$$f_{i,j} = \begin{vmatrix} z'_{oo} & \ldots & z'_{or-1} & z'_{oj} \\ \vdots & & & \\ z'_{r-1,o} & \ldots & z'_{r-1,r-1} & z'_{r-1,j} \\ & & & \\ z'_{i,o} & \ldots & z'_{i,r-1} & z'_{ij} \end{vmatrix} \quad r \leqslant i,j \leqslant n$$

and the $\binom{r}{2} + (n-r)^2$ coordinates $(z'_{ij})_{\substack{o \leqslant i \leqslant r-1 \\ o \leqslant j \leqslant n}}$ give rise to a regular system of parameters for V_r in an affine neighbourhood of P_q. In particular if $P_q \in V_1$ (by convention one supposes $V_o = \emptyset$), the regular system of parameters for V_1 is given in the neighbourhood $D_+(z'_{oo})$ by

$$y'_{oj} = z_{oj} \qquad \text{for } j = 0,\ldots,n$$

$$y'_{ij} = z_{ij} - z_{oi} z_{oj} \qquad \text{for } 1 \leqslant i \leqslant j \leqslant n$$

where $z_{ij} = z'_{ij}/z_{oo}$ for every (i,j). From the affine viewpoint we may hence write in $D_+(z'_{oo})$ the generic minor $f_{L,K}$ associated to the pair of (r+1)-multi-indices $(L,K) = ((0,l_1,\ldots,l_r),\ (0,k_1,\ldots,k_r))$ with respect to the new regular system of parameters given y'_{ij} as follows:

$$f'_{(L,K)}(\underline{y}') = \begin{vmatrix} 1 & y'_{o,k_1} & \cdots & y'_{o,k_r} \\ y'_{l_1,o} & y'_{l_1,k_1} + y'_{o,k_1}y'_{l_1,o} & \cdots & y'_{l_1,k_r} + y'_{l_1,o}y'_{o,k_r} \\ y'_{l_r,o} & y'_{l_r,k_1} + y'_{o,k_1}y'_{l_r,o} & \cdots & y'_{l_r,k_r} + y'_{l_r,o}y'_{o,k_r} \end{vmatrix}$$

$$= \begin{vmatrix} y'_{l_1,k_1} & y'_{l_1,k_2} & \cdots & y'_{l_1,k_r} \\ \vdots & \vdots & & \vdots \\ y'_{l_r,k_1} & y'_{l_r,k_2} & & y'_{l_r,k_r} \end{vmatrix}$$

To obtain the stated result it suffices to blow-up $\mathbb{P}^N$ with respect to the Ideal I of V_1. So, for example, we have in $D_+(y_{l_1,k_1})$ that $f'_{L,K}(y')$ is transformed into

$$F_{(L,K)}(\underline{y}) = \begin{vmatrix} 1 & y_{l_1,k_2} & \cdots & y_{l_1 k_r} \\ \vdots & \vdots & & \\ y_{l_r k_1} & y_{l_r k_2} & \cdots & y_{l_r k_r} \end{vmatrix}$$

multiplied by $y^r_{l_1,k_1}$ where the monoidal transform is given in this open set by

$$y'_{oi} = y_{oi} \qquad \text{for } i = 1,\dots,n$$

$$y'_{ij} = y_{ij}y_{l_1 k_1} \qquad \text{for } 1 \leqslant i \leqslant j \leqslant n \text{ and } (i,j) \neq (l_1,k_1)$$

$$y'_{l_1 k_1} = y_{l_1 k_1}$$

Hence we have a correspondence which associates to each minor of order r, $F'_{l,K}(\underline{y}')$, the minor of order r+1, $F_{l,K}(\underline{z})$, $= F'_{\{0\}\times L,\{0\}\times K}$ on $D_+(z'_{oo})$. The result follows by glueing together the affine pieces.

By iterating this argument one obtains the following result (essentially also contained in Vainsencher |12|).

(3.3) <u>Theorem</u>.- Let us denote by $V^{(n)}_{i,j}$ the strict transform of $V^{(n)}_{i,j-1}$ by the monoidal transformation $p_j : B^{(j)}_n \longrightarrow B^{(j-1)}_n$ of $B^{(j-1)}_n$ with center the determi-

nantal ideal corresponding to the minimal orbits of the action on $B_n^{(j-1)}$ extending the action on $B_n^{(j-2)}$ (one sets $B_n^{(0)} = \mathbb{P}_k^N$ and $B_n^{(i)} = \emptyset$ for $i < 0$). In particular $V_{j,j-1}^{(n)}$ is a component of the center of the blow-up. Then one has

$$\text{a)} \quad V_{i,j}^{(n)} = V_{i-j}^{(n-j)} \times \mathbb{P}^{n+1-j} \qquad i \leqslant j-1$$

b) $V_{j,j}^{(n)}$ is non-singular and we shall consider it as the non-singular model of V_j. Hence in particular, the composition π of monoidal transformations

$$B^{(n-1)} \xrightarrow{p_{n-1}} \dots \longrightarrow B_n^{(1)} \xrightarrow{p_1} \mathbb{P}_k^N$$

is a resolution of the singularities of V_n.

(3.4) Finally we shall prove that the variety of complete quadrics B coincides with the total transform $B_n^{(n-1)}$ of $\mathbb{P}_k^N$ by the composition π of the successive monoidal transformations considered just above.

Let us observe that each λ_r is a pseudo-G-morphism (EGA IV. 20.2.1) with $\mathrm{dom}(\lambda_r) = \mathbb{P}^N - V_{r-1}$. Hence applying theorem 4.1.1 of Wright |15|, one obtains that the closure of the product correspondence $\lambda_2 \times \dots \times \lambda_r$ is a closed G-subscheme.

(3.5) <u>Proposition</u>.- 1) The mappings h_i appearing in the diagram

$$\begin{array}{ccccccccc}
\overline{\mathrm{graph}\,\lambda_2} & \longleftarrow & & \overline{\mathrm{graph}(\lambda_2 \times \lambda_3)} & \longleftarrow & \dots & \longleftarrow & \overline{\mathrm{graph}(\lambda_2 \times \dots \times \lambda_n)} \\
\swarrow \quad \searrow h_1 & & & \swarrow h_2 & & & & \swarrow h_{n-1} \\
P_k^N \xleftarrow{p_1} B_n^{(1)} & \xleftarrow{p_2} & B^{(2)} & \xleftarrow{p_3} & \dots\dots\dots & & \longleftarrow & B_n^{(n-1)},
\end{array}$$

induced by the universal property of blowing-up are G-isomorphisms.

2) The G-sheme $\overline{\mathrm{graph}(\lambda_2 \times \dots \times \lambda_n)}$ is a non-singular minimal model of all the G-shemes $\overline{\mathrm{graph}(\lambda_i)}$ for $i = 2,\dots,n$.

Proof: Let us observe first that the composed blowing-up $p_r \circ \dots \circ p_1$ is a G-morphism whose orbits we have given in paragraph 4. Moreover the successive monoidal transformations resolve the "singularities" of the morphism λ_{r+1} i.e. the variety V_r. Let us observe that V_i is the $(r-i)$-multiple locus of V_r for $r \geqslant i$ and hence, after j monoidal transformations, $V_{i,j}$ is the $(r-i-j)$-multiple locus of $V_{r,j}$, but they may be contained in the singular locus of the lifted morphism. For example, $V_{1,1}$ and $V_{2,1}$ are smooth but they are contained in the

(k-1)-multiple locus of V_{k-1} and the lifted morphisms $\tilde{\lambda}_j$ are indeterminated on those for $j = 3,\dots,k$. The rest of the proof is a standard consequence of universal properties of blowing-up.

(3.6) Corollary.- $B_n^{(n-1)} = B$.

4. RECURRENT DESCRIPTION OF THE TYPES OF COMPLETE QUADRICS

The main goal this paragrah is to show the structure of the variety of complete quadrics B as a homogeneous (in fact, symmetric) space. (For another construction see De Concini and Procesi's work |2|). We will do this by lifting to B the natural action of $PGL_k(n+1)$ given on $\mathbb{P}^N$.

(4.1) First, we shall give two representations of the types of complete quadrics by means of multiranks and partitions of n+1. Let us recall that, with the same notations as in Theorem 3.3, we have a fiber bundle $\pi^{-1}(V_r - V_{r-1}) \longrightarrow V_r - V_{r-1}$ whose fiber over each point-quadric P_q is isomorphic to the variety of complete quadrics B_{n-r} associated to quadric - loci in $\mathbb{P}^{n-r}$.

(4.2) Remark.- This claim was implicitly presented in earlier works (see Van der Waerden |14|, Severi |10|, Semple |8|, Tyrell |11|). The classical reasoning was founded for n = 2, 3 on a careful analysis of degeneration . Let us recall it briefly. The existence of a lifted action with good properties (see §3) allow to us to reduce the question to a study of the neighbourhood of a point. Hence, one chooses a canonical form for the quadric locus q as a sum of squares. Then one considers an analytic arc meeting transversally the orbit containing the point P_q, in all possible ways such that all the i-th enveloping quadrics are well defined for $i \geqslant \text{rank}(q)$. A simple argument of specialization on the matrices representing the lifting of the matrix M_q gives us the solution. Actually this choice is possible thanks to Luna's theorem |5|.

(4.3) Therefore by decreasing induction we may associate to each type of complete quadric in $\pi^{-1}(V_r - V_{r-1})$ its multirank. In particular if dim (Vertex(q)) = 0,1,2 or 3 there are 2^0, 2^1, 2^2 or 2^3 types of complete quadrics on a point, line, plane or 3-space, as is well known. Their multiranks on the vertex (i.e. their singular locus) are

a) 1 for dim (Vertex(q)) = 0

b) 2 and 1 for dim (Vertex(q)) = 1

c) (3,3), (2,1), (1,2), (1,1) for dim(Vertex(q)) = 2

d) (4,6,4), (3,3,1), (2,2,1), (2,1,2), (1,3,3), (1,2,1), (1,1,2) and

(1,1,1) for dim (Vertex(q))) = 3.

The next result allow to us give a more general description.

Lemma 4.4.- One can represent the set of possible types of an n-complete quadric by means of the verteces of an ordered hypercube $I^n \cap \mathbb{Z}^n \subset \mathbb{R}^n$ where $I=[0,1]$ Hence there are exactly 2^n possible types or possible values for the multirank of an n-complete quadric Q.

Proof.- For low values of n the last assertion is a well known fact, as we have recalled above. If we suppose the claim is true for n-1 we have that B is the disjoint union of $\pi^{-1}(V_{n+1}-V_1)$ and $\pi^{-1}(V_1)$. By applying Cor. 3.1 and the induction hypothesis we obtain that there are exactly $2^{n-1} + 2^{n-1} = 2^n$ possible types of n-complete quadrics as claimed. In other words, if $(r_1,\ldots,r_n)$ is the rank of an n-complete quadric Q and if t is the first index such that $r_{t-1} = 1$, then $(r_t,\ldots,r_n)$ is the rank of an (n-t-1)-complete quadric. This gives $2^0 + 2^0 + 2^1 + \ldots + 2^{n-1}$ possible values for the rank. (The first 2^0 corresponds to the smooth quadrics and the second one to the cones). The correspondence which to each rank of any n-complete quadric associates the n-tuple obtained making zero all the entries different from 1 in its multirank gives the representation by means of the vertices of the hypercube.

4.5. Next we will show that the inverse of lexicographical order on the vertices of the hypercube corresponds to the specialization of complete quadrics. Before explaining this more precisely, we give another elementary description of an n-complete quadric. This is presented in the classical literature (see Severi |10| or Van der Waerden |14|) from the topological wiewpoint, but it is possible to give a combinatorial description suggested also by Lemma (3.6) and which completes the preceeding description. For let us consider each n-complete quadric as a pair given by a quadric-locus $[q_{r_1}] \subset \mathbb{P}^n$ and a complete quadric Q' in the singular locus of q which we shall call the vertex of $q_{r_1} = q$. If we iterate this decomposition for the complete quadric Q', we have that for each fixed complete quadric Q one obtains a representation as a k-tuple of quadric-loci $(q_{r_1},\ldots,q_{r_k})$ such that every q_{r_1} is a quadric-locus in the vertex of $q_{r_{i-1}}$. Hence one trivially has $r_1 + \ldots + r_k = n+1$.

(4.6) Definition.- We shall say that a complete quadric represented by $(q'_{r_1},\ldots,q'_{r_k})$ is a degeneration of $(q_{r_1},\ldots,q_{r_k})$ if $k \leqslant k'$ and for every $i = 1,\ldots,t$ there exists an $l(i) \geqslant i$ such that $q'_{r_{l(i)}}$ is a degeneration of the quadric-locus q_{r_i}, which means that the vertex of q_r is contained in the vertex of $q'_{r_{1(i)}}$.

4.7. Proposition.- There exists a bijective mapping between the set of ranks of n-complete quadrics and the set of partitions of n+1. The relation of natural subordination in the partially ordered set of partitions of n+1 corresponds by this map to the degeneration of complete quadrics.

4.8. Example.- For n = 3 we therefore have the three following cubes.

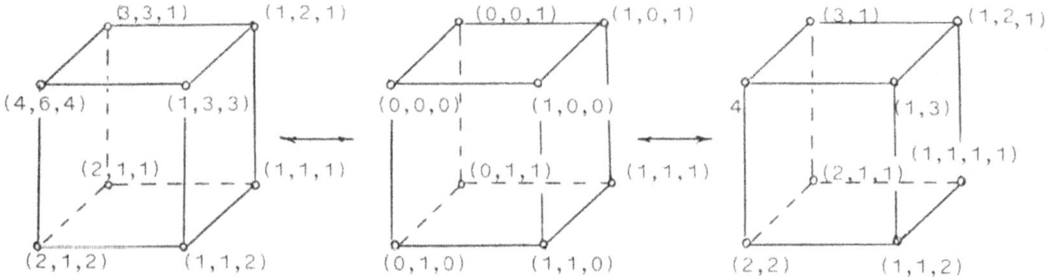

Lifting the Action

4.9 The last part of this paragraph is devoted to showing an explicit description of the lifted action on the variety of complete quadrics and to prove that the vertices of the hypercube correspond in fact to the orbits under the lifted action. For this, we shall consider a complete quadric Q as a k-tuple $(q_{r_1},\dots,q_{r_k})$ of quadric - loci following the notation introduced in 3.7.

Let us associate to each quadric-locus q_{r_i} the matrix representing it as a quadric of maximal rank in (r_i-1)-projective space $L_i \subset \mathbb{P}^n_k$, for $i = 1,\dots,t$, such that $L_1 + \dots + L_t = \mathbb{P}^n_k$.

We define the action of the product $G = \prod_{r=1}^{n} PGL_k(r)$ on B by induction on t. For t = 1, let us consider the natural action defined by $[q_{r_1}]\,[g_n] :=$ $= [q_{r_1} g_n]$, where $g_n \in GL_k(n+1)$.

For each $t > 1$, if we consider the complete quadric Q as a pair (q_{r_1}, Q_2) given by a quadric locus q_{r_1} and a complete quadric on vert $[q_{r_1}]$, we may apply the induction hyphotese on t and define

$$(q_{r_1},Q_2)\underline{g}: = (q_{r_1}\, g_n,\ Q_2(g_n g_{r_2},\dots,g_n g_{r_t})).$$

In explicit terms, $[q_{r_2}] \subset \text{vert}\,[q_{r_1}]$ and if we set $[q'_{r_2}]: = [(q_{r_2} g_n) g_{r_2}]$ it is clear that $[q'_{r_3}] \subset \text{vert}\,[q_{r_1} g_n]$ where $g_{r_2} g_n$ denotes the restriction to vert $[q_{r_1}]$ of q_n. If we fix two complete quadrics Q and Q' with the same associated partition $(r_1,\dots,r_t)$ of n+1 there exist g_n and g_2 such that

$$q'_{r_1} = q_{r_1} \cdot g_n \quad q'_{r_2} = (q_{r_2} g_n) g_{r_2}$$

(the converse assertion is obvious). Hence by iterating the process we may represent this action symbolically as

$$Q.\underline{g} = [q_{r_1} g_n, (q_{r_2}, g_n) g_{r_2}, \dots, (q_{r_t} g_n, \dots, g_{r_{t-1}}) g_{r_t}]$$

4.10 <u>Theorem</u>.- Let us suppose that char (k) = 0 and let us denote by $G(r_1,\dots,r_t)$ the subgroup of matrices given by t boxes of size r_i for $i = 1,\dots,t$ defined up to multiplication by scalar. Then there exists a bijective correspondence between the types of complete quadrics and the set of linearizations of representations

$$\rho(r_1,\dots,r_t): G(r_1,\dots,r_t) \longrightarrow PGL_{n+1}(k)$$

associated to ranks $(r_1,\dots,r_t)$ of complete quadrics.

Proof: It suffices to take into account that the types of complete quadrics are parametrized by the partitions of n+1 and if char(k) = 0, that every linear representation associated to the direct sum $\bigoplus_{i=1}^{t} V_i$ of vector spaces is a product of t linear representations $G_i \longrightarrow GL(V_i)$. Hence the subspaces L_i in the decomposition $\mathbb{P}^n = L_1 + \dots + L_t$ are invariant under the action of the representation given by $\rho(r_1,\dots,r_t)$.

4.11. <u>Corollary</u>.- The topological space of orbits on B by the above lifted action is a partially ordered lattice, which we denote by $\mathcal{G}B_n$. It can be represented by an n-hypercube I^n. Note that $\mathcal{G}B_n$ is a spectral topological space, so we may consider $\mathcal{G}B_n$ as an affine scheme.

Proof: The last assertion is a consequence of the result of Hochster |3|, the others ones being obvious by the construction of B.

5. OBTAINING THE HYPERCUBE

5.1. By the reasoning made at the beginning of §3, one has that the exceptional divisor $E = \pi^{-1}(V)$ and $\pi^{-1}(\mathbb{P}^N_k - V)$ are unions of orbits by the lifted action when the center V is non-singular and stable under the action of $PGL_{n+1}(k)$. For obtaining an explicit description of the orbits in each step we shall need the geometrical interpretation of the transformations involved and its combinatorial representation.

The basic facts for the first ingredient are contained in (3.5). The second one is the following construction.

5.2. Permissible transforms on a ordered graph

Let us consider all the possible degenerations in the projective space $\mathbb{P}^N$ of hyperquadrics stratified by the rank. Then we may interpret all the vertices of the standard simplex σ_n on $\mathbb{R}^n$ as the orbits by the action of $PGL_{n+1}(k)$ on the space $\mathbb{P}^N_k$ of hyperquadrics in $\mathbb{P}^n_k$ and its oriented edges as all the possible degenerations. Let v_1 be a vertex and $\sigma_{n-1}(\hat{v}_1) := \sigma_n - \langle v_1 \rangle$ the complementary (n-1)-simplex. We may define a mapping $\pi_{v_1} : \{0,1\} \times \sigma_{n-1}(\hat{v}_1) \longrightarrow \sigma_n$ by identifying $\{0\} \times \sigma_{n-1}(\hat{v}_1)$ with $\sigma_{n-1}(\hat{v}_1)$ and collapsing $\{1\} \times \sigma_{n-1}(\hat{v}_1)$ to v_1. We shall say that this process is a quadratic transformation of σ_n with center at the vertex v_1. (In fact this corresponds analytically to a quadratic transformation in a graph). By selecting a vertex $v_2 \in \sigma_{n-1}$, we have two vertices for each copy $\{i\} \times \sigma_{n-1}(\hat{v}_1)$, with i = 0, 1, and we repeat the process for both vertices. The question that remains is how to select the vertices in order to obtain the representation given in (2.4).

It suffices to consider the n-simplex σ_n as an ordered hypergraph by the relation of specialization of hyperquadrics representing the orbits. This relation depends only on the rank of the hyperquadric. Then, if we give to $\{i\} \times \sigma_{n-1}$ the same orientation as that of σ_{n-1} for i = 0, 1, we may orient all the hypergraph $\{0,1\} \times \sigma_{n-1}$ by means of the orientation induced by the lexicographic order (where naturally, one considers $0 < 1$). Hence one has two minimal vertices for each for each "floor" or $\{0,1\} \times \sigma_{n-1}$ and the iteration of the process for each minimal vertex in each "floor" is equivalent (analytically too!) to the monoidal transformation of the hypergraph $\{0,1\} \times \sigma_{n-1}$ with center the line connecting the two minimal vertices. By iterating this process it is an easy exercise of combinatorial topology to prove that at the i-th step we are adjoining a set of 2^i linear simplices of dimension n-i-1 at the minimal vertices in such a way that the adjunction extends the orientations of the former simplices. Last I must show how one arrives at the ordered n-hypercube. The following example helps to understand the idea.

(5.3) Example.- Let us consider these transformations for orbits of hyperquadrics in $\mathbb{P}^3$. In this case we have only two transformations from the tetrahedron into the cube:

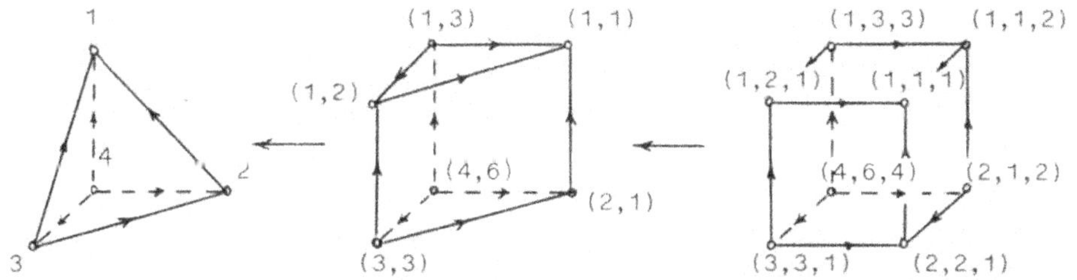

The first one is the substitution of the minimal vertex (1) of the tetrahedron by the opposite side (a 2-simplex σ_2). So we obtain a triangular prism with two minimal verteces, one for each floor. The second transformation consists of the substitution of each minimal vertex in each floor by the opposite side (a 1-simplex σ_1) So we arrive at a 3-cube whose vertices parametrise the orbits of complete quadrics. Let us note that each arrow denotes a specialization. Each vertex of the prism is denoted as described in the following result.

5.4 Proposition.- 1) The exceptional divisor $E_1 = p_1^{-1}(V_1)$ of the monoidal transformation $p_1 : B_n^{(1)} \longrightarrow \mathbb{P}_k^N$ with center the Veronese variety V_1 given in (3.2) is the union of n orbits under the lifted action of (3.1) which we denote (1,i), i = 1,...,n, such that

a) The orbit (1,n) is open and dense in E.

b) $\overline{(1,k)} = \bigsqcup_{1 \leqslant j \leqslant k} (1,j)$. In particular (1,k) is locally closed and (1,1) is the only closed orbit (the bar denotes the closure of the orbit).

2) For each $i \geqslant 2$, $V_{i,1}^{(n)} - V_{i-1,1}^{(n)}$ is the union of two orbits which we shall denote $(i, \binom{i}{2})$ and (1,i) (one justifies this notation from 2.5).

3) $\overline{(1,i)} = \overline{(1,n)} \cap \overline{(i+1,\binom{i+1}{2})}$.

Hence, the monoidal transform B_1 is represented by the first permissible transform of the tetrahedron.

Proof.- Let us recall that p_1 is PGL(n+1)-equivariant and thus the problem is local. By (3.5) the closure of the orbit (1,k) parametrizes all the pairs given by a double hyperplane as quadric-locus and a quadric of rank less than or equal to k as quadric-envelope by straight lines (in other words, as a direction in the tangent bundle). This gives the second part b) of 1). The first part a) is a simple consequence.

On the other hand, also by (3.5), for each non-regular point of the correspondence λ_2, e.g. for each point P_q of V_1, there exists an analytic arc meeting V_1 transversally at P_q and such that all the points of the arc in a punctured neighborhood of P belong to $V_i - V_{i-1}$ for each i. Hence this gives that the points of the exceptional divisor of birank (1,i) are infinitely close points to "regular" points of birank (i, $\binom{i}{2}$)) (the word regular is relative to the correspondence λ_2).

Lastly, the third assertion is consequence of the two first parts.

(5.5) Remark.- Let us note that there exists a relation $\overline{(r_o,r_1)} \supset \overline{(r'_o,r'_1)}$ between the closures of the orbits if and only if their corresponding points, in the natural representation relative to coordinates in $\mathbb{R}^n$, satisfy the inverse relation $(p_o,p_1) \lneq (p'_o,p'_1)$ relative to the lexicographical order in the product space $\mathbb{R}^n$. Let us observe that this representation uses only 0 and 1 for giving the coordinates of the vertices. Accordingly we shall call the k-th level the set of vertices whose sum of coordinates is equal to k in the last representation. By lifting successively the action in the same way as that considered in (3.1) we arrive at the following result:

(5.6) Theorem.- Let us denote by Π the mapping $B \longrightarrow \mathbb{P}^N$ which is the composition of the monoidal transforms given at (3.3). Then

1) $\Pi^{-1}(\mathbb{P}^N - V_n)$ is the only maximal open dense orbit under the lifted action corresponding to the 0-th level.

2) $\Pi^{-1}(V_n)$ is a divisor with normal crossings whose components are the closures of the orbits adjacent to the maximal orbit whose interiors correspond to the orbits of the first level.

3) The closure of each orbit of the k-th level is the intersection of the closure of the orbits of the (k-1)-th level containing it for k = 2,...,n.

4) One can represent the set of orbits corresponding to the exceptional divisor by the hypergraph corresponding to the pointed n-hypercube $I_n - \{0\}$ in $\mathbb{R}^n$.

6. CELLULAR DECOMPOSITION OF B

(6.1) This last part is founded on some aspects of the geometry of the lattice of the parabolic subgroups containing the group of triangular matrices. Let us interpret for a quadric the condition of passing through a fixed point as the condition of being "tangent to such a point". The following result is the general solution of the "CharaKteristikenproblem" for hyperquadrics (Schubert, |7|).

(6.2) Basis Theorem.- The inverse images m_r by π of the divisors W_r of $\mathbb{P}^N$ corresponding to the condition for a quadric-locus to be tangent to a fixed r-subspace L_r for $r = 0,\dots,n-1$ (see 2.5) give a basis of the cohomology ring $H^*(B,\mathbb{Z})$. Furthermore in Pic(B) we have $\psi_r = -m_{r-1} + 2m_r - m_{r+1}$ for $r = 0,\dots,n-1$ (Convention: $m_k = 0$ for $k \geq n$ or $k < 0$) where $\psi_0,\dots,\psi_{n-1}$ represent the classes of the exceptional divisor components.

Sketch of proof

Let us denote by G the group acting on B which we have introduced in 2.9 for a fixed complete quadric Q. If rank (Q) $= (r_1,\dots,r_k)$ then there exists some element $\underline{g} \in G$ such that $Q.\underline{g}$ admits a representation as a pseudo-diagonal matrix given by k disjoint boxes of size $r_1,\dots,r_k$ on the diagonal, which correspond to the k quadric-loci $q_{r_1},\dots,q_{r_k}$ mentioned above in 2.5.

The stabilizer subgroup $P(r_1,\dots,r_k)$ of the flag F of the vertices $L_{a_i} = ver(q_{r_i})$, $i = 1,\dots,k$, is also the stabiliser subgroup of the orbit of the complete quadric $Q \in B$. Obviously $P(r_1,\dots,r_k)$ acts transitively on this orbit.

Let us denote by $\mathcal{P}$ the set of conjugacy classes of standard parabolic subgroups P containinig the Borel subgroup B_o of $GL_k(n+1)$ and which we also denote by $P(r_1,\dots,r_k)$. One may think of the elements of $P(r_1,\dots,r_k)$ (respectively, B_o) as given by the upper pseudo-triangular matrices (respectively, upper triangular matrices). We introduce a partial order relation on $\mathcal{P}$ by setting $P(r_1,\dots,r_k) \leq P(r'_1,\dots,r'_l)$ if and only if $l \leq k$ and for each $i = 1,\dots,k$ there exists a $k(i) \geq i$ such that $r'_i = r_{k(i-1)+1} + \dots r_{k(i)}$.

Then, $\mathcal{P}$ is a "poset" (partially ordered set) represented by an n-cube whose maximal element is $P(n+1) = GL_k(n+1)$ and whose minimal element is $P(1,\dots,1) = B_o$.

On the other hand, if H" and H' are algebraic subgroups of an algebraic group G such that $H'' \subset H'$, the natural epimorphism f: G/H" $\longrightarrow$ G/H' exhibits G/H' as a quotient variety of G/H". In particular this allows us to relate the (G/P)-equivariant cellular decomposition and the (G/B_o)-equivariant cellular decomposition for each parabolic subgroup P containing the Borel subgroup B_o. The basic idea in the following reasoning is devoted to interpreting the transformation of the n-simplex into the n-cube given at §4 as an adjonction of cells.

First of all, let us observe that two adjacent parabolic subgroups of the poset $\mathcal{P}$ differ only in the elements of some box of size r. Thus, the problem is reduced to a study of the difference between the cellular decompositions associated to $GL_k(r)$ and those associated to the subgroups of type $GL_k(i,r-i)$ for each $i = 1,\dots,[\frac{r-1}{2}]$.

It is easy to see that the set of orbits corresponding to the actions of the subgroups $GL_k(i,r-i)$ and $GL_k(r)$ differ only at one Schubert-Bruhat cell. This last is, in more classical language the complement of the condition for an i-plane to be tangent to a quadric, which is a Zariski open set.

As a by-product, if we iterate this process then by virtue of Proposition 5.6 we have obtained an explicit description of the lifted actions on each succesive transform $B_n^{(i)}$ of Corollary (3.4). Let us now consider the natural mappings in the following diagram

$$\begin{array}{ccc}
\overline{\mathrm{graph}(\lambda_2 \times \dots \times \lambda_r)} \simeq B_n^{(r-1)} & \longrightarrow & \overline{\mathrm{graph}(\lambda_r)} \\
\Big\downarrow f = p_r \circ \dots \circ p_1 & & \Big\downarrow g \\
\mathbb{P}_k^N & \xrightarrow{\ \lambda_r\ } & \mathbb{P}_k^{N_r}
\end{array}$$

Observe that the primary condition mentioned above is the inverse image by λ_r of the restriction of the cycle whose dual generates the first cohomology group $H^1(G(i,r),\mathbb{Z})$ of the Grassmannian for each $i = 1,\dots, r-1$. Then, the inverse images by g of the class of the hyperplane sections of $\mathbb{P}^{N_i}$ for $i = 1,\dots,r$ give a basis for $H^1(B_n^{(r-1)},\mathbb{Z})$. This gives the first half of the result.

On the other hand remember now that W_k is a divisor on $\mathbb{P}_k^N$ of degree k+1 such that $V_r \subset W_k$ for $r \leqslant k$ (see 2.5) is contained at the (k-r)-multiple locus of W_k. Let us consider the composition $q_{k-1} = p_{k-1} \circ \dots \circ p_1$ of the first k-1 blow-ups for $k \geqslant 2$. Let us denote by m_i the inverse image $q^*_{k-i}[W_i]$ on $\mathrm{Pic}(B_n^{(k-1)})$ and let us denote by $\psi_o,\dots,\psi_{k-i}$ the classes of the components of the exceptional divisor.

By using standard facts on the Picard group of the σ-process one can easily prove by induction on k the following formula:

$$(k+1)m_o = (k\psi_o + (k+1)\psi_1 + \dots + \psi_{k-1}) + m_k$$

Hence, if we develop $2(k+1)m_o - (k+2)m_o - km_o = 0$ we obtain

$$\Psi_k = -m_{k-1} + 2m_k - m_{k+1}$$

where one makes $m_k = 0$ for $k \geqslant n$ or $k < 0$. We may write this in more synthethic form as

$$\underline{\Psi} = A_n \cdot \underline{m}$$

where $\underline{\Psi} = (\Psi_o, \ldots, \Psi_{n-1})$, $\underline{m} = (m_o, \ldots, m_{n-1})$ and

$$A_n = \begin{pmatrix} 2 & -1 & 0 \ldots 0 & & 0 \\ -1 & 2 & 1 & 0 & 0 \\ \cdot & \cdot & \cdot & \cdot & \cdot \\ \cdot & \cdot & \cdot & \cdot & \cdot \\ \cdot & \cdot & \cdot & \cdot & \cdot \\ 0 & 0 & 0 & -1 & 2 \end{pmatrix}$$

is the Cartan matrix.

(6.3) Corollary.- Let us denote by $\alpha_{k-1} = \Psi_k \cap \Psi_1$ for $k = 2, \ldots, n$ some intersections of components of exceptional divisor on B corresponding to the closure of the dense open set of complete quadrics of rank equal to $(1, k, \ldots .)$. Then with the above notation one has:

$$-2m_o + 2m_1 - m_2 = \alpha_1$$

$$-m_{k-1} + 2m_k - m_{k+1} = \alpha_k \qquad \text{for } k = 2, \ldots, n$$

(6.4) Remark.- In particular, for $n = 3$ we obtain $-2m_o + 2m_1 - m_2 = \alpha_1$ and $-m_1 + 2m_2 = \alpha_2$ which gives the two reduction formulas

$$m_1 = \frac{1}{3}(4m_o + 2\alpha_1 + \alpha_2) \qquad m_2 = \frac{1}{3}(2m_o + \alpha_1 + 2\alpha_2)$$

This gives one justification of Schubert's initial computation of Charakteristikzahlen (|6|) based on these reduction formulas and the use of the degeneration principle.

REFERENCES

|1| CASAS, E. XAMBO, S.: "Halphen's enumerative theory of conics and its extension to higher order conditions". Preprint Univ. de Barcelona (1984).

|2| DE CONCINI, C. and PROCESI, C.: "Complete Symmetric Varieties I, II", " Invariant theory", 1-44 LNM 996 Springer-Verlag (1983).

|3| HOCHSTER, M.: "Prime ideal structure in commutative rings". Trans. Amer. Math. Soc. 142 (1969), 43-60.

|4| KLEIMAN, S.L. "Chasles enumerative theory of conics. A historical introduction" studies in Alg. Geom., MAA studies in Math. 20, A. Seidenberg editor (1980), 117-138.

|5| LUNA, D.: See De Concini and Procesi's cited work, § 7. 2.

|6| SCHUBERT, H.: "Kalkül der Abzählenden Geometrie". Teubner. Leipzig (1879) (reprinted bt Springer Verlag, 1979).

|7| SCHUBER, H.: "Allgemeine Anzahlfunctionen für Kegelschnitte, Flächen und Raüme zweiten Grades in n Dimensionen". Math. Ann. XLV (1984) 153-200.

|8| SEMPLE, J.G.: "On complete quadrics, I, II". J. London Math. Soc. 23 (1984), 258-267 and 27 (1952); 280-287.

|9| SEMPLE, J.G.: and ROTH, L. "Introduction to algebraic Geometry" Clarendon Press, Oxford (1984).

|10| SEVERI, F.: "I fondamenti della geometria numerativa" Annali di Mat (4), 19 (1940) 151-242.

|11| TYRRELL, J.A.: "Complete quadrics and collineations in S_r" Mathematika 3 (1956) 69-79.

|12| VAINSENCHER, I.: "Schubert calculus for complete quadrics". Enumerative geometry and classical algebraic geometry. Proc. Symp. Nice (1980). Le Barz and Hervier, (editors), Birkhaüser (1982) 199-235.

|13| VAINSENCHER, I.: "Complete Collineations and Blowing-up Determinantal Ideals". Math. Ann. 267 (1984) 417-432.

|14| VAN DER WAERDEN, B.L.: "ZAG XV Lösung des Charakteristiken-problem für Kegelschnitte". Math. Ann. 115 (1938) 645-655.

|15| WRIGHT: "The birational geometry of G_S^a-schemes". J. London Math. Soc. (2) 14 (1976) 123-134.

G. GONZALEZ-SPRINBERG et J.-L. VERDIER

Structure multiplicative des modules réflexifs sur les points doubles rationnels

0. INTRODUCTION

Soit $0 \in S$ un point double rationnel ([A_1],[L]), où S est le spectre d'un anneau local complet $\mathcal{O}_S$ de dimension 2 sur un corps k algébriquement clos, d'idéal maximal $\mathfrak{m}$, tel que $\mathcal{O}_S/\mathfrak{m} \simeq k$. Si k est de caractéristique nulle un tel anneau est l'anneau des invariants d'un groupe fini $G \subset SL(2,k)$ qui opère linéairement sur $k[[x,y]]$ ([K],[D],[B]). En ce cas il existe une correspondance bijective (dite de McKay) entre les sommets du graphe de Dynkin complété $\Gamma(S)$ associé à S et les classes d'isomorphisme de représentations irréductibles de G, ou encore les classes d'isomorphisme de $\mathcal{O}_S$ - modules réflexifs (i.e. isomorphes à leurs biduaux) indécomposables sur $\mathcal{O}_S$ ([M], [G-V],[A-V]). Cette correspondance permet de reconstruire le graphe de Dynkin (i.e. les arêtes) en ce sens que le produit tensoriel par la représentation canonique $G \hookrightarrow SL(2,k)$ fournit un graphe isomorphe au graphe associé au point singulier ([M], [G-V]), et plus généralement le graphe de Dynkin détermine uniquement la structure multiplicative des représentations par produit tensoriel, ou des modules réflexifs par produit tensoriel réflexif. Si k est un corps de caractéristique positive, la correspondance bijective entre sommets de $\Gamma(S)$ et $\mathcal{O}_S$-modules réflexifs indécomposables reste valable ([A-V]), mais on ne dispose plus, en général, du groupe G. Le candidat naturel à le remplacer, le groupe fondamental qui classifie les revêtements finis étales de $S-\{0\}$, ne coïncide pas en général avec celui qu'on a en caractéristique nulle, et la classification des points doubles rationnels en caractéristique 2, 3 et 5 est plus compliquée ([A_2]). Le but de ce travail est l'étude de la structure multiplicative de l'anneau des $\mathcal{O}_S$-modules réflexifs. On caractérise un $\mathcal{O}_S$-module réflexif Ω (unique à isomorphisme près) qui joue le rôle, en caractéristique positive, de la représentation canonique de G en caractéristique nulle. On démontre que, sauf cas exceptionnels que nous étudions, le produit par Ω est le même qu'en caractéristique 0 ; dans le cas où la structure multiplicative est préservée, on peut donc, à partir de l'anneau $\mathcal{O}_S$, reconstruire l'anneau des représentations d'un groupe qui, lui, a pratiquement disparu.

1. LE MODULE CANONIQUE Ω.

Proposition-Définition (1.1)

(i) On a $\mathrm{Ext}^1_{\mathcal{O}_S}(\mathfrak{m},\mathcal{O}_S) \simeq k$; par suite il existe un $\mathcal{O}_S$-module Ω de rang 2, unique à isomorphisme près, extension non triviale de $\mathfrak{m}$ par $\mathcal{O}_S$:

$$0 \to \mathcal{O}_S \to \Omega \to \mathfrak{m} \to 0$$

(ii) Soit $\Omega^* = \mathrm{Hom}_{\mathcal{O}_S}(\Omega,\mathcal{O}_S)$ le dual de Ω . On a $\Omega \simeq \Omega^*$, donc Ω est réflexif.

Démonstration

En appliquant $R^{\cdot}\mathrm{Hom}(\ ,\mathcal{O}_S)$ à la suite exacte

$$(s_1) \qquad 0 \to \mathfrak{m} \to \mathcal{O}_S \to k \to 0$$

on obtient un isomorphisme

$$(1) \qquad \mathrm{Ext}^1_{\mathcal{O}_S}(\mathfrak{m},\mathcal{O}_S) \simeq \mathrm{Ext}^2_{\mathcal{O}_S}(k,\mathcal{O}_S)$$

Or, $\mathcal{O}_S$ est Gorenstein (car intersection complète [A_2]), donc $\mathcal{O}_S$ est dualisant, d'où

$$(2) \qquad \mathrm{Ext}^2_{\mathcal{O}_S}(k,\mathcal{O}_S) \simeq k \ ,$$

ce qui prouve (i).

Par ailleurs, $\mathcal{O}_S$ est Cohen-Macaulay (car intersection complète) d'où $\mathrm{Hom}(k,\mathcal{O}_S) = \mathrm{Ext}^1(k,\mathcal{O}_S) = 0$; par suite on a

(3) $\mathrm{Hom}_{\mathcal{O}_S}(\mathfrak{m},\mathcal{O}_S) \simeq \mathcal{O}_S$, $\mathrm{Ext}^1(\mathfrak{m},\mathcal{O}_S) \simeq \mathrm{Ext}^2(k,\mathcal{O}_S) \simeq k$.

En appliquant $R^{\bullet}\mathrm{Hom}_{\mathcal{O}_S}(k,.)$ à la suite exacte

(s_2) $0 \to \mathcal{O}_S \to \Omega \to \mathfrak{m} \to 0$

on obtient

(4) $\mathrm{Hom}_{\mathcal{O}_S}(k,\Omega) = 0$ (car $\mathrm{Hom}_{\mathcal{O}_S}(k,\mathfrak{m}) = 0$)

et la suite exacte

$$0 \to \mathrm{Ext}^1_{\mathcal{O}_S}(k,\Omega) \to \mathrm{Ext}^1_{\mathcal{O}_S}(k,\mathfrak{m}) \to \mathrm{Ext}^2_{\mathcal{O}_S}(k,\mathcal{O}_S) \quad .$$

La dernière flèche est injective (par définition de (s_2)) d'où

(5) $\mathrm{Ext}^1_{\mathcal{O}_S}(k,\Omega) = 0$.

En conséquence de (4) et (5), Ω est de profondeur 2, d'où (Lemme 1.7 de [A-V]),

(6) $\mathrm{Ext}^1_{\mathcal{O}_S}(\Omega,\mathcal{O}_S) = 0$.

Finalement, $R^{\bullet}\mathrm{Hom}_{\mathcal{O}_S}(\ ,\mathcal{O}_S)$ de (s_2), (1), (2), (3) et (6) fournissent la suite exacte

$$0 \to \mathcal{O}_S \to \Omega^* \to \mathcal{O}_S \to k \to 0 \quad ,$$

d'où $\Omega \simeq \Omega^*$ (par (i)), ce qui prouve (ii). ∎

<u>Notations</u> (1.2)

Soit $q : \tilde{S} \to S$ une désingularisation minimale de S ; $\mathrm{Pic}(\tilde{S})$ le groupe de Picard de $\tilde{S}$, $\mathrm{Irr}\, D = \{d_1,\dots,d_n\}$ l'ensemble des classes, dans $\mathrm{Pic}(\tilde{S})$, des composantes irréductibles du diviseur exceptionnel $D = q^{-1}(0) \subset \tilde{S}$. Notons $(\ .\ )$ la forme intersection dans $\mathrm{Pic}(\tilde{S})$; $\mathrm{Pic}_0(\tilde{S})$ le sous-groupe de $\mathrm{Pic}(\tilde{S})$ engendré par les diviseurs à support dans D , et $\{d_i,\ 1 \leq i \leq n\}$ la base de $\mathrm{Pic}(\tilde{S})$ qui s'identifie, par la matrice intersection, à la base duale de $\{d_i^\vee, 1 \le i \le n\}$ ([A_1]) ; on a donc $(d_i . d_j^\vee) = \delta_{ij}$. On note $\mathrm{Pic}^+(\tilde{S})$ (resp. $\mathrm{Pic}_0^+(\tilde{S})$) les éléments de $\mathrm{Pic}(\tilde{S})$ (resp. de $\mathrm{Pic}_0(\tilde{S})$) positifs par rapport à la base $\{d_i^\vee\}$ (resp. $\{d_i\}$), i.e. $\{d^\vee \in \mathrm{Pic}(\tilde{S}) \mid (d^\vee . d_i) \ge 0, \forall i\}$ (resp. $\{d \in \mathrm{Pic}_0(\tilde{S}) \mid (d . d_i^\vee) \ge 0, \forall i\}$. La classe, dans $\mathrm{Pic}(\tilde{S})$ du cycle fondamental est désignée par Z , suivant la tradition ([A_1]). Si M est un $\mathcal{O}_S$-module , son transformé strict sur $\tilde{S}$ est le $\mathcal{O}_{\tilde{S}}$-module $\tilde{M} =: q^*M/T(q^*(M))$, où $T(q^*M)$ est la $\mathcal{O}_{\tilde{S}}$-torsion de q^*M ; et on dénote par $c_1(M)$ la première classe de Chern de $\tilde{M}$, qui appartient à $\mathrm{Pic}(\tilde{S})$.

<u>Lemme</u> (1.3)

<u>Soit</u> $0 \to M' \to M \to M'' \to 0$ <u>une suite exacte de</u> $\mathcal{O}_S$-<u>modules libres en dehors du point fermé. Alors, le complexe induit de</u> $\mathcal{O}_{\tilde{S}}$-<u>modules</u> $0 \to \tilde{M}' \to \tilde{M} \to \tilde{M}'' \to 0$ <u>a une cohomologie située uniquement en</u> $\tilde{M}$ <u>et concentrée sur la fibre exceptionnelle</u> D .

Démonstration

Immédiate, car les modules ne possèdent pas de torsion (par construction) et le complexe est exact en dehors de la fibre exceptionnelle.∎

<u>Proposition</u> (1.4)

(i) <u>Le module</u> Ω <u>ne possède pas de facteur libre</u>.

(ii) <u>On a</u> $c_1(\Omega) = - Z$.

Démonstration

La suite exacte de $\mathcal{O}_S$-modules (s_2) fournit le complexe de $\mathcal{O}_{\tilde{S}}$-modules

$$(1) \qquad 0 \to \mathcal{O}_{\tilde{S}} \to \tilde{\Omega} \to \tilde{m} \to 0 \quad .$$

On a $\tilde{m} \simeq \mathcal{O}_{\tilde{S}}(-Z)$ car S est rationnel ([A_1]), donc, en considérant la première classe de Chern on a, par le lemme précédent

(2) $$d = c_1(\Omega) + Z \in \mathrm{Pic}_o^+(\tilde{S}) \quad .$$

Démontrons (i). Le module Ω lui-même n'est pas libre, car $\mathcal{O}_S$ n'est pas régulier. Supposons que Ω admette un facteur libre de rang 1. Alors $\Omega = \mathcal{O}_S \oplus R$ où R est réflexif non trivial de rang 1. Par suite on a (lemme (1.10) de [A-V])

(3) $$c_1(R) \in \mathrm{Pic}^+(\tilde{S}) \quad \text{et} \quad (c_1(R).Z) = \text{rang } R = 1 \quad .$$

Le cycle fondamental satisfait $(Z.d_i^\vee) > 0$, $\forall$ i ([A_1]) , donc (3) implique

(4) $$c_1(R) = d_\ell^\vee \quad \text{avec} \quad d_\ell^\vee \quad \text{tel que} \quad (Z.d_\ell^\vee) = 1 \quad .$$

Par ailleurs on a (par (2))

(5) $$c_1(R) \in \mathrm{Pic}_o(\tilde{S}) \quad .$$

Or (4) et (5) donnent une contradiction, car dans le cas E_8 on a $(Z.d_i^\vee) \geq 2, \forall i$, dans les cas A_n $(n \geq 1)$ aucun élément de la base duale $(d_i^\vee)$ n'appartient à $\mathrm{Pic}_o(\tilde{S})$, et dans les cas D_n $(n \geq 4)$, E_6, E_7, si $d_\ell^\vee \in \mathrm{Pic}_o(\tilde{S})$, on a $(Z.d_\ell^\vee) \geq 2$, comme on le vérifie par inspection, d'où (i).

Démontrons (ii). En utilisant (i) et le lemme (1.10) de [A-V] , on a

(6) $$c_1(\Omega) \in \mathrm{Pic}^+(\tilde{S}) \quad \text{et} \quad (c_1(\Omega).Z) = 2 \quad ,$$

car rang $\Omega = 2$. Puisque S est un point double rationnel, on a ([A_1])

(7) $$(Z.Z) = -2 \ ,$$

et par suite de (2), (6) et (7) on déduit

(8) $$(d.Z) = 0 \quad .$$

Soit d_j tel que $(Z.d_j) < 0$. On a $(Z.d_i) \leq 0, \forall i$ (propriété de Z ([A_1]) , d'où $(d.d_j^\vee) = 0$ par (2) et (8). Or $(d.d_j^\vee) = 0$ et $d \in \mathrm{Pic}_o^+(\tilde{S})$ impliquent

(9) $(d.d_j) \geq 0$.

Soit $Z = \Sigma\, n_i d_i$; par (6) on a les valeurs possibles pour $c_1(\Omega)$:

$$(10)\quad c_1(\Omega) = \begin{cases} \check{d}_\ell \text{ avec } n_\ell = 2 \text{ dans les cas } D_n, E_6, E_7, E_8 \\ \check{d}_\ell + \check{d}_{\ell'} \text{ avec } \ell \neq \ell' \text{ et } n_\ell = n_{\ell'} = 1 \text{ dans les cas } A_n, D_n, E_6 \\ 2\check{d}_\ell \text{ avec } n_\ell = 1 \text{ dans les cas } \neq E_8 \end{cases}$$

Par ailleurs, on a

$$(11)\quad Z = \begin{cases} -\check{d}_j, \text{ avec } n_j = 2 \text{ dans les cas } D_n, E_6, E_7, E_8 \\ -\check{d}_j-\check{d}_{j'}, \text{ avec } j \neq j', n_j = n_{j'} = 1 \text{ dans les cas } A_n, n > 1 \\ -2\check{d}_1, \text{ avec } n_1 = 1 \text{ dans le cas } A_1. \end{cases}$$

En considérant les intersections $(c_1(\Omega).d_j)$ et $(Z.d_j)$ et en tenant compte de (2) et de l'inégalité (9) on obtient le résultat par inspection des différents cas énumérés dans (10) et (11).

A titre d'exemple traitons le cas D_n .

En ce cas on a $Z = -\check{d}_j$, et l'une des deux possibilités suivantes pour $c_1(\Omega)$:

(a) $c_1(\Omega) = \check{d}_\ell$, avec $n_\ell = 2$

(b) $c_1(\Omega) = \check{d}_\ell + \check{d}_{\ell'}$, avec $n_\ell = n_{\ell'} = 1$.

Dans (a) on a $(c_1(\Omega).d_j) = \delta_{\ell,j}$, d'où (par (9)) $\ell = j$, i.e. $c_1(\Omega) = -Z$.

Dans (b) on a $(c_1(\Omega).d_j) = \delta_{\ell,j} + \delta_{\ell',j}$, d'où (par (9)) $\ell = j$ ou $\ell' = j$ ce qui est contradictoire car $n_j \neq n_\ell$ et $n_j \neq n_{\ell'}$. ∎

Remarque (1.5)

La proposition précédente montre que le module canonique Ω défini en (1.1) est isomorphe, en caractéristique nulle, au module réflexif associé à la représentation canonique du groupe G, car le caractère de Chern est le même pour les deux et ce dernier classifie les classes d'isomorphisme de $\mathcal{O}_S$-modules réflexifs (Th.(2.2) de [G-V] et Th. (1.11) de [A-V]). On peut aussi le voir de façon directe : Soit $V = \operatorname{Spec} k[[x,y]]$, $p : V \to S$ le morphisme de passage au quotient par l'action de G. On a la suite exacte de $\mathcal{O}_V$-modules

$$0 \to \mathcal{O}_V \xrightarrow{f_1} \Omega_V^1 \xrightarrow{f_2} \mathcal{O}_V \to k \to 0 \quad ,$$

où Ω_V^1 est le module des différentielles sur V, f_2 est induit par le champ d'Euler $x\frac{\partial}{\partial x} + y\frac{\partial}{\partial y}$ et f_1 par $x\,dy - y\,dx$.

En considérant les invariants par G de l'image par p_*, on obtient la suite exacte de $\mathcal{O}_S$-modules

$$0 \to \mathcal{O}_S \to (p_* \Omega_V^1)^G \to \mathcal{O}_S \to k \to 0 \quad ,$$

et par suite

$$0 \to \mathcal{O}_S \to (p_* \Omega_V^1)^G \to \mathfrak{m} \to 0 \quad .$$

On a donc $\Omega \simeq (p_* \Omega_V^1)^G$. Or ce dernier module est réflexif et coïncide avec le module Ω_S^1, en dehors de 0. On a donc aussi $\Omega \simeq (\Omega_S^1)^{**}$, i.e. le bidual de Ω_V^1, ou encore $i_* i^* \Omega_S^1$, où i est l'inclusion de $S-\{0\}$ dans S. En caractéristique 2, 3 ou 5 ce dernier isomorphisme n'est plus valable dans le cas de $E_8(Z^2+X^3+Y^5=0)$, car Ω_S^1 possède un facteur libre, ce qui n'est pas le cas pour Ω (Prop. (1.4)(i)). ∎

On dispose d'une autre caractérisation de Ω :

Proposition (1.6)

Le module Ω est le deuxième syzygie de l'idéal maximal $\mathfrak{m}$: on a une suite exacte

$$0 \to \Omega \to \mathcal{O}_S^3 \to \mathfrak{m} \to 0$$

Démonstration

Tout point double rationnel a une dimension de plongement égal à 3, donc on peut considérer $\mathcal{O}_S$ comme quotient de $k[[X,Y,Z]]$ par l'idéal principal engendré par son équation $f(X,Y,Z)$; équation qui est de degré 2 par rapport à une de ces variables, disons Z ([A_2]) . On considère la projection $\pi : S \to W = \mathrm{Spec}(k[[X,Y]])$. On en déduit comme dans [G-V] prop. 4.4 une résolution minimale

$$\cdots \to \mathcal{O}_S^4 \xrightarrow{T^-} \mathcal{O}_S^4 \xrightarrow{T^+} \mathcal{O}_S^4 \xrightarrow{T^-} \mathcal{O}_S^4 \to \Omega \to 0 \quad ,$$

De plus T^- se déduit de T^+ en appliquant l'unique automorphisme α d'ordre 2 de π lorsque π est séparable, et $T^+ = T^-$ lorsque π est inséparable. Posons $\Omega^\vee = \ker T^-$, et soit $M = \ker(\mathcal{O}_S^3 \to \mathfrak{m})$, où cette dernière flèche a pour matrice (X,Y,Z) . Alors on a un diagramme commutatif avec lignes et colonnes exactes

$$\begin{array}{ccccccccc}
 & & & & 0 & & 0 & & \\
 & & & & \downarrow & & \downarrow & & \\
 & & & & \mathcal{O}_S & \simeq & \mathcal{O}_S & & \\
 & & & & \downarrow & & \downarrow & & \\
0 & \longrightarrow & \Omega^\vee & \longrightarrow & \mathcal{O}_S^4 & \longrightarrow & \Omega & \longrightarrow & 0 \\
 & & \downarrow \wr & & \downarrow & & \downarrow & & \\
0 & \longrightarrow & M & \longrightarrow & \mathcal{O}_S^3 & \longrightarrow & \mathfrak{m} & \longrightarrow & 0 \\
 & & & & \downarrow & & \downarrow & & \\
 & & & & 0 & & 0 & &
\end{array}$$

où la dernière colonne est la suite (s_2) (Prop. (1.1)), et la colonne intermédiaire est induite par une flèche $\mathcal{O}_S^4 \to \mathcal{O}_S^3$ qui rend le diagramme commutatif. Cette dernière flèche est surjective (par minimalité), et de plus les noyaux des deux dernières colonnes sont isomorphes (aussi par minimalité). Par conséquent (lemme du serpent) $\Omega^\vee$ et M sont isomorphes. Par ailleurs, si on applique α , on ne change pas $\mathfrak{m}$, donc M non plus, mais $\Omega^\vee$ est changé en Ω , d'où la proposition. ▪

Si M et N sont des $\mathcal{O}_S$-modules réflexifs, leur produit réflexif, noté $M.N$, est par définition l'enveloppe réflexive de leur produit tensoriel, ou encore $\mathrm{Hom}_{\mathcal{O}_S}(M^*,N)$, où M^* est le dual de M.

Proposition (1.7)

Soit M un $\mathcal{O}_S$-module réflexif sans facteur libre. Alors on a

$$c_1(M.\Omega) = 2\,c_1(M) + \delta(M) \quad ,$$

avec $\delta(M) \in \mathrm{Pic}_0^+(\tilde{S})$.

Démonstration

En appliquant $R^{\cdot}\mathrm{Hom}(M^*, \ )$ à la suite exacte (s_2) (Prop. (1.1)) on obtient la suite exacte

$$(1) \qquad 0 \to M \to \mathrm{Hom}(M^*,\Omega) \to \mathrm{Hom}(M^*,\mathfrak{m}) \to 0 \quad .$$

De manière analogue pour (s_1) on obtient la suite exacte

$$0 \to \mathrm{Hom}(M^*,\mathfrak{m}) \to M \to \mathrm{Hom}(M^*,k) \to \mathrm{Ext}^1(M^*,k) \to 0$$

La flèche $\mathrm{Hom}(M^*,\mathcal{O}_S) = M \to \mathrm{Hom}(M^*,k)$ est nulle, car si on avait un élément non trivial de $\mathrm{Hom}(M^*,k)$ qui provenait d'un élément de $\mathrm{Hom}(M^*,\mathcal{O}_S)$, alors M^* aurait un facteur libre et par suite M aussi, contrairement à l'hypothèse. On obtient donc un isomorphisme :

$$(2) \qquad \mathrm{Hom}(M^*,\mathfrak{m}) \xrightarrow{\sim} \mathrm{Hom}(M^*,\mathcal{O}_S) = M \quad .$$

Par suite de (1), (2) et de la définition du produit réflexif, on en déduit une suite exacte

$$0 \to M \to M.\Omega \to M \to 0$$

qui induit un complexe de $\mathcal{O}_{\tilde{S}}$-modules

$$0 \to \tilde{M} \to (M.\Omega)^{\sim} \to \tilde{M} \to 0 \quad .$$

En considérant la première classe de Chern de ce complexe, on a le résultat, par le lemme (1.3). ∎

(1.8) En caractéristique nulle le module Ω est isomorphe au module réflexif correspondant à la représentation canonique du groupe G (remarque 1.5). La règle dite de McKay dit (en ce cas) que si $\{M_1,\ldots,M_n\}$ est la famille des classes d'isomorphismes de modules réflexifs indécomposables non triviaux, alors on a, pour chaque i,

$$(*) \qquad c_1(\Omega.M_i) = 2\,c_1(M_i) + d_i$$

où d_i est l'élément de la base de $\mathrm{Pic}_o(\tilde{S})$ correspondant à M_i, i.e. tel que $d_i^{\vee} = c_1(M_i)$.

Si cette règle est vérifiée, alors la correspondance bijective $M_i \mapsto d_i$ établit un isomorphisme de graphes (i.e. une égalité de la matrice $((a_{ij}))$ définie par $c_1(\Omega.M_i) = \Sigma\, a_{ij}\, d_j^{\vee}$, avec la matrice intersection associée à la désingularisation $q : \tilde{S} \to S$), car l'expression de chaque d_i dans la base duale est $(-2d_i^{\vee} + \sum_{j\to i} d_j^{\vee})$ où $j \to i$ dénote la famille des indices j tels que d_j soit voisin de d_i.

On se propose d'étudier la validité de la règle (*) sur un corps de caractéristique positive, en prenant pour Ω le module canonique défini en (1.1). Par la prop. (1.7), la règle (*) équivaut à l'égalité $\delta(M_i) = d_i$, lorsque $c_1(M_i) = d_i^{\vee}$.

Dans la suite on donne la démonstration des résultats suivants (cf. (2.9.1) et (2.9.2)).

Théorème (2.9)

i) Soit M un module réflexif indécomposable non libre sur S, $d^{\vee} = c_1(M)$. On a

$$c_1(M.\Omega) = 2\,c_1(M) + \delta(M)$$

où $\delta(M) = 0$ ou d.

ii) Si le corps de base k est de caractéristique positive p, et si $(\text{rang } M, p) = 1$, alors on a $\delta(M) = d$.

Corollaire

La règle de McKay est vraie pour les points doubles rationnels de type A_n en toute caractéristique, de type D_n en caractéristique $\neq 2$, de type E_6 ou E_7 en caractéristique $\neq 2$ et 3, de type E_8 en caractéristique $\neq 2$, 3 et 5.

2. PASSAGE DE LA CARACTERISTIQUE 0 A LA CARACTERISTIQUE P.

Notations (2.1)

Soit $\mathcal{O}_{\mathcal{V}}$ un anneau complet de valuation discrète ; on suppose que k est son corps résiduel, que son corps de fractions K est de caractéristique nulle et que K possède suffisamment de racines de l'unité. On note 0 (resp. η) le point fermé (resp. le point générique) de $\mathcal{V} = \mathrm{Spec}(\mathcal{O}_{\mathcal{V}})$.

Soit $\mathcal{O}_{\mathcal{S}}$ un anneau local complet de dimension 3, plat sur $\mathcal{O}_{\mathcal{V}}$ tel que les fibres $S = \mathcal{S}_0$ et $\mathcal{S}_\eta$ de $\mathcal{S} = \mathrm{Spec}(\mathcal{O}_{\mathcal{S}})$, sur 0 et η respectivement, soient des points doubles rationnels. On note σ la section de $\mathcal{S} \to B$ des points singuliers. On identifie $\mathcal{V}$ à son image dans $\mathcal{S}$ par la section σ, et on note t une uniformisante de $\mathcal{O}_{\mathcal{V}}$. Soit $\widetilde{\mathcal{S}} \to \mathcal{S}$ une désingularisation simultanée de $\mathcal{S}$, plate sur $\mathcal{V}$, telle que $\widetilde{S} = \widetilde{\mathcal{S}}_0$ (resp. $\widetilde{\mathcal{S}}_\eta$) soit une désingularisation minimale de $\mathcal{S}_0$ (resp. de $\mathcal{S}_\eta$). Soit $\mathcal{D}$ le diviseur exceptionnel de $\widetilde{\mathcal{S}}$, $\mathcal{D} = \bigcup_i \mathcal{D}_i$ sa décomposition en composantes absolument irréductibles (décomposition qui existe si K possède suffisamment de racines de l'unité). On sait que $\mathcal{D}_{i_0} = \mathcal{D}_i \otimes k$ est irréductible. La décomposition de $\mathcal{D}$ permet d'établir une correspondance bijective $\mathrm{Pic}(\widetilde{\mathcal{S}}_\eta) \xrightarrow{\sim} \mathrm{Pic}(\widetilde{\mathcal{S}}_0)$ en associant $\mathcal{D}_{i_\eta}$ à $\mathcal{D}_{i_0}$ pour tout i (bijectivité qui résulte du fait que les points doubles rationnels sont absolument isolés [L]). Nous identifions dans la suite les groupes de Picard spéciaux et généraux par ces isomorphismes, et on le note $\mathrm{Pic}(\widetilde{S})$. On garde les notations $\mathrm{Pic}^+(\widetilde{S})$, $\mathrm{Pic}_0(\widetilde{S})$ et $\mathrm{Pic}_0^+(\widetilde{S})$ introduites au § 1.2.

Soit M un $\mathcal{O}_{\mathcal{S}}$-module . On note M_0 (resp. M_η) sa fibre en 0 (resp. en η). Son transformé strict sur $\tilde{\mathcal{S}}$ est le $\mathcal{O}_{\tilde{\mathcal{S}}}$-module $\tilde{M} =: M \otimes_{\mathcal{O}_{\mathcal{S}}} \mathcal{O}_{\tilde{\mathcal{S}}}/\text{Torsion}$. On dira que M est <u>relativement réflexif</u> s'il est de type fini, plat sur $\mathcal{O}_{\mathcal{V}}$ et si M_0 est de profondeur 2.

<u>Proposition</u> (2.2)

<u>Soit</u> M <u>un</u> $\mathcal{O}_{\mathcal{S}}$-module <u>relativement réflexif. Alors on a</u>

i) M_η <u>est de profondeur 2.</u>

ii) $c_1(M_\eta) - c_1(M_0) \in \text{Pic}^+_0(\tilde{\mathcal{S}})$.

<u>Démonstration</u>

Comme M est plat sur $\mathcal{O}_{\mathcal{V}}$ on a une suite exacte $0 \to M \xrightarrow{t} M \to M_0 \to 0$, d'où une longue suite exacte des $\text{Ext}^i_{\mathcal{O}_{\mathcal{S}}}(\mathcal{O}_{\mathcal{V}},-)$. Comme $\mathcal{O}_{\mathcal{V}}$ est plat sur $\mathcal{O}_{\mathcal{V}}$ et M_0 un $\mathcal{O}_{\mathcal{S}_0}$-module , on a $\text{Ext}^i_{\mathcal{O}_{\mathcal{S}}}(\mathcal{O}_{\mathcal{V}},M_0) \simeq \text{Ext}^i_{\mathcal{O}_{\mathcal{S}_0}}(k,M_0)$. Comme M_0 est de profondeur 2, on obtient que la multiplication par t dans $\text{Ext}^a_{\mathcal{O}_{\mathcal{S}}}(\mathcal{O}_{\mathcal{V}},M)$ est bijective pour $a = 0,1$. Donc $\text{Ext}^a_{\mathcal{O}_{\mathcal{S}}}(\mathcal{O}_{\mathcal{V}},M) = 0$ pour $a = 0,1$ d'après le lemme de Nakayama. En se restreignant à la fibre ouverte on obtient $\text{Ext}^a_{\mathcal{O}_{\mathcal{S}_\eta}}(K,M_\eta) = 0$ pour $a = 0,1$, où K est le corps résiduel de $\mathcal{S}_\eta$. Par suite M_η est de profondeur 2, d'où i).

Démontrons ii). Comme la torsion de l'image inverse de M sur $\tilde{\mathcal{S}}$ est à support contenu dans $\mathcal{D}$, $\tilde{M}$ n'a pas de t-torsion et par suite $\tilde{M}$ est plat sur $\mathcal{V}$. Par spécialisation plate, on en déduit que $c_1(M_\eta)$ (égale par définition à $c_1(\tilde{M}_\eta)$) est égale à $c_1((\tilde{M})_0)$. Le module $(\tilde{M})_0$ est un quotient de l'image inverse de M_0 par un sous-module de torsion ; on a donc une suite exacte $0 \to R_0 \to (\tilde{M})_0 \to \tilde{M}_0 \to 0$, où R_0 est un module à support dans $\mathcal{D}_0$. On a donc $c_1((\tilde{M})_0) = c_1(\tilde{M}_0) + c_1(R_0)$. Par définition on a $c_1(M_0) = c_1(\tilde{M}_0)$, de plus $c_1(R_0) \in \text{Pic}^+_0(\tilde{\mathcal{S}})$, d'où la proposition. ▪

Proposition (2.3)

Soient M *et* P *deux* $\mathcal{O}_{\mathcal{S}}$*-modules , avec* M *de type fini et* P *relativement réflexif. On suppose que* $\mathrm{Ext}^1_{\mathcal{O}_{\mathcal{S}}}(M,P)$ *est plat sur* $\mathcal{V}$.
Alors $\mathrm{Hom}(M,P)$ *est relativement réflexif et le morphisme canonique* $\mathrm{Hom}(M,P)_0 \to \mathrm{Hom}(M_0,P_0)$ *est un isomorphisme.*

Démonstration

Comme P est plat on a une suite exacte $0 \to P \xrightarrow{t} P \to P_0 \to 0$. On a donc une suite exacte $0 \to \mathrm{Hom}(M,P) \xrightarrow{t} \mathrm{Hom}(M,P) \to \mathrm{Hom}(M,P_0) \to \mathrm{Ext}^1(M,P)$ $\xrightarrow{t} \mathrm{Ext}^1(M,P)$. Comme $\mathrm{Ext}^1(M,P)$ est plat, la multiplication par t est injective. De plus le morphisme canonique $\mathrm{Hom}(M,P_0) \to \mathrm{Hom}(M_0,P_0)$ est un isomorphisme. Il en résulte que $\mathrm{Hom}(M,P)$ est plat et que $\mathrm{Hom}(M,P)_0 = \mathrm{Hom}(M_0,P_0)$. Le module P_0 est de profondeur 2 donc réflexif. Par suite $\mathrm{Hom}(M_0,P_0)$ est de profondeur 2, d'où la proposition. ∎

Corollaire (2.4)

Soient M *un* $\mathcal{O}_{\mathcal{S}}$*-module relativement réflexif,* $M^* = \mathrm{Hom}_{\mathcal{O}_{\mathcal{S}}}(M,\mathcal{O}_{\mathcal{S}})$.
Alors M^* *est relativement réflexif,* $(M^*)_0 = (M_0)^*$, $(M^*)_\eta = (M_\eta)^*$, *le morphisme canonique* $M \to M^{**}$ *est un isomorphisme.*

Démonstration

Résulte de ce que $\mathrm{Ext}^1_{\mathcal{S}}(M,\mathcal{O}_{\mathcal{S}}) = 0$. ∎

Notons $\mathfrak{m}_\sigma$ l'idéal de la section singülière $\mathcal{V} \xrightarrow{\sigma} \mathcal{S}$.

Proposition (2.5)

i) *On a* $\mathrm{Ext}^1(\mathfrak{m}_\sigma,\mathcal{O}_{\mathcal{S}}) \simeq \mathcal{O}_{\mathcal{V}}$. *Un générateur* α *du* $\mathcal{O}_{\mathcal{V}}$*-module* $\mathrm{Ext}^1(\mathfrak{m}_\sigma,\mathcal{O}_{\mathcal{S}})$ *fournit donc une suite exacte* :

$$(s_1(\alpha)) \qquad 0 \to \mathcal{O}_{\mathcal{S}} \to \Omega_{\mathcal{S}} \to \mathfrak{m}_\sigma \to 0 \ ,$$

où le module $\Omega_{\mathcal{S}}$ *est défini à isomorphisme près indépendamment de* α .

ii) <u>Le module</u> $\Omega_{\mathcal{S}}$ <u>est relativement réflexif. La restriction de</u> (s_1) <u>à</u> s_0 (resp. s_η) <u>est une suite exacte non triviale et en particulier la restriction de</u> $\Omega_{\mathcal{S}}$ <u>à</u> s_0 <u>(resp.</u> s_η) <u>est isomorphe au module canonique (§ 1.1)</u>.

<u>Démonstration</u>

Le schéma $\mathcal{S}$ est de Gorenstein (en fait une intersection complète). Par suite $\mathcal{O}_{\mathcal{S}}$ est dualisant. Donc $\mathrm{Ext}^i_{\mathcal{O}_{\mathcal{S}}}(\mathcal{O}_{\mathcal{V}},\mathcal{O}_{\mathcal{S}}) = 0$ pour $i \neq 2$ et $\mathrm{Ext}^2_{\mathcal{O}_{\mathcal{S}}}(\mathcal{O}_{\mathcal{V}},\mathcal{O}_{\mathcal{S}})$ est dualisant pour $\mathcal{O}_{\mathcal{V}}$, c'est-à-dire qu'on a un isomorphisme $\mathrm{Ext}^2_{\mathcal{O}_{\mathcal{S}}}(\mathcal{O}_{\mathcal{V}},\mathcal{O}_{\mathcal{S}}) \simeq \mathcal{O}_{\mathcal{V}}$. De la suite exacte

$$(s_2) \qquad 0 \to \mathfrak{m}_\sigma \to \mathcal{O}_{\mathcal{S}} \to \mathcal{O}_{\mathcal{V}} \to 0$$

on déduit alors un isomorphisme $\mathrm{Ext}^1_{\mathcal{O}_{\mathcal{S}}}(\mathfrak{m}_\sigma,\mathcal{O}_{\mathcal{S}}) \simeq \mathrm{Ext}^2_{\mathcal{O}_{\mathcal{S}}}(\mathcal{O}_{\mathcal{V}},\mathcal{O}_{\mathcal{S}})$, d'où la première assertion, l'indépendance par rapport à α étant immédiate. Comme $\mathfrak{m}_\sigma$ est plat sur $\mathcal{O}_{\mathcal{V}}$, $\Omega_{\mathcal{S}}$ est plat sur $\mathcal{O}_{\mathcal{V}}$. Soit $\beta \in \mathrm{Ext}^1_{\mathcal{O}_{\mathcal{S}}}(\mathcal{O}_{\mathcal{V}},\mathfrak{m}_\sigma)$ l'élément correspondant à (s_2). On déduit de la suite exacte des $\mathrm{Ext}^i_{\mathcal{O}_{\mathcal{S}}}(\mathcal{O}_{\mathcal{V}},-)$ associée à (s_2) que $\mathrm{Ext}^1(\mathcal{O}_{\mathcal{V}},\mathfrak{m}_\sigma)$ est un $\mathcal{O}_{\mathcal{V}}$-module libre de générateur β . Par définition de $(s_1(\alpha))$, $\alpha \circ \beta$ est un générateur de $\mathrm{Ext}^2_{\mathcal{O}_{\mathcal{S}}}(\mathcal{O}_{\mathcal{V}},\mathcal{O}_{\mathcal{S}})$. La suite exacte des $\mathrm{Ext}^i(\mathcal{O}_{\mathcal{V}},-)$ associée à $(s_1(\alpha))$ donne une longue suite exacte :

$$0 \to \mathrm{Ext}^1(\mathcal{O}_{\mathcal{V}},\Omega_{\mathcal{S}}) \to \mathrm{Ext}^1(\mathcal{O}_{\mathcal{V}},\mathfrak{m}_\sigma) \to \mathrm{Ext}^2(\mathcal{O}_{\mathcal{V}},\mathcal{O}_{\mathcal{S}}) \to \mathrm{Ext}^2(\mathcal{O}_{\mathcal{V}},\Omega_{\mathcal{S}}) \to$$
$$\to \mathrm{Ext}^2(\mathcal{O}_{\mathcal{V}},\mathfrak{m}_\sigma) \to 0 .$$

Le morphisme $\mathrm{Ext}^1(\mathcal{O}_{\mathcal{V}},\mathfrak{m}_\sigma) \to \mathrm{Ext}^2(\mathcal{O}_{\mathcal{V}},\mathcal{O}_{\mathcal{S}})$ transforme le générateur β en le générateur $\alpha \circ \beta$; c'est donc un isomorphisme. Donc on a $\mathrm{Ext}^1(\mathcal{O}_{\mathcal{V}},\Omega_{\mathcal{S}}) = 0$ et un isomorphisme $\mathrm{Ext}^2(\mathcal{O}_{\mathcal{V}},\Omega_{\mathcal{S}}) \simeq \mathrm{Ext}^2(\mathcal{O}_{\mathcal{V}},\mathfrak{m}_\sigma)$. De la suite exacte des $\mathrm{Ext}^i_{\mathcal{O}_{\mathcal{S}}}(\mathcal{O}_{\mathcal{V}},-)$ associée à la suite exacte $0 \to \mathcal{O}_{\mathcal{V}} \xrightarrow{t} \mathcal{O}_{\mathcal{V}} \to k \to 0$, on tire une suite exacte $0 \to \mathrm{Ext}^1_{\mathcal{O}_{\mathcal{S}}}(\mathcal{O}_{\mathcal{V}},\mathcal{O}_{\mathcal{V}}) \xrightarrow{t} \mathrm{Ext}^1_{\mathcal{O}_{\mathcal{S}}}(\mathcal{O}_{\mathcal{V}},\mathcal{O}_{\mathcal{V}}) \to \mathrm{Ext}^1_{\mathcal{O}_{\mathcal{S}}}(\mathcal{O}_{\mathcal{V}},k)$ et par suite $\mathrm{Ext}^1_{\mathcal{O}_{\mathcal{S}}}(\mathcal{O}_{\mathcal{V}},\mathcal{O}_{\mathcal{V}})$ est un

$\mathcal{O}_{\mathcal{V}}$-module plat donc libre car il est de type fini sur $\mathcal{O}_{\mathcal{V}}$. La suite exacte des $\mathrm{Ext}^i_{\mathcal{O}_{\mathcal{S}}}(\mathcal{O}_{\mathcal{V}},-)$ déduite de $(s_1(\alpha))$, fournit la suite exacte

$$0 \to \mathrm{Ext}^1_{\mathcal{O}_{\mathcal{S}}}(\mathcal{O}_{\mathcal{V}},\mathcal{O}_{\mathcal{V}}) \to \mathrm{Ext}^2_{\mathcal{O}_{\mathcal{S}}}(\mathcal{O}_{\mathcal{V}},\mathfrak{m}_\sigma) \to \mathrm{Ext}^2_{\mathcal{O}_{\mathcal{S}}}(\mathcal{O}_{\mathcal{V}},\mathcal{O}_{\mathcal{S}}) .$$

Comme les modules extrêmes sont libres sur $\mathcal{O}_{\mathcal{V}}$, $\mathrm{Ext}^2_{\mathcal{O}_{\mathcal{S}}}(\mathcal{O}_{\mathcal{V}},\mathfrak{m}_\sigma)$ et donc aussi $\mathrm{Ext}^2_{\mathcal{O}_{\mathcal{S}}}(\mathcal{O}_{\mathcal{V}},\Omega_{\mathcal{S}})$ est libre sur $\mathcal{O}_{\mathcal{V}}$. De ce qui précède résulte que $\mathrm{Ext}^a_{\mathcal{O}_{\mathcal{V}}}(k,\mathrm{Ext}^b_{\mathcal{O}_{\mathcal{S}}}(\mathcal{O}_{\mathcal{V}},\Omega_{\mathcal{S}})) = 0$ pour $b < 2$ et $b = 2$, $a = 0$. La suite spectrale

$$\mathrm{Ext}^a_{\mathcal{O}_{\mathcal{V}}}(k,\mathrm{Ext}^b_{\mathcal{O}_{\mathcal{S}}}(\mathcal{O}_{\mathcal{V}},\Omega_{\mathcal{S}})) \Rightarrow \mathrm{Ext}^{a+b}_{\mathcal{O}_{\mathcal{S}}}(k,\Omega_{\mathcal{S}})$$

montre alors que $\mathrm{Ext}^p_{\mathcal{O}_{\mathcal{S}}}(k,\Omega_{\mathcal{S}}) = 0$ pour $p < 3$ et par suite $\Omega_{\mathcal{S}}$ est relativement réflexif. Ses restrictions aux fibres spéciale et générique respectivement sont de profondeur 2 (prop. 2.2 i)), donc les restrictions de la suite exacte à ces fibres sont non triviales, d'où ii).

Lemme (2.6)

Soit M un $\mathcal{O}_{\mathcal{S}}$-module relativement réflexif tel que M_η ne possède pas de facteur libre non trivial. Alors l'homomorphisme $\mathrm{Hom}_{\mathcal{O}_{\mathcal{S}}}(M,\mathfrak{m}_\sigma) \hookrightarrow \mathrm{Hom}_{\mathcal{O}_{\mathcal{S}}}(M,\mathcal{O}_{\mathcal{S}})$ déduit de l'injection canonique $\mathfrak{m}_\sigma \hookrightarrow \mathcal{O}_{\mathcal{S}}$ est un isomorphisme.

Démonstration

Soit $\ell : M \to \mathcal{O}_{\mathcal{S}}$ un homomorphisme. Il s'agit de montrer que $\ell(M) \subset \mathfrak{m}_\sigma$. Il suffit de voir que $\ell_\eta(M_\eta) \subset (\mathfrak{m}_\sigma)_\eta$, car tout idéal I de $\mathcal{O}_{\mathcal{S}}$ tel que $I_\eta \subset (\mathfrak{m}_\sigma)_\eta$ est contenu dans $\mathfrak{m}_\sigma$ (l'adhérence schématique du point singulier générique est $\mathcal{V}$). Sinon on aurait un morphisme surjectif $M_\eta \to \mathcal{O}_{\mathcal{S}_\eta}$ contrairement à l'hypothèse. ∎

Proposition (2.7)

Soit M un $\mathcal{O}_{\mathcal{S}}$-module relativement réflexif, tel que M_η ne possède pas de facteur libre non trivial. Alors $\mathrm{Hom}_{\mathcal{O}_{\mathcal{S}}}(M,\Omega)$ est relativement réflexif et $\mathrm{Hom}_{\mathcal{O}_{\mathcal{S}}}(M,\Omega)_0 = \mathrm{Hom}_{\mathcal{O}_{\mathcal{S}_0}}(M_0,\Omega_0)$.

Démonstration

D'après la proposition (2.5) il suffit de montrer que $\mathrm{Ext}^1(M,\Omega)$ est plat sur $\mathcal{O}_v$. Comme $\mathrm{Ext}^i(M,\mathcal{O}_{\mathcal{S}})=0$ pour $i \leq 2$, on déduit de la suite exacte $(*_1)$ un isomorphisme $\mathrm{Ext}^1(M,\Omega) \simeq \mathrm{Ext}^1(M,\mathfrak{m}_\sigma)$. De la suite exacte $0 \to \mathfrak{m}_\sigma \to \mathcal{O}_{\mathcal{S}} \to \mathcal{O}_v \to 0$ et du lemme, on tire $\mathrm{Hom}(M,\mathcal{O}_v) \simeq \mathrm{Ext}^1(M,\mathfrak{m}_\sigma)$. Comme M est plat, $M \otimes_{\mathcal{O}_{\mathcal{S}}} \mathcal{O}_v$ est libre de type fini sur $\mathcal{O}_v$, donc $\mathrm{Hom}(M,\mathcal{O}_v)$ est plat sur $\mathcal{O}_v$.■

Proposition (2.8)

Soit M_0 un module réflexif sur $\mathcal{S}_0$. Il existe un module M sur $\mathcal{S}$, relativement réflexif, dont la restriction à $\mathcal{S}_0$ est isomorphe à M_0 et tel que de plus $c_1(M_\eta) = c_1(M_0)$.

Démonstration

On peut supposer M_0 indécomposable. On a alors $c_1(M_0) = \tilde{d}$ où $\tilde{d}$ est la classe d'une courbe lisse C_0 transverse à d_0 composante de $\mathcal{D}_0$. Cette courbe lisse C_0 est la restriction d'une courbe lisse C transverse à d composante de $\mathcal{D}$. Soit $L \subset \mathcal{S}$ l'image de C . C'est une courbe sur v , plate sur v . Par suite $\mathrm{Ext}^1_{\mathcal{O}_{\mathcal{S}}}(\mathcal{O}_L,\mathcal{O}_{\mathcal{S}})$, module dualisant de L , est plat sur v . Sa restriction à v , section singulière de $\mathcal{S}$, est un $\mathcal{O}_v$-module libre. Soit $f_1,\dots,f_n$ une suite d'éléments de $\mathrm{Ext}^1_{\mathcal{O}_{\mathcal{S}}}(\mathcal{O}_L,\mathcal{O}_{\mathcal{S}})$ dont la restriction à v est une base. L'élément $(f_1,\dots,f_n) \in \mathrm{Ext}^1_{\mathcal{O}_{\mathcal{S}}}(\mathcal{O}_L,\mathcal{O}^n_{\mathcal{S}})$ définit une extension

$$0 \to \mathcal{O}^n_{\mathcal{S}} \to M \to \mathcal{O}_L \to 0 ,$$

et tous les modules de cette suite exacte sont plats sur $\mathfrak{V}$. L'homomorphisme canonique $\mathrm{Ext}^1_{\mathcal{O}_{\mathcal{S}}}(\mathcal{O}_L, \mathcal{O}^n_{\mathcal{S}})_0 \to \mathrm{Ext}^1_{\mathcal{O}_{\mathcal{S}_0}}(\mathcal{O}_{L_0}, \mathcal{O}^n_{\mathcal{S}_0})$ est un isomorphisme. Il résulte donc de [A-V] que la restriction de M à $\mathcal{S}_0$ est isomorphe à M_0 et que $c_1(M_\eta) = \tilde{d}$. ■

Le théorème (2.9), énoncé au § (1.8), résulte des propositions suivantes :

Proposition (2.9.1)

Soit M_0 *un module réflexif indécomposable non libre sur* $\mathcal{S}_0$. *Soit* $d = c_1(M_0)$, *où* d *est une composante de* $\mathcal{S}_0$. *On a*

$$c_1(M_0.\Omega_0) = 2c_1(M_0) + \delta(M_0)$$

où $\delta(M_0) = 0$ *ou* d .

Démonstration

Soit M un $\mathcal{S}$-module relativement réflexif, tel que sa restriction à $\mathcal{S}_0$ soit M_0 et tel que $c_1(M_\eta) = d$ (Prop. 2.8). Comme on a $rg(M_\eta) = rg(M_0) = (d .Z)$ [A-V] , M_η est indécomposable et ne possède pas de facteur direct libre non trivial. Alors $M.\Omega$ est défini et on a $(M.\Omega)_\eta = M_\eta.\Omega_\eta$ et $(M.\Omega)_0 = M_0.\Omega_0$ (Prop. 2.7). On a donc (Prop. 2.2)

$$c_1(M_0.\Omega_0) = c_1(M_\eta.\Omega_\eta) - \rho \quad , \quad \text{où } \rho \in \mathrm{Pic}^+_0 \ .$$

D'après la règle de McKay en caractéristique 0 , on a

$$c_1(M_\eta.\Omega_\eta) = 2c_1(M_\eta) + d \qquad (1.8) \ .$$

Par suite on a

$$c_1(M_0.\Omega_0) = 2c_1(M_0) + d - \rho \ .$$

Or on a $(d-\rho) \in \mathrm{Pic}^+_0$ (Prop. (1.7)) , et $\rho \in \mathrm{Pic}^+_0$, ce qui implique que $d-\rho = 0$ ou $d-\rho = d$, c.q.f.d. ■

On garde les notations de la proposition précédente.

Proposition (2.9.2)

Soit M_0 un module réflexif indécomposable non libre de rang m premier à la caractéristique positive p du corps de base k. On a $\delta(M_0) = d$, i.e. le produit $\Omega_0.M_0$ satisfait la règle de McKay.

Démonstration

En caractéristique 0 nous dirons qu'un module réflexif est régulier s'il est associé à la représentation régulière de $\pi_1(S-\{0\})$. En caractéristique $p > 0$ nous dirons qu'un module réflexif est régulier s'il a même rang et même c_1 qu'un module régulier en caractéristique 0. La proposition 2.9.2 va résulter des deux lemmes suivants.

Lemme (2.9.3)

Soit P un module réflexif non nul et $P = \bigoplus_i a_i P_i$, $a_i \neq 0$, sa décomposition en modules indécomposables. Supposons qu'on ait $\Omega_0.P \simeq 2P$. Alors deux cas seulement sont possibles

(a) Pour tout i, on a $\Omega_0.P_i \simeq 2 P_i$

(b) P est un multiple du module régulier et pour tout module indécomposable réflexif sur $\mathfrak{S}_0$, la règle de McKay est satisfaite.

Démonstration

Supposons qu'on ne soit pas dans le cas (a). Montrons alors qu'on est dans le cas (b). Soit P' le facteur direct de P obtenu en supprimant tous les facteurs P_i tels que $\Omega_0.P_i \simeq 2 P_i$. On a $P' \neq 0$ et $\Omega_0.P' \simeq 2P'$. Pour tout facteur indécomposable de P' la règle de McKay est satisfaite (2.9.1). Pour montrer que P' est un multiple du module régulier on peut donc supposer qu'on est en caractéristique 0. Alors P' correspond à une représentation de caractère χ' de $G = \pi_1(\mathfrak{S}-\{0\})$ et Ω_0 correspond à la représentation canonique de rang 2 de caractère χ_0 de G . La relation $\Omega_0.P' \simeq 2P'$ entraîne $\chi_0.\chi' = 2\chi'$. Comme χ_0 est une représentation fidèle, $\chi_0(g) = 2 \Leftrightarrow g = id$. Donc χ' est un multiple non nul du caractère régulier. Comme tous les modules indécomposables interviennent dans P' on a $P' = P$ et b).∎

Lemme (2.9.4)

Soit M_0 un module réflexif indécomposable. Supposons qu'il existe un module réflexif non nul M' tel que $M_0.M'$ possède un facteur indécomposable qui satisfasse à la règle de McKay. Alors M_0 satisfait à la règle de McKay.

Démonstration

Supposons, par l'absurde, qu'on ait $\Omega_0.M_0 \simeq 2M_0$ (2.9.1). Alors on a $\Omega_0.M_0.M' = 2M_0.M'$. Par hypothèse on n'est pas dans le cas (a) du lemme (2.9.3) d'après (2.9.1). On est donc dans le cas (b) et M_0 satisfait à la règle de McKay ; contradiction. Donc M_0 satisfait à la règle de McKay.∎

Démontrons maintenant (2.9.2). La trace $M_0.M_0^* \to \mathcal{O}_{\mathfrak{s}_0}$ est surjective car $(m,p) = 1$. Donc $M_0.M_0^*$ possède un facteur libre non trivial qui satisfait par conséquent à la règle de McKay.∎

3. STRUCTURE MULTIPLICATIVE DES MODULES REFLEXIFS.

Soit S un point double rationnel, $\mathcal{R}(S)$ l'anneau des classes d'isomorphisme de $\mathcal{O}_S$-modules réflexifs muni de l'involution $*$ définie par la dualité des $\mathcal{O}_S$-modules.

Proposition (3.1)

(1) Si le corps de base est de caractéristique nulle, la structure d'anneau à involution sur $(\mathcal{R}(S),*)$ possède les propriétés suivantes :

A1) Elle vérifie la règle multiplicative de McKay.

A2) Pour la classe de tout module réflexif indécomposable α de rang 1 on a $\alpha.\alpha^* = 1$. Pour tout couple α,β de classes de modules réflexifs indécomposables de rang 1, $\alpha.\beta$ est la classe d'un module de rang 1.

(2) Il existe sur $(\mathcal{R}(S),*)$ une seule structure d'anneau à involution possédant les propriétés A1 et A2.

Démonstration

En caractéristique nulle la propriété A1 est connue ([G-V]) et la propriété A2 est évidente en toute caractéristique, d'où (1). Démontrons (2). Il suffit de démontrer l'unicité après tensorisation par $\mathbb{Q}$. Posons $\mathcal{R} = \mathcal{R}(S) \otimes \mathbb{Q}$ et notons encore $*$ l'involution étendue à $\mathcal{R}$.

Notons $\mathcal{R} = \mathcal{R}^+ \oplus \mathcal{R}^-$ la décomposition en éléments symétriques et antisymétriques par rapport à $*$; $\mathcal{A} \subset R^+$ la sous $\mathbb{Q}$-algèbre engendrée par Ω et $\mathcal{B}$ le sous-espace vectoriel engendré par les modules réflexifs de rang 1.

Nous laissons au lecteur le soin de démontrer en utilisant uniquement la règle de McKay et les propriétés de l'involution $*$ les faits suivants :

(a) On a $\mathcal{A} = \mathcal{R}^+$ dans les cas A_n, D_{2n+1}, E_6, E_8.

(b) Dans les cas D_{2n}, E_7, E_8 on a $\mathfrak{R}^- = \{0\}$.

(c) Dans les cas A_n, D_{2n+1}, E_6 on a $\mathfrak{R}^- = \mathfrak{a}.(\alpha-\alpha^*)$, où α est un module de rang 1 non trivial tel que $\alpha \neq \alpha^*$.

(d) On a $\mathfrak{a} + \mathfrak{B} = \mathfrak{R}$ dans les cas D_{2n}, E_7.

Démontrons l'unicité. La structure d'algèbre sur $\mathfrak{a}$ est uniquement déterminée, ainsi que la structure de $\mathfrak{a}$-module sur $\mathfrak{R}$:

<u>cas</u> A_n, D_{2n+1}, E_6 : on a $\mathfrak{R} = \mathfrak{a} \oplus \mathfrak{a}(\alpha-\alpha^*)$ d'après (a) et (c) et il suffit de voir que le produit $(\alpha-\alpha^*)^2$ est uniquement déterminé. Or $(\alpha-\alpha^*)^2 = (\alpha+\alpha^*)^2 - 4\alpha.\alpha^*$, $\alpha+\alpha^* \in \mathfrak{R}^+ = \mathfrak{a}$. Donc $(\alpha+\alpha^*)^2$ est connu par A1. De plus $\alpha.\alpha^* = 1$ d'après A2.

<u>cas</u> D_{2n} : Le monoïde multiplicatif des éléments de rang 1 est un groupe d'ordre 4 dont les éléments sont d'ordre 2 (A2). Il est donc déterminé et par suite l'algèbre $\mathfrak{B}$ est connue. Donc le produit de deux éléments quelconques de $\mathfrak{R}$ est connu d'après (b) et (d).

<u>cas</u> E_7 : On sait, d'après A2, que $\mathfrak{B}$ est l'algèbre du groupe multiplicatif des éléments de rang 1, qui est un groupe d'ordre 2. Donc le produit de deux éléments quelconques de $\mathfrak{R}$ est connu d'après (b) et (d).

<u>cas</u> E_8 : Clair d'après (a) et (b), d'où l'unicité dans ce dernier cas.∎

3.2 En caractéristique positive différente de 2, 3 et 5, la proposition précédente et la proposition 2.9.2 montrent que la structure multiplicative est complètement déterminée du fait que la règle de Mc Kay est valable . Pour les mêmes raisons, ceci est aussi vrai dans les cas A_n en toute caractéristique.

4. CARACTERISTIQUE 2, 3 et 5.

Dans ce paragraphe on montre que la règle de McKay n'est pas vérifiée pour les points doubles rationnels sur un corps de base de caractéristique positive, dans tous les cas non décidés par le th. (1.8) et son corollaire : les types D_n en caractéristique 2, E_6 et E_7 en caractéristique 2 et 3 et E_8 en caractéristique 2, 3 et 5. On dispose en plus de résultats complets du produit par Ω, et non seulement d'un contre-exemple à la règle de McKay, en caractéristique 3 et 5 pour tous les cas ; ainsi que pour E_6 et certains E_8 et D_n en caractéristique 2. La méthode utilisée dans certains cas précédents (calcul formel sur ordinateur) ne permet pas de conclure, pour les cas qui restent en caractéristique 2. On dénote par p la caractéristique du corps de base.

<u>Théorème</u> (3.1)

<u>Soit</u> S <u>un point double rationnel de type</u> :

(i) <u>D_n, E_6, E_7, ou E_8, et soit</u> $p = 2$.

<u>On a</u> $\Omega^2 = 2\Omega$.

(ii) <u>E_6, E_7 ou E_8, et soit</u> $p = 3$ <u>ou</u> $p = 5$.

<u>Si</u> M <u>est un $\mathcal{O}_S$-module réflexif indécomposable dont le rang n'est pas premier à</u> p , <u>on a</u>

$$\Omega . M = 2M .$$

Montrons d'abord le lemme suivant :

<u>Lemme</u> (3.2)

<u>Soit</u> A <u>un anneau factoriel</u>, M <u>un A-module libre de type fini</u>, $B = \{e_1, \ldots, e_n\}$ <u>une base générique de</u> M . <u>Alors on a l'équivalence</u> : B <u>est base de</u> $M \Leftrightarrow [\ \Sigma\, \alpha_i e_i$ <u>non primitif</u> $\Rightarrow (\alpha_i)$ <u>non primitif</u>, <u>où</u> $\alpha_i \in A$, $\forall\, i\ ]$.

Démonstration

$\Rightarrow$) Trivial.

$\Leftarrow$) Démontrons que B engendre M. Soit $m \in M$ primitif ; il existe une relation $\beta m = \Sigma \alpha_i e_i$ avec β minimal. Si β n'est pas inversible, alors $\Sigma \alpha_i e_i$ est non primitif, donc il existe γ non inversible et des γ_i tels que $\beta m = \gamma \Sigma \gamma_i e_i$. Comme β est minimal, β et γ sont étrangers, donc γ divise m (raisonner coordonnée par coordonnée dans une base de M), contradiction. Donc β est inversible et B engendre M. Par ailleurs, si $\Sigma \alpha_i e_i = 0$, alors les α_i sont génériquement nuls, donc nuls. ∎

Méthode de la démonstration du théorème (3.1) :

i) Le point de départ est la caractérisation du module Ω comme étant le deuxième syzygie de l'idéal maximal $\mathfrak{m}$ (Prop. 1.6). La classification des points doubles rationnels dûe à M. Artin donne une liste d'équations de la forme $f(X,Y,Z) = 0$, où f est un polynôme de degré 2 en Z, pour les cas $\neq A_n$ (voir [A_2] p. 16 et 17). Voici en résumé le tableau du nombre de cas trouvés dans la classification de M. Artin :

car.	# A_n	# $D_n^\bullet$	# $E_6^\bullet$	# $E_7^\bullet$	# $E_8^\bullet$
2	1	$[\frac{n}{2}]$	2	4	5
3	-	-	2	2	3
5	-	-	-	-	2

(On remarquera le comportement toujours notable de E_8, où le nombre de cas est dans l'ordre inverse aux caractéristiques).

Par la projection $(X,Y,Z) \overset{\pi}{\mapsto} (X,Y)$ on a une résolution périodique, pour chaque $\mathcal{O}_S$-module réflexif M de rang r :

$$\cdots \xrightarrow{T^-} \mathcal{O}_S^{2r} \xrightarrow{T^+} \mathcal{O}_S^{2r} \xrightarrow{T^-} M \to 0 \quad ,$$

où T^+ (resp. T^-) est l'application $A(M)-Z.\mathrm{Id}$, avec $A(M)$ l'endomorphisme de M , $k[X,Y]$-linéaire , donné par le produit par Z . On obtient une description explicite de $A(\Omega)$ en fonction d'une base du $k[X,Y]$-module Ω . Pour décider de ce qu'est $\Omega.\Omega = \mathrm{Hom}_{\mathcal{O}_S}(\Omega,\Omega)$, on calcule $\mathrm{rg}(\mathrm{Hom}_{\mathcal{O}_S}(\Omega,\Omega) \otimes k)$. En effet, le produit $\Omega.\Omega$ satisfait la règle de McKay si et seulement si $\Omega.\Omega$ contient un facteur libre non trivial, car le seul autre cas possible est $\Omega.\Omega = 2\Omega$ (Prop. 1.4 (i) et Prop. 2.9.1). On a donc, soit $\mathrm{rg}(\mathrm{Hom}_{\mathcal{O}_S}(\Omega,\Omega) \otimes k) = 7$ dans le premier cas, soit 8 dans le deuxième. Les calculs sont analogues dans tous les cas ; on donne à titre d'exemple les cas diédraux impaires : D^0_{2n+1} et D^r_{2n+1} où $1 \leq r \leq n-1$, avec $n \geq 2$ (suivant la notation de $[A_2]$).

La classification citée donne n cas, pour $n \geq 2$ fixé, avec les équations suivantes :

$$Z^2 + Z(Y^n + \varepsilon\, XY^{n-r}) + X^2Y = 0$$

où $\varepsilon = 0$ ou 1 et $1 \leq r \leq n-1$.

On note $P := Y^n + \varepsilon\, XY^{n-r}$. Soit $\{e_1,e_2,e_3\}$ la base standard de $\mathcal{O}_S^3$. Le $\mathcal{O}_S$-module Ω , noyau de l'application linéaire $\mathcal{O}_S^3 \to \mathcal{O}_S$ de matrice $[X,Y,Z]$, admet le système générateur $\{(Y,X,0), (Z,0,X), (0,Z,Y), (XY,0, Z+P)\}$, car le corps k est de caractéristique 2. En considérant Ω comme $\mathcal{O}_V$-module (où $\mathcal{O}_V = k[X,Y]$), par la projection π , on obtient la base $\delta_1 = (Y,X,0,0,0,0)$, $\delta_2 = (0,0,X,1,0,0)$, $\delta_3 = (0,0,Y,0,1,0)$, $\delta_4 = (XY,0,P,0,0,1)$, avec les coordonnées dans la base $\{e_1,e_2,e_3,Ze_1,Ze_2,Ze_3\}$ du $\mathcal{O}_V$-module $\mathcal{O}_S^3$. On obtient la matrice $A(\Omega)$ (associée au produit par Z) suivante :

$$A(\Omega) = \begin{bmatrix} 0 & 0 & XY & 0 \\ Y & P & 0 & XY \\ X & 0 & P & 0 \\ 0 & X & Y & 0 \end{bmatrix}$$

Pour calculer $\mathrm{Hom}_{\mathcal{O}_S}(\Omega,\Omega)$ on remarque que, considéré comme $\mathcal{O}_V$-module, on a $\mathrm{Hom}_{\mathcal{O}_S}(\Omega,\Omega) \cong \{u \in \mathrm{Hom}_{\mathcal{O}_V}(\Omega,\Omega) \mid Au = uA\}$. C'est un module libre de rang 8 sur $\mathcal{O}_V$, engendré par la base

$$u_1 = \mathrm{Id} \quad ; \quad u_2 = \begin{bmatrix} 0 & 0 & 0 & 0 \\ 1 & P/Y & 0 & 0 \\ 0 & 0 & 0 & 0 \\ 0 & 0 & 1 & P/Y \end{bmatrix} \quad ; \quad u_3 = \begin{bmatrix} 0 & X & 0 & 0 \\ 0 & 0 & 0 & 0 \\ 1 & P/Y & 0 & X \\ 0 & 1 & 0 & 0 \end{bmatrix}$$

$$u_4 = \begin{bmatrix} 0 & 0 & 0 & 0 \\ 0 & 0 & Y & 0 \\ 0 & 0 & 0 & 0 \\ 1 & 0 & 0 & 0 \end{bmatrix} \quad ; \quad u_5 = \begin{bmatrix} 0 & X & Y & P \\ 0 & 0 & 0 & Y \\ 0 & 0 & 0 & X \\ 0 & 0 & 0 & 0 \end{bmatrix} \quad ; \quad u_6 = \begin{bmatrix} 0 & 0 & 0 & 0 \\ 0 & X & Y & 0 \\ 0 & 0 & 0 & 0 \\ 0 & 0 & 0 & X \end{bmatrix}$$

$$u_7 = \begin{bmatrix} 0 & 0 & 0 & XY \\ 0 & 0 & 0 & 0 \\ 0 & X & Y & 0 \\ 0 & 0 & 0 & Y \end{bmatrix} \quad ; \quad u_8 = \begin{bmatrix} 0 & 0 & 0 & 0 \\ 0 & 0 & 0 & XY \\ 0 & 0 & 0 & 0 \\ 0 & X & Y & P \end{bmatrix} .$$

(On remarque que Y divise P dans tous les cas, $\varepsilon = 0$ ou 1 et $1 \leq r \leq n-1$, et que P/Y est un polynôme de degré > 0, sans terme constant).

La vérification que les u_i forment une base est faite en utilisant le lemme (3.2).

Soit $A(\Omega^2)$ la matrice de la multiplication par $A(\Omega)$ sur le module engendré par $u_1,\ldots,u_8$. On trouve

$$A(\Omega^2) = \begin{bmatrix} 0 & 0 & XY & 0 & 0 & 0 & 0 & 0 \\ X & P & 0 & 0 & 0 & 0 & 0 & 0 \\ Y & 0 & P & XY & 0 & 0 & 0 & 0 \\ 0 & Y & X & 0 & 0 & 0 & 0 & 0 \\ X & 0 & 0 & 0 & 0 & 0 & XY & 0 \\ 0 & Y & 0 & P & Y & P & 0 & XY \\ P/Y & X & 0 & 0 & X & 0 & P & 0 \\ 0 & 0 & P/Y & 0 & 0 & X & Y & 0 \end{bmatrix}$$

Comme $A(\Omega^2)\otimes k = 0$, on a $\mathrm{rg}\ \mathrm{Hom}(\Omega,\Omega) = 8$ et par conséquent on a $\Omega.\Omega = 2\Omega$, c.q.f.d.

ii) La méthode de démonstration est analogue à celle de i), pour le calcul d'un produit $\Omega.M$; les autres produits sont calculés en utilisant la règle de McKay.

Pour utiliser le critère du lemme (3.2) pour la construction des bases des modules considérés en ii), on remarque que les équations des points doubles rationnels en caractéristique 3 ou 5 peuvent s'écrire sous la forme $Z^2 = f(X,Y)$ (loc. cit.), et que les calculs de matrices $A(M)$ associées à l'endomorphisme de M donné par le produit par Z montrent que celles-ci peuvent s'écire sous la forme

$$A = \left[\begin{array}{c|c} 0 & s \\ \hline r & 0 \end{array}\right] ,$$

où r et s sont des matrices carrées de dimension égale au rang de M . Or on a $(A-Z.\mathrm{id}).(A+Z.\mathrm{id}) = 0$, d'où

$$(*) \qquad r.s = s.r = f(X,Y).\mathrm{Id} \quad .$$

Soit $u = \left[\begin{array}{c|c} a_1 & b_1 \\ \hline b_2 & a_2 \end{array}\right]$ une matrice de dimension $2\ \mathrm{rg}(M)$, telle que $A.u = u.A$, i.e. $b_1.r-s.b_2 = r.b_1-b_2.s = 0$ et $a_1.s-s.a_2 = a_2.r-r.a_1 = 0$. Les égalités (*) impliquent donc que la condition $A.u = u.A$ équivaut à

$$(**)\quad \begin{aligned} r.b_1.r &= f(X,Y)\, b_2 \\ s.b_2.s &= f(X,Y)\, b_1 \end{aligned}$$

Les équations (**) qui déterminent le module M^2 , sont triviales en dehors de la courbe de diramation $f(X,Y) = 0$ de la projection $\pi : S \to V$. Elles fournissent donc une base générique de M^2 qui permet de construire une base de M^2 en utilisant le critère du Lemme (3.2).

Dans la suite, on dessine les graphes duaux des désingularisations, pour identifier les modules en question, dont la première classe de Chern coupe le sommet associé. L'indice dénote le rang du module.

Caractéristique 3 :

Cas E_6^i , i = 0 ou 1

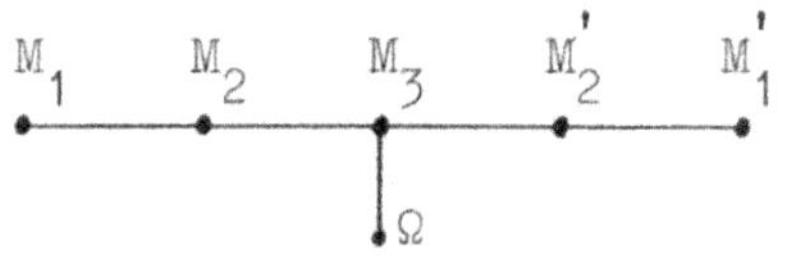

La proposition (2.9.2) montre que la règle de McKay est vérifiée pour tous ces modules sauf M_3 . Par conséquent on a, en particulier, les égalités :

(1) $\Omega^2 = \mathbb{1} + M_3$

(2) $\Omega.M_2 = M_1 + M_3$

(3) $\Omega.M_2' = M_1' + M_3'$

Ces égalités montrent que si on avait $\Omega.M_3 = M_2+M_2'$, alors $M_3+M_3^2 = \Omega^2.M_3 = \Omega^2+\Omega.M_2+\Omega.M_2' = \mathbb{1} + M_1 + M_1' + 3M_3$, et par suite de l'unicité de la décomposition en modules réflexifs indécomposables, on aurait $M_3^2 = \mathbb{1} + M_1 + M_1' + 2M_3$. De même (1) et $\Omega.M_3 = 2M_3$ impliquent $M_3^2 = 3M_3$. Etant donné que ce sont les seules valeurs possibles de $\Omega.M_3$ (prop. (2.9.1)), ces deux implications sont, en fait, des équivalences. Par conséquent, pour déterminer si $\Omega.M_3$ vérifie la règle de McKay, il suffit de vérifier si M_3^2 possède un facteur libre et ceci équivaut à $rg(A(M_3^2) \otimes k) \neq 0$. On obtient $A(M_3^2)$ à partir de $A(M_3)$, et cette dernière à partir de $A(\Omega)$ et de l'égalité (1). On trouve $rg(A(M_3^2) \otimes k) = 0$, d'où

$$\boxed{\Omega.M_3 = 2M_3} .$$

<u>Cas E_7^i</u> , i = 0 ou 1

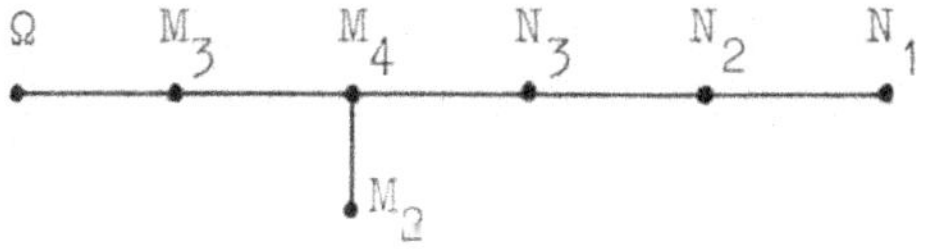

De manière analogue à celle de E_6^i, on démontre les équivalences :

$$\Omega.M_3 = \Omega + M_4 \Leftrightarrow M_3^2 = \mathbb{1} + M_3 + N_3 + N_2$$

$$\Omega.M_3 = 2\ M_3 \Leftrightarrow M_3^2 = 3\ M_3$$

et on trouve $rg(A(M_3^2) \otimes k) = 0$, d'où

$$\boxed{\Omega.M_3 = 2M_3}$$

Le seul produit à déterminer est $\Omega.N_3$: On a

$N_1.M_3 = N_1.(\Omega^2 - \mathbb{1}) = \Omega^2.N_1 - N_1 = \Omega.N_2 - N_1 = N_3$, et par suite

$\Omega.N_3 = N_1.(\Omega.M_3) = 2N_1.M_3 = 2N_3$, i.e.

$$\boxed{\Omega.N_3 = 2N_3}$$

<u>Cas E_8^i</u> , i = 0, 1 ou 2

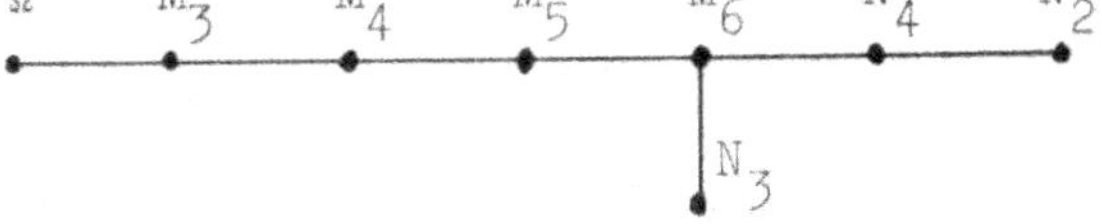

On a aussi les équivalences

$$\Omega.M_3 = \Omega + M_4 \Leftrightarrow M_3^2 = \mathbb{1} + M_2 + N_3 + N_2$$

$$\Omega.M_3 = 2\ M_3 \Leftrightarrow M_3^2 = 3\ M_3$$

On trouve aussi $rg(A(M_3^2 \otimes k)) = 0$, d'où

$$\boxed{\Omega.M_3 = 2M_3}$$

En utilisant McKay pour les modules dont le rang est premier à 3, on obtient

$$\boxed{\Omega.M_6 = 2M_6}$$

Pour calculer $\Omega.N_3$, on suppose que McKay est vérifié, i.e. $\Omega.N_3 = M_6$. Alors on aurait

$$N_3 + M_3.N_3 = (M_3+\mathbb{1}).N_3 = \Omega^2.N_3 = \Omega.M_6 = 2M_6$$

i.e. $N_3 + M_3.N_3 = 2M_6$, d'où une contradiction avec l'unicité de la décomposition. Par suite on a

$$\boxed{\Omega.N_3 = 2N_3}$$

Caractéristique 5 :

Cas E_8^j , $j = 0$ ou 1 (on garde les notations utilisées pour E_8 en caractéristique 3).

On a les équivalences :

$$\Omega.M_5 = M_4 + M_6 \Leftrightarrow M_5^2 = \mathbb{1} + M_3 + 2M_5 + 2N_4 + N_3$$

$$\Omega.M_5 = 2M_5 \Leftrightarrow M_5^2 = 5M_5$$

A titre d'exemple, pour les cas E_8^j en caractéristique 5, dont l'équation est

$$Z^2 + X^3 + Y^4 P_j = 0 \text{ , avec } P_0 = Y \text{ , } P_1 = X+Y \text{ ,}$$

on peut expliciter le module M_5 de rang 5, par la représentation $\mathcal{O}_S^{10} \xrightarrow{T^-} \mathcal{O}_S^{10} \to M_5 \to 0$, où $T^- = A-Z$, avec $A = \begin{bmatrix} 0 & s \\ r & 0 \end{bmatrix}$:

$$r = \begin{bmatrix} -PY^2 & 0 & 0 & 2XY & X^2 \\ 0 & 2X & 0 & -Y^2 & 2XY \\ -X & Y & 0 & 0 & 0 \\ 0 & 0 & Y & -ZX & 0 \\ PX & 0 & -X & 0 & PY^2 \end{bmatrix} , \quad s = \begin{bmatrix} Y^2 & 2XY & X^2 & 0 & 0 \\ XY & 2X^2 & -PY^3 & 0 & 0 \\ 0 & 2PXY & PX^2 & -PY^3 & X^2 \\ 0 & PY^2 & -2PXY & -2X^2 & -2XY \\ -X & 0 & 0 & -XY & -Y^2 \end{bmatrix}$$

(Certains calculs effectués pour la vérification des résultats de ce paragraphe (en particulier en caractéristique 5) ont été réalisés en partie à l'Université de Harvard, et en partie à l'Ecole Normale Supérieure (Paris), en utilisant le programme de calcul formel MACSYMA développé au M.I.T. Les résultats sont à la disposition des lecteurs intéressés.)

On trouve aussi $rg(A(M_5^2) \otimes k) = 0$, d'où

$$\boxed{\Omega.M_5 = 2M_5}$$ ∎

3.3. Dans les graphes suivants, on utilise des arêtes orientées d'un sommet M vers un sommet N si N se présente dans la décomposition de $\Omega.M$, mais non inversement. On a les résultats suivants :

<u>Cas D_n en caractéristique 2</u> :

cas D_4^r : 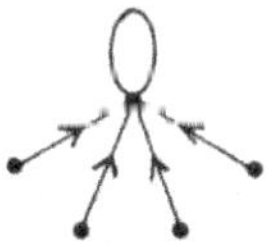 (complètement déterminé)

cas D_5^r : 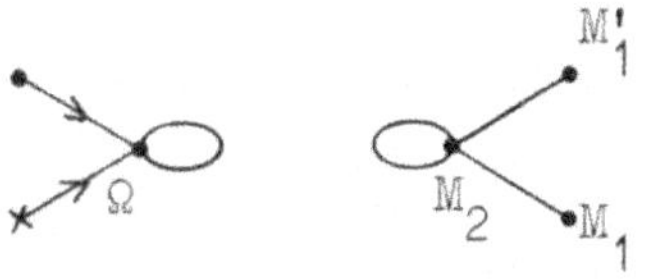

(en effet, on connait $\Omega^2 = 2\Omega$, d'où $\Omega.M_2 = \Omega.\Omega.M_1 = 2\Omega.M_1 = 2M_2$).

Pour les cas D_n^r, $0 \leq r \leq [n/2]$, on connait $\Omega.M = 2M$ pour $M = \Omega$ et pour le symétrique de Ω dans le graphe complété (analogue à D_5). Cette information permet de démontrer qu'on a $\Omega.M = 2M$ pour tous les modules indécomposables de rang 2, en utilisant les revêtements doubles par des A_n (voir [A_2]), dans les cas r maximum. On peut démontrer aussi qu'il ne peut pas y avoir deux sommets consécutifs vérifiant la règle de McKay (lemme 2.9.3).

cas $E_6^{\bullet}$: 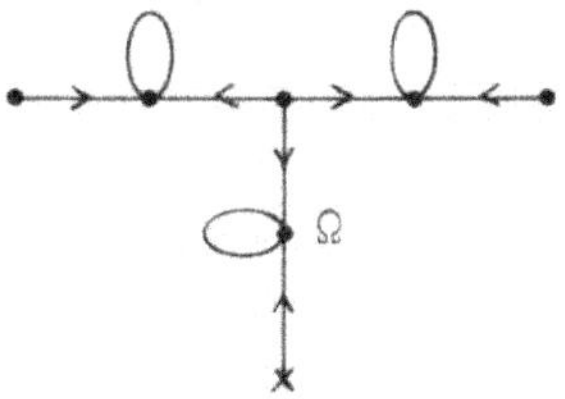

(caractéristique 2)

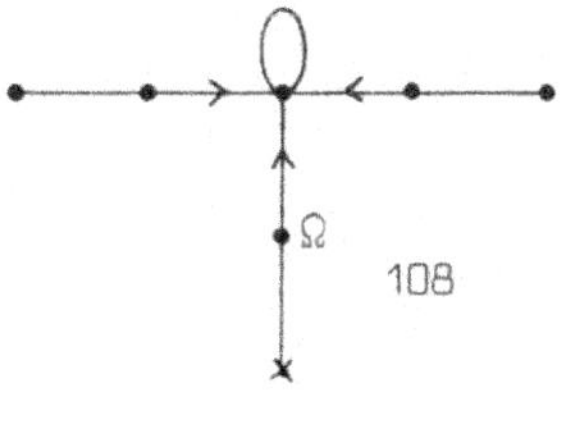

(caractéristique 3)

Cas $E_7^{\bullet}$:

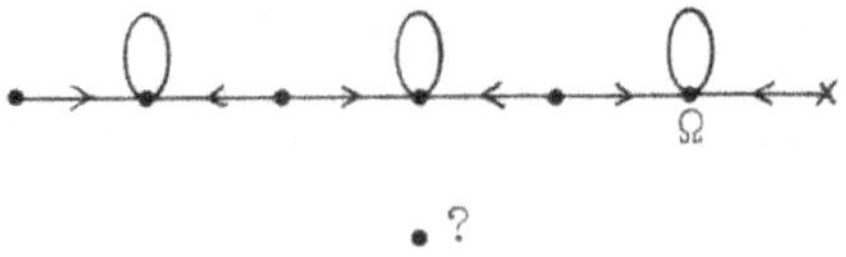

(car. 2)

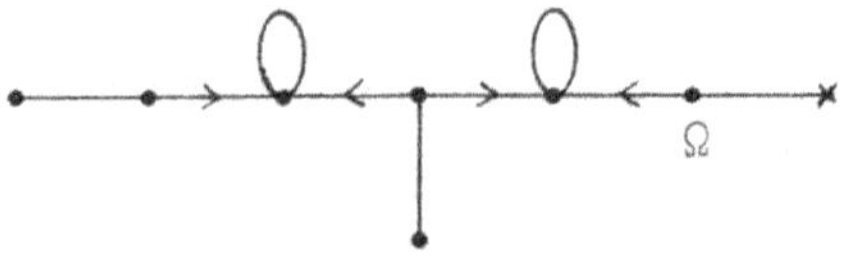

(car. 3)

Cas $E_8^{\bullet}$:

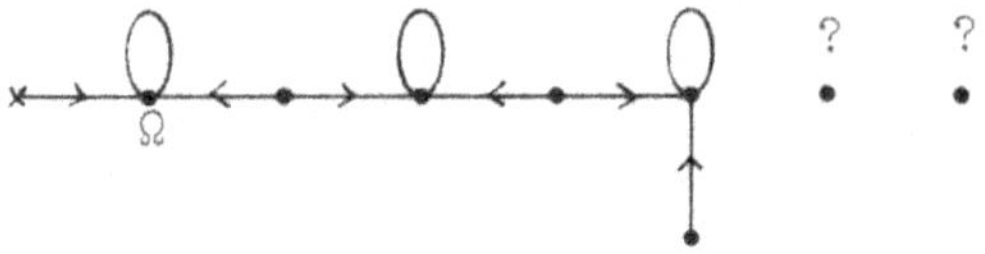

(car. 2)

On démontre que les deux sommets manquants sont "bouclés", dans le cas E_8^4, en utilisant le revêtement double par E_6^1 (loc. cit.)

(car. 3)

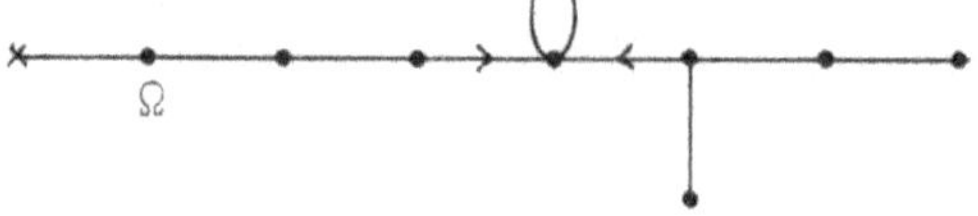

(car. 5)

Note : En cours de rédaction de notre papier nous avons appris que M. Auslander a démontré $(\mathrm{rg}\ M,\ p) \neq 1 \Leftrightarrow \Omega . M = 2M$.

REFERENCES

[A_1] M. Artin : "On isolated rational singularities of surfaces", (Am. J. Math. 88 (1966) 129-136).

[A_2] M. Artin : "Coverings of the rational double points in characteristic p", (Complex analysis and algebraic geometry, 11-22. Iwanami Skoten, Tokyo, 1977).

[A-V] M. Artin, J.L. Verdier : "Reflexive modules over rational double points", (Math. Ann. 270, 79-82 (1985)).

[B] E. Brieskorn : "Rationale singularitäten komplexer Flächen", (Inv. Math. 4, 336-358, 1968).

[D] P. Duval : "Homographies, Quaternions and Rotations" (Oxford Clarendon Press, 1964).

[G-V] G. Gonzalez-Sprinberg, J.L. Verdier : "Construction géométrique de la correspondance de McKay" (Ann. Scient. Ec. Norm. Sup., 4e série, t. 16, 1983, 409-449).

[K] F. Klein : "The Icosahedron and the General 5th Degree Equation" (1884, Dover reprint 1956).

[L] J. Lipman : "Rational singularities with applications to algebraic surfaces and unique factorization" (IHES Publ. Math. nº 36, (1969) 195-279).

[M] J. McKay : "Graphs, Singularities and Finite Groups" (Proc. of Symp. in Pure Math., vol. 37, 183-186 (1980)).

J.A. HERMIDA

Fitting ideals and valuation rings

INTRODUCTION

Throughout this paper, R will denote a commutative ring with unit. In [1], to each finitely generated R-module M is associated a sequence $\{\mathcal{F}_n(M)\}_{n\geq 0}$ of ideal of R. This sequence is constructed from any system of generators for M and is known as the Fitting ideal sequence of M. This sequence has the following properties:

i) $\mathcal{F}_0(M) \subseteq \mathcal{F}_1(M) \subseteq \ldots \subseteq \mathcal{F}_n(M) \subseteq \ldots$

ii) The ideals $\mathcal{F}_n(M)$ and $\mathrm{Ann}(\overset{n+1}{\wedge} M)$ have the same radical.

iii) $\mathcal{F}_n(M \oplus M') = \sum_{i+j=n} \mathcal{F}_i(M) . \mathcal{F}_j(M')$.

iv) If I is an ideal of R, then $\mathcal{F}_0(R/I)=I$ and $\mathcal{F}_n(R/I)=R$ for any $n>0$.

v) If $f:R \to R'$ is a homomorphism of rings with unit then:

$$\mathcal{F}_n(M_{(R')}) = \mathcal{F}_n(M)\ R'$$

for any finitely generated R-module M.

vi) If $M'=M/N$ where N is a submodule of M then $\mathcal{F}_n(M) \subseteq \mathcal{F}_n(M')$ for any $n\geq 0$.

Note that, from iii) and iv), for a principal ideal domain the Fitting ideal sequence characterizes M up to an isomorphism (i.e: M and M' are isomorphic if and only if $\mathcal{F}_n(M) = \mathcal{F}_n(M')$ for

$n \gg 0$). One has the same result for a valuation ring if one only considers finitely presented modules.

In the first section we give a necessary and sufficient condition in terms of Fitting ideals , in order that two modules, over a domain, have the same extension to the valuation rings containg the domain.

In the second section we give a characterization of Fitting ideals , for finitely generated R-modules in terms of the above properties,and as a consequence we will obtain a way of introducing them without any reference to systems of generators.When one only considers finitely presented R-modules and $\mathcal{F}_n$, this characterization is equivalent to that given in |1|.

1.- FITTING IDEALS AND VALUATION RINGS

Ler R be a commutative domain, I an ideal of R. Denote by $\tilde{I}$ the ideal $\tilde{I} = \bigcap_V (IV \cap R)$, where V ranges over the class of all the valuations rings, with quotient field the quotient field K of R, which contain R.

It is evident that $I \subseteq \tilde{I} \subseteq IV \cap R$ for any V.

<u>THEOREM</u>.- Let R a domain and M and M' two finitely presented R-modules. The following statements are equivalent:

i) $\widetilde{\mathcal{F}_n}(M) = \widetilde{\mathcal{F}_n}(M')$ for $n \gg 0$.

ii) For any valuation ring V with $R \subseteq V \subseteq K$, where K is the quotient field of R, $M_{(V)}$ and $M_{(V')}$ are isomorphic modules.

<u>PROOF</u>.- i) $\Rightarrow$ ii) Let V be a valuation ring of K containing R, then one has

$$\mathcal{F}_i(M)\ V \subseteq \widetilde{\mathcal{F}_i}(M)\ V \subseteq (\mathcal{F}_i(M)\ V \cap R)V = \mathcal{F}_i(M)\ V,$$

so

$$\mathcal{F}_i(M)\ V = \widetilde{\mathcal{F}_i}(M)\ V \quad \text{for } i \gg 0,$$

therefore,

$$\mathcal{F}_i(M_{(V)}) = \mathcal{F}_i(M)\ V = \widetilde{\mathcal{F}_i}(M)\ V = \widetilde{\mathcal{F}_i}(M')\ V = \mathcal{F}_i(M'_{(V)})$$

and so $M_{(V)}$ and $M'_{(V)}$ are isomorphic modules.

ii) $\Rightarrow$ i) If for any V, $M_{(V)}$ and $M'_{(V)}$ are isomorphic modules then one has

$$\mathcal{F}_i(M)\ .\ V = \mathcal{F}_i(M')\ V \quad \text{for } i \gg 0$$

and hence

$$\tilde{\mathcal{F}}_i(M) = \tilde{\mathcal{F}}_i(M') \qquad \text{for } i \gg 0$$

COROLLARY .- Let R be a Prüfer domain and M and M'be two finitely presented R-modules. The following statements are equivalent:

i) $\mathcal{F}_n(M) = \mathcal{F}_n(M')$, $n \geqslant 0$;

ii) M and M' are locally isomorphic modules (i.e: M_p and M'_p are isomorphic modules for all $p \in \operatorname{Spec} R$).

2.- A CHARACTERIZATION OF FITTING IDEALS

THEOREM .- Suppose T is an assignment which associates to each ring R and to each R-module M a sequence $\{T_n(M)\}_{n \geqslant 0}$ of ideals of R which satisfies the following properties:

i) $T_0(M) \subseteq T_1(M) \subseteq \ldots \subseteq T_n(M) \subseteq \ldots$

ii) The ideals $T_n(M)$ and $\operatorname{Ann}(\overset{n+1}{\wedge} M)$ have the same radical

iii) $T_n(M \oplus M') = \sum_{i+j=n} T_i(M) . T_j(M')$

iv) If I is an ideal, then $T_0(R/I) = I$ and $T_n(R/I) = (0)$ for any $n > 0$.

v) If $f : R \longrightarrow R'$ is a homomorphism of rings with unit then:

$$T_n(M_{(R')}) = T_n(M)\, R'$$

for any finitely generated R-module M.

iv) If $M' = M/N$ where N is a submodule of M then $T_n(M) \subseteq T_n(M')$ for any $n \geqslant 0$.

Then T coincides with $\mathcal{F}$.

In order to prove the theorem we will need the following lemma:

LEMMA .- Let I be a set of arbitrary cardinality, q a positive integer and $\underline{R}$ the polynomial ring $Z[T_{ij}]_{i \in I, j \in \{1,\ldots,q\}}$. If $\underline{M}$ is the cokernel of the $\underline{R}$-module homomorphism $\underline{w}:\underline{R}^{(I)} \longrightarrow \underline{R}^q$ whose matrix with respect to the canonical basis is $(T_{ij})_{i\in I,\ j\in\{1,2,\dots,q\}}$, then the ideal $F_n(\underline{M})$ is radical for $0\leq n<q$.

Proof of the lemma .- The result in the lemma is well know when I is a finite set (see[2]). Take a set I of arbitrary cardinality and let $\lambda\in \underline{R}$ be an element such that $\lambda^m\in F_n(\underline{M})$ for some positive integer m. There exists variables $T_{i_1 j_1},\dots,T_{i_p j_p}$ such that λ is a polynomial in those variables with integral coefficients. Denote by $\underline{R}_1$ the ring $Z[T_{i_k j}]_{k\in\{1,\dots,p\},\ j\in\{1,\dots,q\}}$ and let f be the ring homomorphism given by

$$f(T_{ij})=\begin{cases} T_{ij} & \text{if} \quad i\in\{i_1,\dots,i_p\} \\ 0 & \text{if} \quad i\notin\{i_1,\dots,i_p\} \end{cases}$$

The $\underline{R}_1$-module $\underline{M}_1=M \underset{\underline{R}}{\otimes} \underline{R}_1$ is isomorphic to the cokernel of the homomorphism $\underline{w}_1:\underline{R}^p \longrightarrow \underline{R}^q$ whose matrix with respect to the canonical basis is $(T_{i_k j})_{k\in\{1,\dots,p\},\ j\in\{1,\dots,q\}}$. Since $(\underline{R}_1,\underline{M}_1)$ satisfies the hypothesis in the lemma for the case of a set of finite cardinality one has that $F_n(\underline{M}_1) = F_n(\underline{M}).\underline{R}_1$ is a radical ideal, so $f(\lambda)=\lambda$ belongs to $F_n(\underline{M}_1)$, or equivalently the polynomial λ can be written as a linear combination of the (q-n)-th. order minors of the matrix of $\underline{w}_1$ with coefficients in $\underline{R}_1$, whence $\lambda\in F_n(\underline{M})$.

Proof of the Theorem .- Let M be a finitely generated R-module.One has an exact sequence of R-modules

$$R^{(I)} \xrightarrow{w} R^q \longrightarrow M \longrightarrow 0$$

where I is a set of indices of arbitrary cardinality. Denote by $(a_{ij})_{i\in I,\ j\in\{1,\dots,q\}}$ the matrix of the homomorphism w with respect to the canonical basis, and take the ring $\underline{R}=Z[T_{ij}]_{i\in I,\ j\in\{1,\dots,q\}}$ where $\{T_{ij}\}_{i\in I, j\in\{1,\dots,q\}}$ is a set of indeterminates over Z and consider the exact sequence of $\underline{R}$-modules:

$$\underline{R}^{(I)} \xrightarrow{\underline{w}} \underline{R}^q \longrightarrow \text{Coker } \underline{w} \longrightarrow 0$$

where $\underline{w}$ is the homomorphism having $(T_{ij})_{i\in I,\ j\in\{1,\dots,q\}}$ as matrix with respect to the corresponding canonical basis. Then, via the change of basis given by the ring homomorphism

$$f : \underline{R} \longrightarrow R$$

$$T_{ij} \longrightarrow a_{ij}$$

one has $\underline{M} \otimes_{\underline{R}} R \cong M$.

By property v), in order to prove that $T_n(M)$ coincides with $\mathcal{F}_n(M)$ it is sufficient to see the equality

$$(*) \qquad T_n(\underline{M}) = \mathcal{F}_n(\underline{M}).$$

From ii), for $n \geq q$ one has

$$T_n(\underline{M}) = \mathcal{F}_n(\underline{M}) = \underline{R}$$

since both ideals have as radical $\underline{R}$. So assume $n<q$. From the above lemma, the ideal $\mathcal{F}_n(\underline{M})$ is radical, so again using ii) one has $T_n(\underline{M}) \subseteq \mathcal{F}_n(\underline{M})$.

To prove the equality, first we will assume that I is a finite set. If $\mathcal{F}_n(\underline{M}) \supsetneq T_n(\underline{M})$ then by using the techniques of section 1 of |4|, one obtains that there exists a valuation ring V such that

$$T_n(\underline{M}_{(V)}) \subsetneq \mathcal{F}_n(\underline{M}_{(V)}) .$$

This is a contradiction since T y $\mathcal{F}$, for iii) and iv), characterizes $M_{(V)}$.

Finally, we will prove the inequality (*) when the set of indices I has an arbitrary cardinal. To prove this, it is enough to see that if λ is a minor of order q-n of the matrix $(T_{ij})_{i\in I, j\in\{1,..,q\}}$ then λ belongs to $T_n(\underline{M})$. Take such a minor λ, then there exist a matrix

$$A = \begin{bmatrix} T_{i_1,1} \cdots\cdots\cdots T_{i_1,q} \\ \cdots\cdots\cdots\cdots \\ \cdots\cdots\cdots\cdots \\ T_{i_{q-n},q} \cdots\cdots\cdots T_{i_{q-n},q} \end{bmatrix}$$

such that λ is a (q-n)-th. order minor of A. If N denotes the co-kernel of the $\underline{R}$-module homomorphism $\underline{R}^{q-n} \longrightarrow \underline{R}^{q}$ which has A as matrix with respect to the canonical basis, then one has $\lambda \in F_n(N)$. Since N is finitely presented then, as we have shown above, one has $\lambda \in T_n(N)$. Hence since, by construction, $\underline{M}$ is a quotient of N then by vi) one has $\lambda \in T_n(\underline{M})$ which completes the proof of the theorem.

REFERENCES

1 H.FITTING "Die Determinantenideale eines Moduls". Jahresbericht Deutschen Math. Veriningung XLVI (1936).

2 H.KLEPPE and D.LAKSOV "The generic perfectnessof determinantal scheme". Conference Copenhaguen 1978, Lect.Notes. Notes in Math. nº732. Springer-Verlag (1979).

3 D.G.NORTHCOTT "Finite free resolutions". Cambridge Univ.Press (1976).

4 B.TEISSIER "The hunting of invariants in the geometry of discriminants". Ecole Polytechnique. Paris (1977).

J.A. HERMIDA et T. SANCHEZ-GIRALDA

Sur les anneaux de Prüfer

0. INTRODUCTION

Tous les anneaux sont supposés commutatifs et avec unité. Un système d'équations linéaires à coefficients dans l'anneau R sera noté par

$$(S):\ A\underline{x} = \underline{b}\ ,$$

où $A=(a_{ij})$ est une matrice à m lignes et n colonnes, $\underline{x}=(x_1,x_2,\ldots,x_n)^t$ est le vecteur colonne des indéterminées et $\underline{b} = (b_1,b_2,\ldots,b_m)^t$ est un vecteur colonne d'éléments de R. Il est évident que si le système (S) a une solution dans l'anneau, alors on a les égalités

$$(*)\qquad \mathcal{U}_i(A)= \mathcal{U}_i(A/\underline{b})\qquad i\geqslant 0\ ,$$

où $\mathcal{U}_i(A)$ (resp. $\mathcal{U}_i(A/\underline{b})$) est le i-ème idéal déterminantiel de la matrice des coefficients A (resp. de la matrice obtenue en bordant A par la (n+1)-ème colonne $\underline{b}$).

Un problème à résoudre consiste à fixer la classe d'anneaux pour lesquels la condition (*) est équivalente à l'existence de solutions pour (S) (ou bien à ce que le système (S) soit compatible). Une telle classe doit contenir les domaines de Prüfer ou Prüfériens (c'est à dire les anneaux intègres où tout idéal de type fini est inversible) d'après un résultat de |5|.

Pour la résolution de ce problème on va considérer la classe d'anneaux pour lesquels tout idéal de type fini est plat et que nous appellerons anneaux de Prüfer. D'une manière concrète, nous avons prouvé dans |11| le théorème suivant:

THÉORÈME.- Pour un anneau R, les conditions suivantes sont équivalentes:

(i) Pour qu'un système d'équations linéaires sur R, (S) : $A\underline{x}=\underline{b}$ ait une solution dans R il faut et il suffit que pour tout $i\geq 0$ soit

$$\mathcal{U}_i(A) = \mathcal{U}_i(A/\underline{b}).$$

(ii) R est un anneau de Prüfer.

Cet article est consacré à l'étude de cette classe d'anneaux. La première section contient des résultats sur la caractérisation et la génération des anneaux de Prüfer. Dans la seconde on donne des relations avec différents types d'anneaux et en particulier avec les anneaux semi-héréditaires.

1. ANNEAUX DE PRÜFER

DÉFINITION 1.1.- On dit que l'anneau R est de Prüfer si tout idéal de type fini est plat.

REMARQUE 1.2.- Dans le cas où R est intègre, pour tout idéal de type fini non nul les conditions plat, projectif et inversible sont équivalentes. Alors, la définition ci-dessus coincide avec celle correspondante aux domaines prüfériens pour laquelle on a dans |2| plusieurs caractérisations. Comme tout idéal dans R est la limite d'idéaux de type fini, l'anneau R est de Prüfer si et seulement si tout idéal est un R-module plat.

LEMME 1.3.- Soit R un anneau de Prüfer. Alors, pour tout R-module M et tout idéal I de R on a

$$\mathrm{Tor}_n^R(M, R/I) = 0 \quad , \ n\geq 2.$$

Preuve. On a la suite exacte

$$0 \longrightarrow I \longrightarrow R \longrightarrow R/I \longrightarrow 0 ,$$

d'où la suite exacte longue des Tor correspondante et puisque $\mathrm{Tor}_{n-1}^R(M,I)=0$ par hypothèse pour $n\geq 2$, on conclut le lemme.

THÉORÈME 1.4.- Soit R un anneau. Les conditions suivantes sont équivalentes:

(i) R est de Prüfer;

(ii) Pour tout idéal premier p de R, l'anneau local R_p est un anneau de valuation;

(iii) Pour tout idéal maximal m de R, l'anneau local R_m est un anneau de valuation;

(iv) R est arithmétique (c'est à dire pour trois idéaux a, b et c de R, on a $a\cap(b+c)=(a\cap b)+(a\cap c))$ et pour tout idéal maximal m de R, R_m est intègre;

(v) $td(R)\leq 1$, où td(R) est la dimension de torsion (dimension faible) de R;

(vi) Tout sous-module d'un R-module plat est plat.

Preuve. (i)=> (ii). C'est une conséquence de ce que tout idéal de type fini et plat est localement zéro ou bien principal engendré par un non diviseur de zéro. (ii)=>(iii) est trivial. De même, comme tout anneau de valuation est arithmétique et que la condition $a\cap(b+c)=(a\cap b)+$ $+(a\cap c)$ est locale, alors (iii)=> (iv). Comme un anneau local intègre est de valuation si et seulement si il est arithmétique (|2|) donc (iv)=>(i). L'implication (vi)=>(i) est évidente; il en est de même de (i)=>(vi) grâce au lemme (1.3). Ceci achève la démonstration du théorème car (v) et (vi) sont équivalentes d'après les définitions.

REMARQUE 1.5 .- Tout anneau de Prüfer est réduit. La condition (iv) est équivalente à l'égalité $a+(b\cap c)=(a+b)\cap(a+c)$ pour trois idéaux quelconques de R elle, est aussi équivalente au théorème chinois (|1|) L'anneau local $R=\mathbb{Z}/p^n.\mathbb{Z}$ est arithmétique mais il n'est pas de Prüfer.

La proposition suivante fournit un grand nombre d'exemples d'anneaux de Prüfer.

PROPOSITION 1.6 .- Soit R un anneau de Prüfer. Alors on a:

(i) Pour toute partie multiplicative S de R, $S^{-1}R$ est de Prüfer.

(ii) Si $R=\prod_{i=1}^{h} R_i$, alors R_i est de Prüfer. Réciproquement si chaque R_i est de Prüfer, le produit $\prod_{i=1}^{h} R_i$ est de Prüfer.

(iii) Si l'idéal zéro de R admet une décomposition comme intersection d'un nombre fini d'idéaux premiers, alors R est isomorphe à un produit de domaines de Prüfer.

(iv) Si a est un idéal de R, alors $R/\sqrt{a}$ est un anneau de Prüfer

Preuve. (i) est immédiat. (ii) est une conséquence du fait que pour tout idéal premier p de $R=\prod_{1\leqslant i\leqslant h} R_i$, il existe un entier j, $1\leqslant j\leqslant h$ et un idéal p_j de R_j tel que R_p est isomorphe à $(R_j)_{p_j}$. D'autre part dans un anneau de Prüfer il faut noter que pour deux idéaux premiers p et q, ou bien $p\subsetneq q$ $(q\subsetneq p)$ ou bien p et q sont étrangers, donc si $(0)=\bigcap_{1\leqslant i\leqslant h} p_i$ alors R est isomorphe à $\prod_{1\leqslant i\leqslant h} R/p_i$ d'où (iii). Pour prouver (iv) il faut voir que si a est un idéal avec $a=\sqrt{a}$ d'un anneau de valuation R, alors a est un idéal premier de R, et donc R/a est de valuation.

REMARQUE 1.7 .- Si R est de Prüfer , toute localisation R_p, où p est un idéal premier de R, est de valuation et par conséquence l'ensemble des idéaux premiers de R contenues dans p est totalement ordonné. Ainsi, pour deux idéaux premiers de R ou bien l'un est contenu dans l'autre ou bien ils sont étrangers. De même, un idéal premier d'un anneau de Prüfer est ou bien maximal ou bien facteur direct de l'anneau |12|.

2. ANNEAUX DE PRÜFER ET AUTRES ANNEAUX

Soit R un anneau intègre, pour un idéal de type fini de R, les conditions plat, projectif et inversible sont équivalentes. Ainsi il y a dans la littérature divers concepts qui donnent, par restriction aux anneaux intègres, les anneaux prüfériens. D'une manière concrète et comme cas particulier, si tout idéal de type fini d'un anneau est projectif alors on dit que l'anneau est semi-héréditaire donc de Prüfer. Il y a plusieurs caractérisations de la condition semi-héréditaire à l'aide de la condition Prüfer. Ainsi, on peut donner, entre autres, la proposition suivante:

PROPOSITION 2.1 .- Soit R un anneau. Les conditions suivantes sont équivalentes:

(i) R est semi-héréditaire;

(ii) R est de Prüfer et cohérent;

(iii) R est de Prüfer et la dimension de l'anneau total de fractions de R est zéro;

(iv) R est de Prüfer et l'annulateur de chaque élément de R

est un idéal de type fini.

Preuve. Voir |3| , |10|, et |12|.

EXEMPLE 2.2 .- Soit $\mathbb{N}$ avec la topologie discrète et $\beta\mathbb{N}$ la compactification de Stone-Čech de $\mathbb{N}$. Comme $\mathbb{N}$ est localement compact et σ-compact il résulte de |7| que l'espace $X = \beta\mathbb{N} - \mathbb{N}$ est un F-espace (c'est à dire, tout idéal de type fini de l'anneau C(X) des fonctions continues de X dans $\mathbb{R}$ est principal). On note R=C(X). Alors:

a) R est de Prüfer. En effet; soit $a = fR$. Prouver que l'idéal a est plat est équivalent à montrer que si $g \in R$ vérifie $g.f=0$, il existe h dans R avec $h.f=0$ et $g=h.g$. Si $g.f=0$ alors

$$Z(f) \cup Z(g) = X ,$$

où $Z(f)=\{x \in X \ : \ f(x)=0\}$ et $Z(g)= \{x \in X: \ g(x)=0\}$. Comme conséquence on a

$$(X-Z(f)) \cap (X-Z(g)) = \emptyset .$$

Comme X est un F-espace, d'après |7| on a que X-Z(f) et X-Z(g) sont complètement séparés; c'est à dire il existe une fonction h dans R telle que

$$h|_{X-Z(f)} = 0 ,$$

et

$$h|_{X-Z(g)} = 1 ,$$

Il est clair que la fonction h vérifie les conditions ci-dessus d'où la conclusion.

b) R n'est pas semi-héréditaire. D'après |7| l'espace X n'est pas basiquement non connexe. Alors, il existe g dans R telle que son support, $supp(g)= \overline{X-Z(g)}$, n'est pas un ouvert de X. Donc l'idéal principal gR de R n'est pas projectif |9| .

Il y a dans la littérature plusieurs définitions non équivalentes des anneaux de Prüfer qui généralisent les diverses caractérisations des domaines prüfériens. Suivant |10| nous donnons la définition suivante:

DÉFINITION 2.3 .- On dit que l'anneau R est G-Prüfer si tout idéal de type fini de R de degré plus grand ou égal à un est inversible.

REMARQUE 2.4 .- Il est facile à prouver que pour qu'un anneau soit G-Prüfer il faut et il suffit que tout idéal de type fini de degré plus grand ou égal à un soit plat. Donc tout anneau de Prüfer est un anneau G-Prüfer. L'anneau local $R = \mathbb{Z}/p^n.\mathbb{Z}$, p premier, est G-Prüfer mais non Prufer car il n'est pas intègre.

D'autre part, d'après |4| on peut donner la définition suivante:

DÉFINITION 2.5 .- On dit que l'anneau R est B-Prüfer si pour tout idéal maximal m de R, l'ensemble d'idéaux de l'anneau local R_m est totalement ordonné par l'inclusión.

REMARQUE 2.6 .- Les anneaux B-Prüfer sont les anneaux arithmétiques et il est clair qu'on a les implications

R est Prüfer =>R est B-Prüfer => R est G-Prüfer.

De nouveau $R= \mathbb{Z}/p^n.\mathbb{Z}$ est un anneau B-Prüfer et pas de Prüfer.

REFERENCES

|1| N. BOURBAKI, "Algèbre". Chap. 4 à 7. Masson 1981.

|2| ————————, "Commutative Algebra" English translation. Hermann Cie Addison Wesley. Pub. Co, Paris Reading, Mass 1972.

|3| ————————, "Algèbre homologique". Masson 1980.

|4| W. BRANDAL, "The commutative rings whose finitely generated modules decompose",Lecture Notes 723, Springer-Verlag. 1979.

|5| P. CAMION, L.S. LEVY and H.B. MANN, "Linear equations over commutative rings, J. Algebra 19 (1972), 432-446.

|6| O. ENDLER, "Valuation theory", Universitext. Springer-Verlag 1972.

|7| L. GILLMAN and M. JERISON, "Rings of Continuous Functions". Graduate Texts in Math. Springer-Verlag, 1976.

|8| R. GILMER, "Multiplicative Ideal Theory", M. Dekker, 1972.

|9| J. GLENN BROOKSHEAR, "Projective ideals in rings of continuous functions.Pacific J. of Math. Vol.71 Nº2,1977

|10| M. GRIFFIN, "Valuations and Prüfer rings". Can.J.Math., Vol XXVI, Nº 2, 1974.

|11| J.A. HERMIDA and T. SANCHEZ-GIRALDA, "Linear equations over commutative rings and determinantal ideals", à paraitre dans J. Algebra.

|12| W. VASCONCELOS, "On finitely generated flat modules".Trans. A. M. S. April 1969.

S. IKEDA et M. HERRMANN

Blowing-up rings of low multiplicity

Let $X' \to X$ be a blowing up of an algebraic variety X with center $Y \subset X$. In general the Cohen-Macaulay (CM) properties of X and X' are totally unrelated. On the other hand, if Y is locally a complete intersection and if the local cohomology modules of the affine vertex over X' are finitely generated in all orders $\leq \dim X$ then X' does surely become CM, s. [2], [4]. This gives one motivation to study arithmetic properties as well as geometric ones of the blowing up X' and its exceptional divisor. In particular: Replacing X by a local ring (R,M) and Y by an ideal I of R one should try to relate the CM-property of the Rees ring $\mathcal{R}(I) = \bigoplus_{n \geq 0} I^n$ to the CM-property of R, $\mathcal{R}(M) = \bigoplus_{n \geq 0} M^n$ and $gr_I R \otimes R/M$.

Here we follow the idea that for this questioning rings of low multiplicities are "better" than those of high multiplicities, i.e. by assuming certain restrictions on the multiplicities e(R) or e(R/I) we find indeed some partial answers to the problem. Corresponding to standard geometric situations we will restrict ourselves to equimultiple ideals I, i.e. $ht(I) = \ell(I)$ where ht(I) is the height and $\ell(I)$ the analytic spread of I.

In section 1 we report on the case I = M and I = q, where q is generated by a system of parameters. Section 2 describes the case of permissible ideals I = P in the sense of Zariski. Arbitrary equimultiple ideals I are considered in section 3.

0. NOTATIONS

a) If I is a proper ideal in (R,M), we define the reduction exponent r(I) as:
$r(I) = \inf\{n \mid$ there exists a minimal reduction J of I such that $I^n = JI^{n-1}\}$.

b) R is said to be normally Cohen-Macaulay along I (R nCM I) if $\operatorname{depth}(I^n/I^{n+1}) = \dim R/I$ for all $n \geq 0$. If $\dim R = \dim R/I + ht(I)$ then this condition implies equimultiplicity $ht(I) = \ell(I)$, s. [19].

c) An ideal I is said to be a complete intersection if it is generated by ht(I) elements. I is a generic complete intersection if IR_p is a complete intersection for all minimal primes P of I.

d) the ith local cohomology $H^i_J(R)$ of R with respect to an ideal $J \subset R$ is the ith right derived functor of

$\lim_{\to n} \mathrm{Hom}_R(R/J^n,R) = \bigcup_n (0:J^n)$, i.e.

$$H^i_J(R) = \lim_{\to n} \mathrm{Ext}^i_R(R/J^n,R).$$

e) A prime ideal P in (R,M) is called permissible, if R/P is regular and $e(R) = e(R_p)$. A permissible ideal is equimultiple, i.e. $ht(I) = \ell(I)$, by [18].

f) We denote the blowing up of R along an ideal I by $Bl_I(R)$ or by $Proj(\mathcal{R}(I))$ if no confusion about the ring R is possible.

1. BLOWING UP OF PRIMARY IDEALS

1.1. From the technical point of view it is reasonable to pay interest to Buchsbaum rings. For this class of rings we get under some assumptions on the vanishing of certain local cohomology groups $H^i_M(R)$ the Cohen-Macaulayness of the arithmetic and geometric blowing up of parameter ideals.

Furthermore the following phenomenon will occur in section 2: Given a permissible ideal $P \subset R$, which may be thought of as a "testideal" for the behaviour of $\mathcal{R}(M)$, we can transfer the CM-property of $\mathcal{R}(P)$ to the CM-property of $\mathcal{R}(\bar{M})$, where $(\bar{R},\bar{M})$ is a Buchsbaum ring obtained from R by dividing out a suitable system of parameters modulo P.

The Buchsbaum-property has no proper classifying aspect with respect to singularities but it seems to be a useful fact for the algebraic machinery. Here we want to motivate Buchsbaum rings as follows:

If R is a CM ring then $\mathcal{R}(q)$ is CM for all ideals q generated by a system of parameter [32]. The converse is not true. Shimoda and Goto have recognized those rings having this blowing-up property as certain Buchsbaum rings.

Definition: (R,M) is a Buchsbaum ring if $I(R) := \ell_R(R/q) - e(q)$ is independent of q, where q denotes an ideal generated by a system of parameters, ℓ the length-function and e the Samuel multiplicity.

This is equivalent to the fact that every system of parameters in R is a d-sequence [20].

The notion is frequent in geometry: Let X be a closed[1)] subscheme $\subset P^N_k$ of dimension d over an algebraically closed field k, let $R = S/I_X$ be the coordinate ring of X, where $S = k[X_0,\dots,X_N]$, and I_X denotes the defining ideals of X. If X is Cohen-Macaulay and equidimensional we get by duality for a projective scheme

1) This means that $O_X(1)$ is a very ample sheaf on X.

(s. [17], III, theorem 7.6) and by the general characterization of projective schemes (s. [17], III, theorem 5.2) that

(1) $$H^i(X,O_X(n)) = 0 \qquad \text{for } i < d, \text{ and } n \ll 0 \text{ or } n \gg 0.$$

Generally we have a canonical isomorphism of graded S-modules:

(2) $$\bigoplus_{n \in Z} H^i(X,O_X(n)) \simeq H_M^{i+1}(R), \quad i \geq 1,$$

and a canonical exact sequence

(3) $$0 \to H_M^o(R) \to R \to \bigoplus_{n \in Z} H^o(X,O_X(n)) \to H_M^1(R) \to 0.$$

Since $X = \text{Proj } R \simeq \text{Proj } R^{(\nu)}$ for all integers $\nu > 0$ (and $O(1)$ on $\text{Proj } R^{(\nu)}$ corresponds to $O_X(\nu)$) we get from (1) and (2) for all $m \neq 0$:

$$H_N^i(R^{(\nu)})_m = 0, \quad 2 \leq i < d \text{ and } \nu \gg 0, \quad m \neq 0,$$

where N is the maximal homogeneous ideal in $R^{(\nu)}$.

Furthermore $H_N^o(R^{(\nu)}) = 0$ because X is equidimensional.

Finally we deduce from (3) that $H_N^1(R^{(\nu)})_m = 0$ for $m \neq 0$, $\nu \gg 0$. This implies [28] that $R_N^{(\nu)}$ is Buchsbaum, i.e. $R^{(\nu)}$ is Buchsbaum.

If (R,M) is Buchsbaum then $M.H_M^i(R) = 0$ for all $i \neq \dim R = d$, and $I(R) = \sum_{i=0}^{d-1} \binom{d-1}{i} h_i(R)$, where $h_i(R) = \dim(H_M^i(R))$.

In Buchsbaum rings we have Goto's inequalities [6], [7]:

(1) $$e(R) \geq 1 + \sum_{i=1}^{d-1} \binom{d-1}{i-1} h_i(R)$$

(2) $$e(R) \geq \text{emb } R - d + 1 - I(R).$$

Note that $I(R) = 0$ characterizes Cohen-Macaulay rings.

If R is a Buchsbaum then R_P is CM for every $P \neq M$.

As we have already mentioned above, a graded ring $\mathcal{R}$ with a unique maximal homogeneous ideal $\mathfrak{m}$ is called Buchsbaum if $\mathcal{R}_{\mathfrak{m}}$ is a local Buchsbaum ring.

<u>Theorem 1.0 ([5] [9])</u>: For a local ring (R,M) of dim R = d the following statements are equivalent:

i) $\mathcal{R}(q)$ is Cohen-Macaulay for every ideal q generated by a system of parameters.

ii) R is Buchsbaum with $H_M^i(R) = 0$ for $i \neq 1, d$.

iii) There exists a Cohen-Macaulay ring $B \supset R$ in the total quotient ring of R such that B is finite as an R-module, $MB \subset R$ and $H_M^1(B) \simeq B/R$.

A proof for the equivalence of (i) and (ii) is given in the proof of proposition 1.2*.

<u>Corollary 1</u>: If R is a local domain of dimension 2 the condition (i) of theorem 1.0 is equivalent to

(ii') R is Buchsbaum.

<u>Corollary 2</u>: Assume that dpth R $\neq$ 1 in theorem 1.0. Then condition (i) id equivalent to

(ii'') R is Cohen-Macaulay.

For the case depth R = 1 one has the well known counterexample to corollary 2:

$$R = \frac{k[[X_1,X_2,X_3,X_4]]}{(X_1,X_2) \cap (X_3,X_4)}; \text{ here we have } H^1_M(R) = R/M.$$

For the geometric blowing up Goto [8] proved a corresponding result:

<u>Theorem 1.1</u>: For a local ring (R,M) the following conditions are equivalent:

i) Proj ($\mathcal{R}$(q)) is Cohen-Macaulay for every ideal q generated by a system of parameters.

ii) $R/H^0_M(R)$ is Buchsbaum.

To get some hint on the background of theorem 1.1, see the remark after the following theorem 1.2.

Theorem 1.0 was recently generalized by Brodmann [3] in showing:

<u>Theorem 1.2</u>: Let (R,M) be a local, d-dimensional ring and let t be a natural number $<$ d. Then the following statements are equivalent:

(i) $\mathcal{R}((x_1,\ldots,x_d)^t)$ is Cohen-Macaulay for each system of parameters $x_1,\ldots x_d$.

(ii) R is a Buchsbaum ring with $H^i_M(R) = 0$ for $i \neq 1,\ldots,t,d$.

We obtain a proof of Brodmann's result by proving the following proposition 1.2*, which is somewhat different from [3].

<u>Remark</u>: First we want to sketch some background of these facts: Blowing up parameter ideals is a well known procedure in the classical resolution process for singularities: Zariski and Jung used for the desingularization of surfaces generic projections and embedded resolution of the discriminant locus. Blowing up a point on the discriminant induces blowing up of a "thick" point on the given

surface.

Then the idea is that the more complicated the singularity is (e.g. the more it differs from being CM) the more we have to choose the blowing up center as a very thick point to "simplify" the given singularity.

Algebraically this situation can be described as follows: Let (R,M) be a two dimensional domain which is the quotient of a regular local ring. Then the canonical module K_R exists. From the exact sequence

$$0 \to R \to \mathrm{Hom}_R(K_R, K_R) \to C \to 0$$

we get $H^0_M(C) \simeq H^1_M(R)$ since K_R (and therefore $\mathrm{Hom}(K_R, K_R)$) satisfies Serre's condition S_2, s. [1], 1.10.

This shows that $H^1_M(R)$ has finite length (since C has finite length), i.e. the non-Cohen-Macaulay locus of R is zerodimensional. Therefore Proj $(\mathcal{R}(q))$ is CM for all parameter ideals $q \subset M^\nu$, $\nu \gg 0$, by [4].

<u>Proposition 1.2*</u> : Let (R,M) be an excellent quasi-unmixed local ring with a zero-dimensional non-Cohen-Macaulay locus, dim $R \geq 3$. Assume that $H^i_M(R) = 0$ for $t < i < d$ and for $i = 0$, t fixed. Then there exists an M-primary ideal I in R such that $\mathcal{R}(q^t)$ is Cohen-Macaulay for all parameter ideals $q \subset I$. [If R is Buchsbaum then $I = M$].

<u>Proof</u>: The condition on R imply $\ell(H^i_M(R)) < \infty$ for $i < d$. Therefore we find [31] an M-primary ideal I such that (if $\mathfrak{m}$ is the maximal homogeneous ideal of $\mathcal{R}(q)$) for all $q \subset I$:

$$H^0_{\mathfrak{m}}(\mathcal{R}(q)) \cong H^0_M(R)$$

$$H^1_{\mathfrak{m}}(\mathcal{R}(q)) = H^2(\ (q)) = 0$$

$$H^i_{\mathfrak{m}}(\mathcal{R}(q))_n = \begin{cases} H^{i-1}_M(R) & \text{for } 2-i \leq n \leq -1 \\ 0 & \text{otherwise.} \end{cases}$$

Hence by assumtion on $H^i_M(R)$ we get:

$$H^i_{\mathfrak{m}}(\mathcal{R}(q^t))_n = H^i_{\mathfrak{m}}(\mathcal{R}(q))_{nt} = 0$$

for all n, $i \leq d$, i.e. $\mathcal{R}(q^t)$ is CM for $q \subset I$.

For Buchsbaum rings R we have $\ell(H^i_M(R)) < \infty$ and $I = M$, so we obtain Brodmann's result.

<u>1.2.</u> The situation is more complicated if we consider the maximal ideal M instead of q. Now restrictions on multiplicities come in. In particular for two-dimensional rings R we have a well known result due to Goto and Shimoda:

Proposition 1.3: Let R be a local ring with $\dim R = 2$. Then the following condition are equivalent:

(i) $\mathcal{R}(M)$ is Cohen-Macaulay;

(ii) R is Cohen-Macaulay and

(iii) $\mathrm{emb}(R) = e(R) + 1$.

Proposition 1.4: Let $\dim R = 1$. Then $\mathcal{R}(M)$ is CM if and only if R is regular.

Both propositions follow from a more general statement:

Theorem 1.5 [10]: Let (R,M) be a local ring, I an equimultiple ideal in R with $s = \mathrm{ht}(I) > 0$. Let $\underline{a} = (a_1,\dots,a_s)$ be a minimal reduction of I. Then the following conditions are equivalent:

i) $\mathcal{R}(I)$ is CM and R is CM

(ii) $\mathrm{gr}_I R$ is CM and $I^S \subseteq \underline{a}R$.

For $I = M$ this theorem was proved by Goto and Shimoda [9].

The second condition in (ii) describes a restriction on the reduction exponent $r(I)$ of I. For hypersurfaces R by which we mean that $\mathrm{emb}(R) \leq \dim R+1$ and R is unmixed [22], we have $r(N) = e(R)$. As a consequence of theorem 1.5 we get two corollaries:

Corollary 1: Assume that R is a hypersurface. Then $\mathcal{R}(M)$ is Cohen-Macaulay if and only if $e(R) \leq \dim R$.

Corollary 2: Let (R,M) be a local ring such that

i) $\mathrm{gr}_M R$ is Cohen-Macaulay

(ii) $e(R) \leq \dim R$.

Then $\mathcal{R}(M)$ is Cohen-Macaulay.

Therefore for small multiplicities $e(R)$ of a Cohen-Macalulay ring R we can deduce the following list of cases in which $\mathcal{R}(M)$ is Cohen-Macaulay:

(I) $e(R) = 1$: $\mathcal{R}(M)$ is CM since R is regular.

(II) $e(R) = 2$: R is a hypersurface, i.e. $\mathrm{emb}(R) \leq \dim R+1$. Hence $\mathcal{R}(M)$ is CM if and only if $\dim R \geq 2$.

(III) $e(R) = 3$: a) If $\dim R = 1$, $\mathcal{R}(M)$ is not CM.

b) If $\dim R = 2$, then $\mathcal{R}(M)$ is CM if and only if R is not a hypersurface.

c) If $\dim R \geq 3$, then $\mathcal{R}(M)$ is CM.

For the geometric blowing up we mention a special result [10] for multiplicity 1:

Proposition 1.6: Let (R,M) be an excellent quasi-unmixed ring of $\dim R \geq 1$. Assume that

(i) R_P is Cohen-Macaulay outside M.

(ii) $e(R) = 1$.

Then $\mathrm{Proj}(\mathcal{R}(M))$ is regular.

Proof: Since R is excellent we may assume that R is complete. Then property (i) implies finite local cohomology, i.e. $\ell(H^i_M(R)) < \infty$ for $i < d$, $d = \dim R$. This has the following consequences:

a) Setting $\bar{R} = R/H^0_M(R)$, we get $e(\bar{R}) = e(R)$, since $\dim_R(H^0_M(R)) = 0$ and $\dim R \geq 1$.

b) The finiteness of cohomology implies [29] the existence of an M-primary ideal I such that $(a_1,\ldots,a_i) : a_{i+1} = (a_1,\ldots,a_i) : I$ for every system of parameters $a_1,\ldots,a_d$ in I. Let $(0) = Q_1 \cap \ldots \cap Q_r \cap Q_{r+1} \cap \ldots \cap Q_s \cap Q$, where the ideals $Q_1,\ldots,Q_r$ are of dimension d, $Q_{r+1},\ldots,Q_s$ of $\dim < d$ and where Q is M-primary. Then for an element $a \in Q_{r+1} \cap \ldots \cap Q_s \cap Q \setminus \bigcup_{i=1}^{r} \sqrt{Q_i}$ and for suitable n we get $0:a^n = 0:M^n = H^0_M(R)$, hence $\mathrm{Ass}(R) \subseteq \mathrm{Ass}\, h(R) \cup M$ where $\mathrm{Ass}\, h(R)$ is the set of primes P_i belonging to the Q_i for $i = 1,\ldots,r$.

Therefore $\bar{R}$ is unmixed in the sense of Nagata and $e(\bar{R}) = e(R) = 1$ by condition (ii), i.e. R is regular [22], theorem 40.6. Hence $Bl_{\bar{M}}(\bar{R}) \simeq Bl_M(R)$ is regular, q.e.d.

Remarks:

1) The same proof works if "R excellent" is replaced by "the formal fibres are Cohen-Macaulay".

2) Note that an excellent quasi-unmixed ring need not to be unmixed in the sense of Nagata (Nagata's unmixedness means that every prime divisor of the zero-ideal in the completion has dimension equal to dim R). Example: $R = k[[X,Y]]/(X^2,XY)$, k a field. This ring satisfies the conditions (i) and (ii) of proposition 1.6, but it is of course not CM.

1.3. Ikeda [11] has shown that the Buchsbaum property of R is necessary for $\mathcal{R}(RM)$ being CM:

Teorem 1.7: Assume for a local ring (R,M,k) that $\mathcal{R}(M)$ is Cohen-Macaulay. Then

R is a Buchsbaum ring of depth R $\geq$ 2.

Idea of the proof (after Ikeda):

I) The assumption implies [11] for G = $gr_M R$ and $i < d$:

$$H^i_M(G)_n = \begin{cases} H^i_M(R) & , \quad n = -1 \\ 0 & , \quad n \neq -1 , \end{cases}$$

therefore [29] G is a Buchsbaum module over $\mathcal{R}(M)$. We may assume that R is complete, i.e. R is the quotient of a regular local ring B. Therefore we get

$$S: = B[X_1,\ldots,X_n]_N \twoheadrightarrow \mathcal{R}(M)_H \twoheadrightarrow G_H$$

where degree 1 is given to the X_ν and N, H are the maximal homogeneous ideals in $B[X_1,\ldots,X_n]$ and $\mathcal{R}(M)$ respectively. By [30] the finitely generated S-Modul G_H is Buchsbaum if and only if the canonical map

(1) $$\mathrm{Ext}^i_S(k,G_H) \longrightarrow H^i_{\underline{n}}(G_H) , \qquad i < \dim E,$$

is an epimorphism ($\underline{n}$ is the maximal ideal in S).

Putting $\mathcal{R} = \mathcal{R}(M) = R[MT]$, T an indeterminate, and choosing a non-zero-divisor $a \in R$ (as a part of a minimal reduction of M) one has two exact sequences

(2)
$$0 \longrightarrow G(-1) \longrightarrow \frac{\mathcal{R}}{a\mathcal{R}} \longrightarrow \frac{\mathcal{R}}{(a,aT)} \longrightarrow 0$$
$$0 \longrightarrow R \longrightarrow \frac{\mathcal{R}}{aT} \longrightarrow \frac{\mathcal{R}}{(a,aT)} \longrightarrow 0.$$

Applying the cohomology functor to these sequences and using (1) it comes out that the canonical map

(3) $$\mathrm{Ext}^i_S(k,R) \longrightarrow H^i_{\underline{n}}(R).$$

is an epimorphism. Since R is finitely generated over a regular local ring we know by [30] that R is Buchsbaum.

II) That depth R $\geq$ 2, can be shown "by hand"; s. [11]

Remark: In general G Buchsbaum doesn't imply R Buchsbaum. One really needs the Cohen-Macaulay property of $\mathcal{R}(M)$ for Ikeda's proof.

As a consequence of Ikeda's theorem we get the following result.

Proposition 1.8 [16]: If (R,M) is a non-Cohen-Macaulay ring with a Cohen-Macaulay Rees ring $\mathcal{R}(M)$, then $e(R) \geq \dim R$.

Proof: In the Buchsbaum ring R we have Goto's inequality

$$e(R) \geq 1 + \sum_{i=1}^{d-1} \binom{d-1}{i-1} h_i(R)$$

Since depth $R \geq 2$ and R_P is CM for all $P \neq M$ we get $h^0(R) = h^1(R) = 0$. By assumption there exists at least one i $(2 \leq i \leq d-1)$ with $h_i(R) \neq 0$. Hence $e(R) \geq \dim R$.

Remark: The statement of proposition 1.8 shows that our general line of thought saying "rings of low multiplicities have possibly good blowing up properties", must be modified a bit to "low but $\geq$ dim R" if the given ring (R,M) is difinitely not CM; see in particular also proposition 3.1,c).

Proposition 1.8 implies the next corollary:

Corollary: For $e(R) \neq \dim R$ the following conditions are equivalent:

(i) $\mathcal{R}(M)$ is Cohen-Macaulay.

(ii) $gr_M R$ is Cohen-Macaulay.

Example 1.1. ($e(R) = \dim R$):

$$R = k[[X_1,X_2,X_3,Y_1,Y_2,Y_3]] \;/\; (X_1Y_1+X_2Y_2+X_3Y_3,(Y_1,Y_2,Y_3)^2);$$ k is a field, X_i, Y_i are indeterminates. This is a non-Cohen-Macaulay Buchsbaum ring with $e(R) = \dim R = 3$. And $\mathcal{R}(M)$ is Cohen-Macaulay [11].

Example 1.2. ($e(R) < \dim R$):

$R = k[[s^2,s^3,st,t,u]]$; k a field; s,t,u indeterminates. We have $e(R) = 2 < \dim R = 3$. It is well known that $T = [[s^2,s^3,st,t]]$ is a Buchsbaum ring, hence $R = T[[u]]$ is not Buchsbaum, in particular not CM. Therefore $\mathcal{R}(M)$ cannot be CM.

Example 1.3. ($e(R) < \dim R$); s. [16]

$R = k[[X]]/I_2(X)$, where $X = (X_{ij})$ is the 2x3 matrix of indeterminates X_{ij} over a field k, and $I_2(X)$ is the ideal generated by the 2x2 minors of X.

Then R is CM, $e(R) = 3 < \dim R = 4$, $emb(R) = 6$. Since $e(R) = emb(R) - \dim(R)+1$, we know that $gr_M R$ is CM. Hence $\mathcal{R}(M)$ is CM by the corollary.

Remark: If we consider Cohen-Macaulay ring R, then the Cohen-Macaulayness of the Rees ring $\mathcal{R}(M)$ doesn't imply a rigid inequality between e(R) and dim(R); see [16] section 2.

2. PERMISSIBLE IDEALS

2.1. In this section we moot this question: If the multiplicity $e(R)$ is small with respect to the height of a given permissible ideal $P \neq M$ which has a Cohen-Macaulay Rees ring $\mathcal{R}(P)$, what can we say about the behaviour of R and $\mathcal{R}(M)$?

The case $ht(P) = 1$ is clear: If $\mathcal{R}(I)$ is CM for any equimultiple ideal I of height 1, then I is principal and R is CM; s. [10], prop. 4.11 or [15], prop. 1.5. Moreover if this ideal $I = P$ is also permissible, i.e. if $M = P + \underline{x}R$ for a system $\underline{x}$ of parameters mod P, then we know by the transitivity of the CM-property for Rees rings [16] that $\mathcal{R}(M)$ must be CM.

This result is also clear by the following lemma.

Lemma 2.1: Let $P \neq M$ be a permissible ideal in R of height 1. Then $\mathcal{R}(P)$ is Cohen-Macaulay if and only if R is regular.

Geometric interpretation of 2.1: Let X be a variety, $x \in X$. Assume that there is an equimultiple subvariety Z of codimension 1 through x which is non-singular at x. If the vertex of the affine cone over the blowing up of Spec $O_{X,x}$ along Spec $O_{Z,x}$ is a Cohen-Macaulay singularity then X is nonsingular at x.

Proof of lemma 2.1: Let $\mathcal{R}(P)$ be CM. Since $ht(P) = \ell(P) = 1$, P is generated by one element f, s. [15], prop. 1.5. By assumption we have $M = fR + (x_1,\dots,x_{d-1})R$ where $x_1,\dots,x_{d-1}$ form a regular system of parameters mod P. Hence R is regular.

The converse is obvious since R and R/P regular imply that P is generated by a regular sequence.

For arbitrary height we get the following restriction on the reduction exponent $r(M)$.

Lemma 2.2: If there exists a permissible ideal $P \neq M$ in (R,M) with $\mathcal{R}(P)$ Cohen-Macaulay then

$$r(M) \leq ht(P) < \dim(R).$$

Proof: By assumption $P^t = \underline{a}P^{t-1}$ (s. [15], prop. 1.5), where $t = ht(P)$ and $\underline{a}$ is a minimal reduction of P. Since $M = P + \underline{x}R$ for a suitable system of parameters $\underline{x}$ mod P, we obtain:

$$M^t = P^t + \underline{x}M^{t-1} = \underline{a}P^{t-1} + \underline{x}M^{t-1}, \quad \text{hence}$$

$$M^t \subseteq \underline{a}M^{t-1} + \underline{x}M^{t-1} = (\underline{a}R + \underline{x}R)M^{t-1}, \quad \text{i.e.}$$

$$M^t = (\underline{a}R + \underline{x}R)M^{t-1}.$$

Remark 1: If $t = 2$ then either $r(M) = 1$ or $r(M) = 2$. In the first case R is regular. In the second case we have $M^2 = (\underline{a}R + \underline{x}R)M$. The next proposition 2.3 shows that then R is CM, hence $gr_M R$ is CM, i.e. $\mathcal{R}(M)$ is CM by [10], theorem 4.8.

Remark 2: If R/M is not algebraically closed we cannot expect to find a regular prime ideal $P \neq M$, as we can see in the following example.

Example 2.1: $R = \mathbb{R}[[X_1,\dots,X_n]] / (X_1^2 + \dots + X_n^2)$, where $\mathbb{R}$ is a real field and $X_1,\dots,X_n$ are indeterminates, $n \geq 1$.

If P is a regular prime in R, then

$$gr_{M/P}(R/P) \simeq \mathbb{R}[Z_1,\dots,Z_r] \simeq \frac{\mathbb{R}[X_1,\dots,X_n]}{(Y_1,\dots,Y_s)},$$

where $s = n-r$, $\deg Y_i = 1$ for $i = 1,\dots,s$, and $(Y_1,\dots,Y_s) \supset (X_1^2 + \dots + X_n^2)$.

Hence $V = V(X_1^2 + \dots + X_n^2)$ contains a linear subspace L with $\dim L \geq 1$. L contains $\mathbb{R}$-rational points but of course V does not. This is a contradiction.

Proposition 2.3: Let $P \neq M$ be an ideal in a local ring (R,M) such that

(i) $\mathcal{R}(P)$ is Cohen-Macaulay

(ii) $ht(P) = \ell(P) = 2$

(iii) R/P regular.

Then R and $\mathcal{R}(M)$ are Cohen-Macaulay.

Proof: By assumption $M = P + \underline{x}R$, where $\underline{x} = \{x_1,\dots,x_r\}$ form a regular system of parameters mod P, $r = \dim R/P$. $\mathcal{R}(P)$ Cohen-Macaulay and $ht(P) = \ell(P)$ imply that R is normally Cohen-Macaulay along P, s. [15], prop. 1.5. Therefore $\underline{x}$ is a regular sequence on P^n/P^{n+1} for $n \geq 0$, hence on R too. Furthermore [16] $\underline{x}$ is part of a system of parameters on $\mathcal{R}(P)$, i.e. $\mathcal{R}(P)/\underline{x}\mathcal{R}(P) = \mathcal{R}(\bar{M})$ is Cohen-Macaulay, where $\bar{M} = M/\underline{x}R$ is the maximal ideal of $R = \bar{R}/\underline{x}R$. By theorem 1.7 we know that depth $\bar{R} \geq 2$. But $\dim \bar{R} = ht(P) = 2$, hence $\bar{R}$ and R must be Cohen-Macaulay. Therefore $\mathcal{R}(M)$ is Cohen-Macaulay by [16], theorem 1. [See also remark 1 to lemma 2.2].

There is a somewhat different proof of Ikeda for 2.3 in [13].

Question: Let P be a prime ideal in R such that

(i) $\mathcal{R}(P)$ is CM

(ii) $ht(P) = \ell(P) = 2$.

Is R Cohen-Macaulay?

For ideals which are not prime we have the following counterexample to example to this question:

Example 2.2: $R = k[[s^2, s^3, st, t]]$ with s,t indeterminates over a field k. Then dim R = 2, depth R = 1 and $x_1 = s^2$, $x_2 = t$ is a system of parameters in R. Since R is a Buchsbaum local domain of dimension 2 one can deduce from Corollary 1 of theorem 1.0 that for $I = x_1R + x_2R$ the Rees ring $\mathcal{R}(I)$ is Cohen-Macaulay.

For $ht(P) = \ell(P) = 3$, P a prime ideal, we also know a counterexample, due to Ikeda (compare example 1.1):

Example 2.3: Let $A = k[[X_1,X_2,X_3,Y_1,Y_2,Y_3]]/(X_1Y_1+X_2Y_2+X_3Y_3,(Y_1,Y_2,Y_3)^2)$. Take $R: = A[[T_1,\dots,T_n]]$ with indeterminates $T_1,\dots,T_n$. Let P = NR, where N denotes the maximal of A. Then P is an equimultiple prime ideal of ht(P) = 3.

Since $\mathcal{R}(N)$ is CM by [11] and R is faithfully flat over A, $\mathcal{R}(P)$ is CM; but R does not even satisfy S_3. Note that $\mathcal{R}(M)$ is not CM for the maximal ideal $M \subset R$; otherwise R had to be a Buchsbaum ring.

Remark: Note that for any prime ideal P, $\mathcal{R}(P)$ CM implies $\mathcal{R}(PR_P)$ is CM. This means for $ht(P) = \ell(P) = 1$ that R_P is regular. If $ht(P) = \ell(P) = 2$, we deduce from theorem 1.7 that R_P is Cohen-Macaulay; which is not true in general for $ht(P) = \ell(P) \geq 3$. We also get for ht(P) = 2 by [15], prop. 1.5 and [10], theorem 4.8 that depth $R \geq \dim R-1$ and $r(P) \leq 2$. These informations may justify our "question" whether R is already CM under the condition (i) and (ii).

2.2. We have seen in lemma 2.2 that a permissible ideal $P \nsubseteq M$ with $\mathcal{R}(P)$ Cohen-Macaulay has to satisfy the condition $r(M) \leq ht(P) < \dim R$. If R is a hypersurface, this means $e(R) \leq ht(P) < \dim R$, hence $\mathcal{R}(M)$ is Cohen-Macaulay by corollary 1 of theorem 1.5 in that case. This motivates the restriction on e(R) in the next theorem and the following propositions.

Theorem 2.4: Let $P \nsubseteq M$ be a permissible ideal in a local ring (R,M) with $t = ht(P) \geq 2$. Assume that

(i) $\mathcal{R}(P)$ is Cohen-Macaulay

(ii) $e(R) < ht(P)$

Then R and $\mathcal{R}(M)$ are Cohen-Macaulay.

Proof: By assumption $M = P + \underline{x}R$, where $\underline{x} = \{x_1,\dots,x_r\}$ form a regular system of parameters mod P, r = dim R/P. By [18], we may assume that $\{x_1,\dots,x_r\}$ is a sequence of superficial elements with $e(R/\underline{x}R) = e(R)$.

We put $\bar{R} = R/\underline{x}R$ and $\bar{M} = M/\underline{x}R$. As in the proof of proposition 2.3 we deduce from condition (i) and theorem 1.7 that $\bar{R}$ is a Buchsbaum ring of depth $R \geq 2$, i.e. $h_o(\bar{R}) = h_1(\bar{R}) = 0$.

The case $t = 2$ is clear by proposition 2.3. Let $t \geq 3$ and assume that $\bar{R}$ is a non-Cohen-Macaulay ring. Now we use explicitly that $\bar{R}$ is Buchsbaum:

There is at least one i, $2 \leq i \leq t-1$, with $h_i(\bar{R}) \neq 0$, hence by Goto's inequality for multiplicities in Buchsbaum rings

$$e(\bar{R}) \geq 1 + \sum_{i=1}^{t-1} \binom{t-1}{i-1} h_i(\bar{R}) ,$$

we get $e(R) = e(\bar{R}) \geq t$, in contradiction to (ii). Therefore $\bar{R}$, R and $\mathcal{R}(M)$ are Cohen-Macaulay-rings.

We give two counterexamples for $e(R) \geq ht(P)$:

Example 2.4 (Ikeda [12]) for $e(R) > ht(P)$:

Let k be a field of char k = 2.

Let $A = k[[X_1,X_2,X_3,Y_1,Y_2,Y_3,Y_4]]/I$, where

$$I = (X_1Y_1 + X_2Y_2 + X_3Y_3, Y_1^2, Y_2^2, Y_3^2, Y_4^2, Y_1Y_4, Y_2Y_4, Y_3Y_4, Y_1Y_2 - X_3Y_4,$$
$$Y_2Y_3 - X_1Y_4, Y_1Y_3 - X_2Y_4).$$

N denotes the maximal ideal of A.

(A,N) is a Buchsbaum ring of multiplicity $e(A) = 4$ and $\dim A = 3$. $\mathcal{R}(N)$ is Gorenstein.

Let $R = A[[T_1,\ldots,T_s]] \supset P = NR$. Then we have: P is permissible and $\mathcal{R}(P)$ is CM. But R is not CM, hence $\mathcal{R}(M)$ is not CM by [16], theorem 2. Note that now $ht(P) = 3 < e(R) = 4$.

Example 2.5 for $e(R) = ht(P)$:

We take the ring of example 2.3, i.e. $R = A[[T_1,\ldots,T_n]]$, where $A = k[[X_1,X_2,X_3,Y_1,Y_2,Y_3]]/(X_1Y_1+X_2Y_2+X_3Y_3, (Y_1,Y_2,Y_3)^2)$. P = NR (where N is the maximal ideal in A) is permissible on R. Now we have $e(R) = ht(P) = 3$. We know already that R and $\mathcal{R}(M)$ are not CM.

This example shows that we cannot replace condition (ii) in theorem 2.4 by $e(R) \leq ht(P)$.

Remark: One can sharpen condition (ii) of theorem 2.4 in a sense: Since $\bar{R} = R/\underline{x}R$ is Buchsbaum in the proof of the theorem, we obtain [6]:

$$e(\bar{R}) = 1 + \sum_{i=1}^{t-1} \binom{t-1}{i-1} h_i(\bar{R}) + \ell(\bar{M}/\bar{J}) ,$$

where $\bar{J} = \sum_{1}^{s} (\bar{y}_1,\ldots,\check{\bar{y}}_i,\ldots,\bar{y}_t) : \bar{y}_i$ and $(\bar{y}_1,\ldots,\bar{y}_t)$ is any minimal reduction of $\bar{M}$.

The images $\tilde{x}_1,\ldots,\tilde{x}_{d-t}$ of $x_1,\ldots,x_{d-t}$ mod P form a minimal reduction of M/P, d = dim R, d-t = r.

Denoting $\bar{y}_1,\ldots,\bar{y}_t$ by $\bar{x}_{d-t+1},\ldots,\bar{x}_d$ we have

$$J = \sum_{i=d-t+1}^{d} (x_1,\ldots,x_{d-t};\ x_{d-t+1},\ldots,\check{x}_i,\ldots,x_d) : x_i,$$

hence $J \subsetneq I_{\underline{x}} := \sum_{i=1}^{d} (x_1,\ldots,\check{x}_i,\ldots,x_d) : x_i,\ \underline{x} = \{x_1,\ldots,x_d\}$.

Assuming that $\bar{R}$ is a non-Cohen-Macaulay-ring in the proof of theorem 2.4 we get more exactly

(1) $$e(R) = e(\bar{R}) \geq t + \ell(M/I_{\underline{x}}).$$

Putting $\varepsilon = \min_{I_{\underline{x}}} \ell(M/I_{\underline{x}})$, where $I_{\underline{x}}$ runs over all minimal reductions of M, (1) implies

(2) $$e(R) \geq t + \varepsilon.$$

Therefore on principle we could replace condition (ii) in theorem 2.4 by

$$e(R) < ht(P) + \varepsilon .$$

In example 2.5 the corresponding ring $\bar{R}$ is certainly not CM (otherwise R would be CM). Since condition (i) is fulfilled in this example, we deduce that $e(R) = 3 \geq ht(P) + \varepsilon = 3 + \varepsilon$, hence $\varepsilon = 0$.

In example 2.4 we have $e(R) = 4 \geq 3 +$, hence $\varepsilon \leq 1$.

Of course, generally there is no hope to compute ε.

The next proposition 2.5 tells us that for rings of multiplicity we don't need the strong condition (ii).

<u>Proposition 2.5</u>: Let $P \neq M$ be a permissible ideal in (R,M) with $ht(P) \geq 2$. Assume that

(i) $\mathcal{R}(P)$ is Cohen-Macaulay

(ii) $e(R) = 2$.

Then R and $\mathcal{R}(M)$ are Cohen-Macaulay.

<u>Proof</u>: The claim follows from proposition 2.3 and theorem 2.4.

<u>2.3.</u> For permissible ideals in excellent rings containing a field, we give another upper bound for multiplicities in this frame; see also [10], prop. 5.18.

Proposition 2.6: Let (R,M) be an excellent ring containing a field. Let P be a permissible ideal in R, $ht(P) \geq 2$. Assume that

(i) R is Cohen-Macaulay outside of M

(ii) $\mathcal{R}(P)$ is Cohen-Macaulay

(iii) $e(R) \leq \dim(R/P) + 2$.

Then R and $\mathcal{R}(M)$ are Cohen-Macaulay-rings.

Proof: The same arguments as in the proofs of proposition 2.3 and theorem 2.4 show that we find a regular system $\underline{x}$ of parameters mod P such that the ring $\bar{R} = R/\underline{x}R$ has depth $\bar{R} \geq 2$. Since $\underline{x}$ is a regular sequence on R, we get that depth $R \geq r+2$ with $r = \dim R/P$, hence R satisfies S_{r+2} by (i). Therefore R is Cohen-Macaulay by [21], [10], i.e. $\mathcal{R}(M)$ is Cohen-Macauly.

Remark: For $ht(P) = 2$ condition (iii) means $e(R) \leq \dim R$. But for $ht(P) = 2$ we know already by proposition 2.3 that $\mathcal{R}(M)$ is CM - without assuming (i) and (iii).

A corresponding statement is true for the geometric blowing up (see also [10], prop. 5.15). For that let $R \to R_1$ be a local homomorphism obtained by blowing up R along P.

Proposition 2.7: Let (R,M) be an excellent local ring containing a field. Let $P \neq M$ be a regular prime ideal in R. Assume that

(i) $\mathrm{Proj}(gr_P R) \to \mathrm{Spec}(R/P)$ is a flat morphism.

(ii) R_1 is CM outside the maximal ideal M_1 of R_1.

(iii) $e(R) \leq \dim(R/P) + 1$.

Then R_1 is Cohen-Macaulay.

Proof: $M = P + \underline{x}R$, where $\underline{x} = \{x_1,\dots,x_r\}$ is a system of parameters mod P and $r = \dim R/P$. Condition (i) implies by [24] that P^n/P^{n+1} is Cohen-Macaulay over the (regular) ring R/P for $n \gg 0$. Furthermore $\underline{x}$ is a regular sequence on R_1/PR_1, i.e. depth $R_1 \geq r+1$. Hence R_1 satisfies S_{r+1} by (ii).

Since P is equimultiple, we have $e(R_1) \leq e(R) \lneq r+1$ by [23] and condition (iii).

R_1 is the localization of a ring of finite type over an excellent ring, hence it is an excellent ring too, containing a field. Then the claim of proposition 2.7 follows from Huneke's theorem [21], [10].

2.4. Finally we ask for the Cohen-Macaulay property of the coordinate ring $F_M = gr_P(R) \otimes R/M$ of the fibre of the blowing up $\pi : \mathrm{Proj}(\mathcal{R}(P)) \to \mathrm{Spec}\, R$ over the closed point M, if $\mathcal{R}(P)$ is CM.

Theorem 2.8: Let $P \neq M$ be a permissible ideal in (R,M) of height ≥ 3. Assume that

$\mathcal{R}(P)$ is Cohen-Macaulay. Then the following conditions are equivalent:

(i) F_M is Cohen-Macaulay.

(ii) $\mathcal{R}(M)$ is Cohen-Macaulay.

(iii) R is Cohen-Macaulay.

Proof: As in the proof of theorem 2.4 we may assume that $M = P + \underline{x}R$; $\underline{x} = \{x_1, \dots, x_r\}$, $r = \dim R/P$, is a sequence of superficial elements such that $e(R/\underline{x}R) = e(R)$.

Futhermore $\underline{x}$ is a regular sequence of homogeneous elements on $gr_P R$ (since R is normally Cohen-Macaulay along P by the assumption on $\mathcal{R}(P)$), and $\mathcal{R}(\bar{M})$ is CM (see proof of prop. 2.3). Putting $\bar{R} = R/\underline{x}R$ and $\bar{M} = M/\underline{x}R$, we have:

$$F_M = gr_P R \,/\, \underline{x}\; gr_P R = gr_{\bar{M}} \bar{R}.$$

Since $\mathcal{R}(\bar{M})$ is CM, $F_M = gr_{\bar{M}}\bar{R}$ is CM if and only if $\bar{R}$ (and therefore R) is CM, s. [10], theorem 4.8. Since $\mathcal{R}(P)$ is CM by assumption, R is CM if and only if $\mathcal{R}(M)$ is CM by [16], theorem 2. This proves the claim.

For non-Cohen-Macaulay rings (R,M) we can characterize completely the fibres F_M if $e(R) = 3$.

Proposition 2.9: Let $P \neq M$ be a permissible ideal of height $t \geq 3$ in a non-Cohen-Macaulay ring (R,M). Assume that

(i) $\mathcal{R}(P)$ is Cohen-Macaulay

(ii) $e(R) = 3$.

Then
$$F_M \simeq \frac{k[X_1, X_2, X_3, Y_1, Y_2, Y_3]}{(X_1Y_1 + X_2Y_2 + X_3Y_3, (Y_1, Y_2, Y_3)^2)} \quad ;$$

i.e. in particular that F_M is a Buchsbaum ring ("Ikeda-ring").

Proof: Using the same notations as in the proofs of theorem 2.8 and theorem 2.4, we deduce from (i): $e(R) = e(\bar{R}) \geq t \geq 3$, hence $t = 3$ by condition (ii).

Therefore $(\bar{R}, \bar{M})$ is a non-Cohen-Macaulay Buchsbaum ring with $e(\bar{R}) = \dim \bar{R} = 3$ satisfying S_2 (since depth $R \geq 2$). Now Ikeda [12] has recently proved that in this case $gr_{\bar{M}}\bar{R}$ is uniquely determined by

$$gr_{\bar{M}}\bar{R} = \frac{k[X_1, X_2, X_3, Y_1, Y_2, Y_3]}{(X_1Y_1 + X_2Y_2 + X_3Y_3, (Y_1, Y_2, Y_3)^2)}$$

3. ARBITRARY EQUIMULTIPLE IDEALS

3.1. Besides using equimultiple "testideals" I as before in proposition 2.3 and theorem 2.4 (where I was in particular permissible) we now assume restrictions on the multiplicity of R or R/I to get informations about the structure of $\mathcal{R}(M)$. Recall that the typical properties of a "testideal" I - $\mathcal{R}(I)$ is CM and $ht(I) = \ell(I) =: t$ - imply that R is normally CM along I, and as a consequence we get depth $R \geq d - t + 1$. The permissibility of I in section 2 will now be partly "replaced" by the Buchsbaum property of R.

Proposition 3.1: Let (R,M) be a Buchsbaum ring of dimension $d \geq 3$. Let I be a proper ideal in R of height $t < d$. Assume that

(i) $\mathcal{R}(I)$ is Cohen-Macaulay

(ii) $ht(I) = \ell(I) \geq 2$.

Then the following statements hold:

a) If $e(R) < d$, R is Cohen-Macaulay.

b) If $e(R) = d$ and $r(M) \geq 3$, R is Cohen-Macaulay.

c) If $e(R) \leq 3$, $\mathcal{R}(M)$ is Cohen-Macaulay.

Proof: a) Condition (i) and (ii) imply [15] depth $R \geq d-t+1$, i.e. $h_i(R) = 0$ for $i \leq d-t$ in our case. Therefore we get [6]:

$$(1) \qquad e(R) = 1 + \binom{d-1}{d-t} h_{d-t+1} + \dots + \binom{d-1}{d-3} h_{d-2} + (d-1) h_{d-1} + \ell(M/J) ,$$

where $J = \sum_{1}^{d} (y_1, \dots, \check{y}_i, \dots, y_d) : y_i$ and $(y_1, \dots, y_d)$ is a minimal reduction of M.

Since $e(R) < d$, $h_i(R) = 0$ for $i \neq d$, i.e. R is CM.

b) Let $e(R) = d$. Assume that R is not CM. Then equation (1) implies $h_{d-t+1} = \dots = h_{d-2} = 0$, $h_{d-1} = 1$ and $\ell(M/J) = 0$. The last equality yields $r(M) \leq 2$, in contradiction to $r(M) \geq 3$ in b).

c) We test the multiplicities $e(R) = 1,2$ and 3:

If $e(R) = 1$ then R is regular, hence $\mathcal{R}(M)$ is CM.

If $e(R) = 2$, R is CM by statement a). Then we know that $emb(R) \leq e(R) + d - 1 = d + 1$, i.e. R is a hypersurface with $e(R) \leq d$, hence $\mathcal{R}(M)$ is CM, s. [10], Cor. 5.5

If $e(R) = 3$, we consider two cases:

Case 1: R is CM. Then $emb(R) \leq d + 2$: If $emb(R) \leq d + 1$ then we have again the hypersurface case with $e(R) \leq d$, i.e. $\mathcal{R}(M)$ is CM.

If $emb(R) = d + 2$, i.e. $emb(R) = e(R) + d - 1$, then we have $M^2 = \underline{a}M$ for a minimal reduction $\underline{a}$ of M by [25], hence $gr_M R$ and $\mathcal{R}(M)$ are CM, s. [10], theorem 4.8.

Case 2: R is a non-Cohen-Macaulay-ring. Then relation (1) tells us that

1) $d = \dim R = 3$

2) $h_2(R) = 1, \quad h_i(R) = 0 \quad$ for $i \neq 2,3$

3) $\ell(M/J) = 0$.

Therefore we have again $M^2 = \underline{a}M$, hence $G = gr_M R$ is Buchsbaum by [6], in particular [12] it is isomorphic to the "Ikeda ring". The local cohomology of G is by [6]:

$$H_M^i(G)_n = \begin{cases} H_M^i(R) & \text{for } n = 1-i \\ 0 & \text{for } n \neq 1-i \end{cases}, \quad i = 1,2$$

$$H_M^3(G)_n = 0 \qquad \text{for } n \geq 0.$$

Since $H_M^2(R) \neq 0$, this means for $i < d = 3$:

$$H_M^i(G)_n = \begin{cases} H_M^i(R) & \text{for } n = -1 \\ 0 & \text{for } n \neq -1. \end{cases}$$

Therefore we know by [15], prop. 2.2 that $\mathcal{R}(M)$ is CM.

Question 1: Is proposition 3.1 true without assuming R is Buchsbaum? Note that this property implies together with the conditions (i) and (ii) that R satisfies S_2. And only that fact has to be used in the proof of a), b) and c).

Question 2: Assume that

(i) (R,M) is Buchsbaum with $\dim R \geq 3$.

(ii) $\mathcal{R}(I)$ is Cohen-Macaulay.

(iii) $ht(I) = \ell(I) = 2$.

How far is R from being Cohen-Macaulay?

The next proposition 3.2 and 3.4 give partial answers to question 2.

Definition: $P^* = gr_M(P,R)$ is the ideal of the initial forms of P with respect to M.

Proposition 3.2: Let (R,M) be a Buchsbaum ring of dimension $d \geq 3$ with an algebraically closed residue fiels R/M. Let P be a prime ideal such that P* is prime. Assume that

(i) $\mathcal{R}(P)$ is Cohen-Macaulay

(ii) $ht(P) = \ell(P) = 2$.

If $e(R) = 3$, then R and $\mathcal{R}(M)$ are Cohen-Macaulay.

Proof:

a) $\mathcal{R}(M)$ is CM by proposition 3.1, c).

b) If R is not CM, we may assume that $G = gr_M R$ is the ring

$$k[X_1,X_2,X_3,Y_1,Y_2,Y_3]/(X_1Y_1 + X_2Y_2 + X_3Y_3,(Y_1,Y_2,Y_3)^2);$$

see also prop. 2.9. Note that $ht(P^*) = 2$.

Putting $y_i = \bar{Y}_i \in G$ we get:

$$Q := P^*/\underline{y}G \subset G/\underline{y}G \cong k[X_1,X_2,X_3].$$

In Q we have divided out only nilpotent elements y_i of P. We may assume that $X_3 \notin Q$, and let $Q = (f_1,\dots,f_s)$. Then Q corresponds to a closed point in $\mathbb{P}^2_k$, $k = R/M$. (At this place we use that P^* is prime). Therefore the ideal

$$Q' = \left(\frac{f_1}{X_3^{k_1}},\dots,\frac{f_s}{X_3^{k_s}}\right), \quad k_i = \deg f_i,$$

is a maximal ideal in $B := k[\frac{X_1}{X_3},\frac{X_2}{X_3}]$ and $Q'B[X_3,X_3^{-1}]$ is an height 2 ideal in $B[X_3,X_3^{-1}]$.

Since k is algebraically closed we get:

$$Q' = \left(\frac{X_1}{X_3} - \alpha, \frac{X_2}{X_3} - \beta\right),$$

i.e. $Q = (X_1 - \alpha X_3, X_2 - \beta X_3)$.

Therefore $G/P^* \simeq k[z]$, z an indeterminate over k, i.e. R/P is regular (since $G/P^* \simeq gr_{M/P}(R/P)$). But this implies R Cohen-Macaulay by prop. 2.3, in contradiction to $R \neq$ CM at the beginning. Therefore R must be CM.

Remark: Clearly, R/P regular implies that P^* is prime. So proposition 2.3 and 3.2 might justify the following

Conjecture: Let (R,M) be a Buchsbaum ring with algebraically closed residue field. If

(i) $\mathcal{R}(P)$ is Cohen-Macaulay,

(ii) $ht(P) = \ell(P) = 2$,

(iii) $gr_M(P,R)$ is prime,

then R is Cohen-Macaulay.

To prove or disprove the conjecture it seems to be essential to make extensive use of both the implications - depth $R \geq d-1$ and R nCM P - coming from (i) and (ii) in proposition 3.2

Proposition 3.3 [16]: Let (R,M) be a local ring and let I be a complete intersection in R. Assume that

(i) $\mathcal{R}(I)$ is Cohen-Macaulay,

(ii) $e(R/I) = e(R)$.

Then R is Cohen-Macaulay.

Proof: If $r = \dim R/I = 0$, R is CM. In the general case we may assume that R has an infinite residue field. Let $x_1,\dots,x_r$ a system of parameters mod I, such that $\bar{x}_1,\dots,\bar{x}_r$ form a minimal reduction of M/I in R/I. Since $\mathcal{R}(I)$ is CM and $ht(I) = \ell(I)$, R is normally CM along I and $\underline{x} = (x_1,\dots,x_r)$ is a regular sequence on I^n/I^{n+1}, hence on R too.

From R/I is CM and $\dim(R/I + \underline{x}R) = 0$ we conclude:

$$e(R) = e(R/I) = e((\bar{x}_1,\dots,\bar{x}_r))$$

$$= e(R/I + \underline{x}R) \geq e(R/\underline{x}R) \geq e(R).$$

Putting $\bar{R} = R/\underline{x}R$, we see that $e(\bar{R}) = e(\bar{R}/I\bar{R})$, where $I\bar{R}$ is generated by $\dim \bar{R} = d-r$ parameter elements, i.e. $\bar{R}$ is CM by step 1. Therefore R is CM.

Proposition 3.4: Let (R,M) be a Buchsbaum ring and let I be a complete intersection ideal in R such that $ht(I) < \dim R$ and $\mathcal{R}(I)$ is Cohen-Macaulay. Then R is Cohen-Macaulay.

Proof: R is Buchsbaum with depth $R > 0$ and $I = (y_1,\dots,y_t)$, $t = ht(I) < \dim R$. Since $Proj(\mathcal{R}(I))$ is CM we deduce from [16], theorem 3 that R is CM.

In proposition 3.1 we have excluded rings with $d = \dim R = 2$. For this case we mention an easy consequence of proposition 1.3.

Lemma 3.5: Let (R,M) be a local ring with $e(R) = \dim R = 2$. Then $\mathcal{R}(M)$ is Cohen-Macaulay if and only if R is Cohen-Macaulay.

Proof: R is CM implies $emb(R) \leq 3 = d + 1$, i.e. R is an hypersurface with $e(R) = \dim R$, hence $\mathcal{R}(M)$ is CM. The converse follows from proposition 1.3.

Example 3.1:

$$R = k[[X_1,X_2,X_3,X_4]]/(X_4X_3-X_2X_1;X_2^2-X_3^2+X_1X_3^2;X_4^2+X_1^3-X_1^2;X_1X_3-X_2X_4-X_1^2X_3).$$

$$\simeq k[[x_1,x_2,x_3,x_4]].$$

R defines a rational surface in A_k^4.

Consider the complete intersection $V \subset A_k^4$, defined by the equations

$$X_4X_3 - X_2X_1 = 0 , \qquad X_1X_3 - X_2X_4 - X_1^2X_3 = 0.$$

Furthermore let L be the union of planes in A_k^4;

$$X_1 = X_4 = 0 \quad \text{and} \quad X_2 = X_3 = 0 ,$$

L is a Buchsbaum-surface.

Since $V = C \cup L$, i.e. C and L are linked by the complete intersection V, the ring R is a non-Cohen-Macaulay Buchsbaum ring [27] with $I(R) = 1$.

Furthermore $M^2 = (x_1,x_2)M$, where M is the maximal ideal of R, hence $e(R) = \mathrm{emb}(R) - d - I + 1 = 2$.

So $\mathcal{R}(M)$ is not CM by the lemma.

3.2. Finally we consider the Rees rings of ideals generated only by a part of a system of parameters. Moreover we try to find out some connections between the CM-properties of $\mathcal{R}(I)$ and $\mathcal{R}(\underline{a}R)$, where I is an M-primary ideal and $\underline{a}R$ a minimal reduction of I.

In the following proposition we denote by $a_1,\dots,a_t,\dots,a_d$ a system of parameters in (R,M), $d = \dim R > t$. By $\underline{x}$ we mean the sequence $a_1,\dots,a_t$ and by $\underline{y}$ the "complement" $a_{t+1},\dots,a_d$. The images of the elements a_i, $1 \le i \le d$, in $\bar{R}=R/\underline{y}R$ are denoted by $\bar{a}_i$. If $\mathcal{R}(\underline{x}R)$ is CM then [15] depth $R \geq d - t + 1 =: \tau$.

Proposition 3.6: Let (R,M) be a local ring with $d \geq 3$. Assume there exists a system of parameters $a_1,\dots a_t,\dots a_d$ such that $\mathcal{R}(\underline{x}R)$ is Cohen-Macaulay for fixed t with $2 \le t < d$. Then the following implications hold:

(1) If R is Buchsbaum then R is Cohen-Macaulay;

(2) If depth $R \geq \tau+1$ then R is Cohen-Macaulay.

Proof: For (1): By assumption depth R > 0 and Proj($\mathcal{R}(\underline{x}R)$) is CM, hence R is CM by [16], theorem 3.

For (2): Since R is normally CM along $\underline{x}R$, $\underline{y}R$ is a regular sequence on R and $\mathcal{R}(\underline{x}R)$. Therefore $\mathcal{R}((\bar{a}_1,\dots,\bar{a}_t)\bar{R})$ is CM, where $\bar{a}_1,\dots,\bar{a}_t$ is a system of parameters in $\bar{R}$. This implies by [26], theorem 3.1 that $H^i_{\bar{M}}(\bar{R}) = 0$ for $i \neq 1$, $t=\dim \bar{R}$.

Since depth $\bar{R} \geq 2$ by assumption we get $\bar{R}$ (and therefore R) is CM.

Example 3.2 (s. examples 2.3 and 1.1):

$$R = \frac{k[[X_1,X_2,X_3,Y_1,Y_2,Y_3]]}{(X_1Y_1+X_2Y_2+X_3Y_3,(Y_1,Y_2,Y_3)^2)} = k[[x_1,x_2,x_3,y_1,y_2,y_3]] ,$$

$\underline{x} = (x_1, x_2)$, $t = 2 < d = 3$.

R is not CM, hence $\mathcal{R}(\underline{x}R)$ is not CM by proposition 3.6, (1); see also [16], 3.

Note that $\underline{x}R = (x_1, x_2)R$ is a minimal reduction of the ideal $J = (x_1, x_2, y_3)R$. Ikeda has shown [13] that $\mathcal{R}(J)$ is CM contrary to $\mathcal{R}(\underline{x}R)$.

Example 3.3:

$R = k[[X^2, XY, Y^2, XZ, YZ, Z]]$ is Cohen-Macaulay, $(a_1, a_2, a_3) = (X^2, Y^2, Z)$,

$\underline{x} = (X^2, Y^2)$, $\underline{y} = (Z)$.

Since $(X^2)R$ is a principal ideal of height 1 in R, $\mathcal{R}(X^2R)$ is CM, hence by transitivity [16] $\mathcal{R}(\underline{x}R)$ is CM. This confirms prop. 3.6, (2).

Ikeda has resently obtained the following result, which is not yet published:

"Let (R,M) be a quasi-unmixed local ring of depth $R > 0$. Assume that there exists a system $\underline{a}$ of parameters $a_1, \ldots, a_t, \ldots, a_d$ with fixed t, $2 \leq t < d$, such that

$\mathrm{Proj}(\mathcal{R}(a_1, \ldots, a_t)R)$ is Cohen-Macaulay and

$\mathrm{Proj}(\mathcal{R}(a_1, \ldots, a_{t_1})R)$ is Cohen-Macaulay

for any t_1 with $2 \leq t_1 < t$, then $H^i_M(R) = 0$ for $d-t < i < d$".

This is a generalization of theorem 3 in [16]. Accepting Ikeda's result we get

"Proposition 3.7": Let (R,M) be a local ring, $d = \dim R \geq 3$, with a system of parameters $a_1, \ldots, a_{t_1}, \ldots, a_{t_2}, \ldots, a_d$, $2 \leq t_1 < t_2 < d$, such that $\mathcal{R}((a_1, \ldots, a_{t_2})R)$ is Cohen-Macaulay. Assume that one of the following condition is fulfilled:

(1) $\mathrm{Proj}(\mathcal{R}((a_1, \ldots, a_{t_1})R))$ is Cohen-Macaulay or

(2) $\mathrm{Proj}(\mathcal{R}((\bar{a}_1, \ldots, \bar{a}_{t_1})\bar{R}))$ is Cohen-Macaulay,

then R is Cohen-Macaulay. [$\bar{a}_i$, $1 \leq i \leq t_1$, is the image of a_i in $\bar{R} = R/(a_{t_2+1}, \ldots, a_d)R$].

Proof:

a) $\mathcal{R}((a_1, \ldots, a_{t_2})R) = $ CM implies: depth $R \geq d - t_2 + 1$ and R is quasi-unmixed. Therefore condition (1) yields R is CM.

b) Since R is normally CM along $(a_1, \ldots, a_{t_2})R$, the elements $a_{t_2+1}, \ldots, a_d$

form a regular sequence on $\mathcal{R}((a_1,\dots,a_{t_2})R)$ and R, hence $\mathcal{R}(\bar{q})$ is CM, where $\bar{q} = (\bar{a}_1,\dots,\bar{a}_{t_2})$ is a parameter ideal in $\bar{R}$, $t_2 = \dim \bar{R}$. Then, assuminig condition (2), we deduce from Ikeda's result that $\bar{R}$ is CM, hence R is CM.

Remark: Note that with the notations of proposition 3.6 we get

$$Bl_{\underline{x}+\underline{y}/\underline{y}}(R/\underline{y}R) \simeq Bl_{\underline{x}}(R) \times \operatorname{Spec} R/\underline{y}.$$

Generally this isomorphism doesn't imply a corresponding isomorphism for a proper subset $\underline{x}'$ of $\underline{x}$, even if $Bl_{\underline{x}'+\underline{y}/\underline{y}}(R/\underline{y}R)$ is CM. This means that condition (2) in proposition 3.7 is not too strong.

In example 3.2 we have seen that generally the CM-Property of the Rees ring of an ideal I doesn't imply the CM-property of the Rees ring of a minimal reduction of I. For M-primary $I \subset R$ we know the following lemma due to U. Grothe and S. Ikeda [13]:

Lemma: Let (R,M) be a ring of dimension 2. Let I be an M-primary ideal in R with a Cohen-Macaulay Rees ring $\mathcal{R}(I)$. Then $\mathcal{R}((x_1,x_2)R)$ is Cohen-Macaulay for any minimal reduction $(x_1,x_2)R$ of I.

This becomes clear by the following statements A,B.

For dim R = 3 we have a counterexample to the conclusion of the lemma:

Example 3.4: R is the same ring as in example 3.2. Take $I = M = (x_1,x_2,x_3,y_1,y_2,y_3)$. $\mathcal{R}(I)$ is CM by [11]. The ideal $q = (x_1,x_2,x_3)R$ is a minimal reduction of I, but the Rees ring $\mathcal{R}(q)$ is not CM by [16], § 3.

The background of these facts can be sketched as follows:

Statement A: The existence of a parameter ideal $q \subset R$ such that [29] $\mathcal{R}(q)$ is CM, is equivalent to

(1) $\quad H^i_M(R) = 0 \qquad$ for $i \neq 1$, $d = \dim R$

(2) $\quad q \cdot H^1_M(R) = 0.$

In example 3.4 we have $H^2_M(R) = 0$, s. [16], §3, i.e. (1) is not fulfilled.

Statement B: If depth $R > 0$, the existence of an M-primary ideal $I \subset R$ such that $\mathcal{R}(I)$ is CM, is equivalent to $\ell_R(H^i_M(R)) < \infty$. Hence [31] there exists an M-primary ideal

$$\mathfrak{a} = \bigcap_{i=0}^{d-1} \operatorname{ann} H^i(R) ,$$

such that for all parameter ideals $q \subset \mathfrak{a}^{2^d}$:

$$H^0_{\mathfrak{M}}(\mathcal{R}(q)) = H^0_M(R) = 0$$

$$H^1_{\mathfrak{M}}(\mathcal{R}(q)) = H^2_{\mathfrak{M}}(\mathcal{R}(q)) = 0$$

$$i \geq 3: \qquad H^i_{\mathfrak{M}}(\mathcal{R}(q))_n = \begin{cases} H^{i-1}(R), & 2-i \leq n \leq -1 \\ 0 & \text{otherwise} \end{cases}$$

where $\mathfrak{M}$ is the maximal homogeneous ideal in $\mathcal{R}(q)$.

The same arguments as in the proof proposition 1.2* shows that $\mathcal{R}(q^{\nu})$ is CM for $\nu \geq d-1$.

REFERENCES

|1| Aoyama, Some basic results on canonical modules, J. Math. Kyoto Univ. 23 (1983), 85-94.

|2| M. Brodmann, Kohomologische Eigenschaften von Aufblasungen an lokal vollständigen Durchschnitten, Habilitationsschrift, Münster, 1980.

|3| M Brodmann, Local Cohomology of Certain Rees - and Form-Rings, II, J. Algebra 86 (1984), 457-493.

|4| G. Faltings, Über Macaulayfizierung, Math. Ann. 238 (1978), 175-192.

|5| S. Goto, On the Cohen-Macaulayfication of certain Buchsbaum rings, Nagoya Math. J. 80 (1980), 107-116.

|6| S. Goto, Buchsbaum rings of maximal embedding dimension, J. Algebra 76 (1982), 383-399.

|7| S. Goto, On the associated graded rings of parameter ideals in Buchsbaum rings, J. Algebra 85 (1983), 490-534.

|8| S. Goto, Blowing up of Buchsbaum rings, London Math. Soc. Lecture Note Ser. 72 (Comm. Algebra: Durham 1981), 140-162, Camb. Univ. Press 1983.

|9| S. Goto - Y. Shimoda, On Rees algebras over Buchsbaum rings, J. Math. Kyoto Univ. 20 (1980), 691-708.

|10| U. Grothe - M. Herrmann - U. Orbanz, Graded Cohen-Macaulay rings associated to equimultiple ideals, Math. Z. 186 (1984), 531-556.

|11| S.Ikeda, The Cohen-Macaulayness of the Rees algebras of local rings, Nagoya Math. J. 89 (1983), 47-63.

|12| S. Ikeda, on the Gorensteinness of Rees algebras over local rings, preprint 1984.

|13| S. Ikeda, Remarks on Rees algebras of height 2 ideals, preprint 1984.

|14| S. Ikeda, Remarks on Rees algebras and graded rings with multiplicity 3, preprint 1984.

|15| S. Ikeda-M. Herrmann, Remarks on liftings of Cohen-Macaulay property, Nagoya Math. J. 92 (1983), 121-132.

|16| S. Ikeda-M. Herrmann-U. Orbanz, Testing the Cohen-Macaulay property under blowing up, preprint 1984.

|17| R. Hartshorne, Algebraic Geometry, Springer Verlag, New York-Heidelberg-Berlin, 1977.

|18| M. Herrmann-U. Orbanz, Faserdimension von Aufblasungen lokaler Ringe und Äquimultiplizität, J. Math, Kyoto Univ. 20 (1980), 651-659.

|19| M. Herrmann-U. Orbanz, On equimultiplicity, Math. Proc. Camb. Phil. Soc. 91 (1982), 207-213.

|20| C. Huneke, On the symmetric and Rees algebra of an ideal generated by a d-sequence, J. Algebra 62 (1980), 268-275.

|21| C. Huneke, A remark concerning multiplicities, Proc. Amer. Math. Soc. 85 (1982), 331-332.

|22| N. Nagata, Local rings, John Wiley, New York-London-Toronto 1962.

|23| U. Orbanz, Multiplicities and Hilbert functions under blowing up, manuscrita math. 36 (1981), 179-186.

|24| U.Orbanz-L.Robbiano, Projective normal flatness and Hilbert functions, Trans. Amer. Math. Soc. 283 (1984), 33-47.

|25| J. Sally, Numbers of generators of ideals in local rings, Marcel Decker, New York 1978.

|26| P. Schenzel, Regular sequences in Rees rings ans symmetric algebras I, manuscripta math. 35 (1981), 173-193.

|27| P. Schenzel, Notes on liaison and duality, J. Math. Kyoto Univ. 22 (1982), 485-498.

|28| P. Schenzel, Applications of dualizing complexes to Buchsbaum rings, Advances in Math. 44 (1982), 61-77.

|29| P. Schenzel-Ngo viet Trung-Nguyen tu Cuong, Verallgemeinerte Cohen-Macaulay-Moduln, Math. Nachr. 85 (1978), 57-73.

|30| J. Stückrad, Über die kohomologische Charakterisierung von Buchsbaum-Moduln,

Math. Nachr. 95 (1980), 265-272.

|31| Ngo viet Trung, Toward a theory of generalized Cohen-Macaulay modules, to appear in Nagoya Math. J. 1984/85.

|32| G. Valla, Certain graded algebras are always Cohen-Macaulay, J. Algebra 42 (1976), 537-548.

M. MORALES

Clôture intégrale d'idéaux et anneaux gradués Cohen-Macaulay

Résumé. - Premièrement, soit (X,m) un germe de surface normale sur $\mathbb{C}$ et Q un idéal m-primaire, $\overline{Q}$ désignera sa clôture intégrale. Nous montrons que si la fonction d'Hilbert-Samuel $H(n) = \log(\mathcal{O}_X/\overline{Q^n})$ est un polynôme pour $n \geq 1$ alors l'anneau gradué $\bigoplus_{n\geq 0} \overline{Q^n}/\overline{Q^{n+1}}$ est Cohen-Macaulay.

Deuxièmement, soit (A,m) un anneau noethérien local réduit de dimension $d \geq 1$ et Q un idéal m-primaire tel que $Q^n = \overline{Q^n}$ pour n grand. Nous montrons que $Q^n = \overline{Q^n}$ pour tout n si et seulement si la profondeur de l'anneau gradué $gr_Q A = \bigoplus_{n\geq 0} Q^n/Q^{n+1}$ est ≥ 1.

Abstracts. - First let (X,m) be a germ of normal surface over $\mathbb{C}$, Q a m-primary ideal, $\overline{Q}$ its integral closure, we show that if the Hilbert-Samuel function $H(n) = lg(\mathcal{O}_X/\overline{Q^n})$ $n \geq 1$ is a polynomial for $n \geq 1$ then the graded ring $\bigoplus_{n\geq 0} \overline{Q^n}/\overline{Q^{n+1}}$ is Cohen-Macaulay.

Secondly let (A,m) be a local reduced noetherien ring of Krull dimension $d \geq 1$, Q a m-primary ideal such that $Q^n = \overline{Q^n}$ for large n ; we show that $Q^n = \overline{Q^n}$ for all n if and only if depth $(\bigoplus_{n\geq 0} Q^n/Q^{n+1}) \geq 1$.

INTRODUCTION.

0.1. Soit A un anneau noethérien, réduit (commutatif, unitaire), $\mathbb{R}_+$ l'ensemble des réels non négatifs. Samuel [12] a défini pour un idéal I de A la fonction d'ordre

$$\bar{\nu}_I : A \to \mathbb{R}_+ \cup \{\infty\}$$

par $\bar{\nu}_I(x) = \lim_{k\in\mathbb{N}} \frac{\nu_I(x^k)}{k}$ où $\nu_I(y) = \sup\{n / n\in\mathbb{N}, y \in I^n\}$. Pour $\nu \in \mathbb{R}_+$ on définit les filtrations (cf. [4])

$$\overline{I^{\nu}} = \{y \in A / \bar{\nu}_I(y) \geq \nu\}$$

$$\overline{I^{\nu_+}} = \{y \in A / \bar{\nu}_I(y) > \nu\}$$

et l'on considère les algèbres graduées suivantes

$$gr_I A = \bigoplus_{n\in\mathbb{N}} I^n / I^{n+1}$$

$$\overline{gr}_I A = \bigoplus_{\nu\in\mathbb{R}_+} \overline{I^{\nu}} / \overline{I^{\nu_+}}$$

$$\bar{G}_I A = \bigoplus_{n\in\mathbb{N}} \overline{I^n} / \overline{I^{n+1}} .$$

Ces trois algèbres graduées sont des R/I algèbres de type fini.

$\bar{I}$ coïncide en fait avec la clôture intégrale de l'idéal I, i.e. l'ensemble d'éléments $a \in A$ tel qu'il existe une relation

$$a^n + b_1 a^{n-1} + \ldots + b_n = 0$$

avec $b_i \in I^i$.

Une version géométrique de la clôture intégrale est donnée par

0.2. THEOREME ([4] 4.2.5). - _Soit_ $\bar{A}$ _la clôture intégrale de_ A _dans son anneau total de fractions_, I _un idéal de_ A, _on pose_ $J = I.\bar{A}$. _Soit_ $\bar{J}$ _la clôture intégrale de_ J _dans_ $\bar{A}$, $X = \mathrm{Spec}(A)$, $\eta : \bar{X'} \to X$ _l'éclatement normalisé de_ I _dans_ X _alors_

$$\overline{J^n} = \eta_*(I\mathcal{O}^n_{\bar{X'}}) , \quad \overline{I^n} = \overline{J^n} \cap A .$$

Dans [4], Prop. 3.4, M. Lejeune-Jalabert et B. Teissier démontrent :

0.3. PROPOSITION. - Soit X un espace analytique réduit, Y un sous-espace contenant l'ensemble des points non normaux de X et X' l'éclatement de X le long de Y. Soit $\mathcal{I}$ l'idéal définissant Y dans X. Alors X' est normal si et seulement si $\mathcal{I}^n = \overline{\mathcal{I}^n}$ pour n assez grand.

Et ils posent la question suivante :

0.3.1. PROBLEME. - Dans les conditions de la proposition précédente, a-t-on $\mathcal{I}^n = \overline{\mathcal{I}^n}$, $\forall n$?

Dans le § 4, nous montrerons que pour $\mathcal{I} = Q$ un idéal m-primaire tel que $Q^n = \overline{Q^n}$ pour n assez grand alors $Q^n = \overline{Q^n}$ $\forall n$ si et seulement si l'algèbre graduée $gr_Q A$ a des éléments non diviseurs de zéro dans $S_+ = \bigoplus_{n\geq 1} Q^n/Q^{n+1}$.

0.4. DEFINITION. - Soit R un anneau noethérien, nous dirons que R est localement Cohen-Macaulay si pour tout idéal premier P de R l'anneau local R_P est Cohen-Macaulay (i.e. profondeur(R_P) = dim R_P) où profondeur(R_P) est la longueur d'une suite régulière maximale dans PR_P.

Rappelons la proposition suivante ([2], prop. 4.10).

0.4.1. PROPOSITION. - Soit R un anneau noetherien et S une R-algèbre graduée positivement de type fini sur R, avec $S_0 = R$. Alors S est localement Cohen-Macaulay si et seulement si pour tout idéal maximal M de R l'anneau S_{M+S_+} est localement Cohen-Macaulay où S_+ est l'idéal de S engendré par les formes de degré strictement positif.

0.5. Dans §1 et §2, nous montrons que si (A, m) est un anneau noethérien intègre normal de dimension 2, Q un idéal m-primaire et $H(n) = lg(A/\overline{Q^n})$ est un polynôme pour $n \geq 1$ alors l'anneau gradué $\overline{G}_Q A$ est Cohen-Macaulay.

Dans le § 3, nous verrons comme une conséquence des travaux de Tomari que $\overline{G}_m A$ est Cohen-Macaulay pour (A, m) une singularité de surface Gorenstein elliptique.

§ 1. Soit (A, m) un anneau local noethérien excellent intègre normal de dimension de Krull 2, k son corps résiduel supposé algébriquement clos de caractéristique nulle. Q désignera un idéal m-primaire.

1.1. THEOREME. - <u>Avec les notations ci-dessus, soit</u> $X = \mathrm{Spec}(A)$ <u>et</u> $f : \tilde{X} \to X$ <u>l'éclatement normalisé de</u> Q <u>dans</u> X <u>si</u> $R^1 f_*(Q \cdot \mathcal{O}^n_{\tilde{X}}) = 0$ <u>pour tout</u> $n \geq 1$ <u>alors l'anneau gradué</u> $\overline{G}_Q A = \bigoplus_{n \geq 0} \overline{Q^n}/\overline{Q^{n+1}}$ <u>est Cohen-Macaulay.</u>

1.2. <u>Preuve de 1.1.</u> - Nous allons construire une suite régulière formée de deux éléments homogènes de degré strictement positif. Pour conclure, nous utilisons le fait ([4]) que $\overline{G}_Q A$ est une $A/\overline{Q}$-algèbre de type fini et la proposition 4.10 de [2] (voir 0.4.1).

Voici d'abord quelques notations et préliminaires.

1.2.1. On pose $X = \mathrm{Spec}(A)$, soit $f : \tilde{X} \to X$ un morphisme propre, $\tilde{X}$ est normal et $f : \tilde{X} - f^{-1}(m) \to X - \{m\}$ est un isomorphisme ; $E_1, \ldots, E_n$ l'ensemble des courbes réduites irréductibles contenues dans $f^{-1}(m)$, $\mathcal{L}$ un faisceau localement libre de rang 1 sur $\tilde{X}$, C une courbe éventuellement réduite dont le support est contenu dans $f^{-1}(m)$. On dira que C est exceptionnelle. Alors $H^0(C, \mathcal{L})$ et $H^1(C, \mathcal{L})$ sont des k-espaces vectoriels de dimension finie et l'on définit ([5], § 10) $\deg_C \mathcal{L} = \chi(\mathcal{L} \otimes \mathcal{O}_C) - \chi(\mathcal{O}_C)$ où $\chi(\mathcal{F}) = \dim_k H^0(C, \mathcal{F}) - \dim_k H^1(C, \mathcal{F})$ pour un faisceau cohérent $\mathcal{F}$ sur C. Si $\mathcal{L} = \mathcal{O}_{\tilde{X}}(L)$, L un diviseur de Cartier, nous poserons $L \cdot C = \deg_C \mathcal{L}$. Rappelons le résultat suivant dû à Lipman.

1.2.2. LEMME ([6], 2.16). - <u>Soit</u> E <u>un diviseur de Cartier exceptionnel effectif sur</u> $\tilde{X}$ <u>alors</u>

$$H^0(E, \mathcal{O}_E \otimes \mathcal{O}_{\tilde{X}}(E)) = 0 .$$

1.2.3. Construction d'une suite régulière dans $\overline{G}_{Q}A$.

Soit $f : \tilde{X} \to X = \mathrm{Spec}(A)$ l'éclatement normalisé de Q dans X , $x_1,\dots,x_s$ un système de générateurs de Q et considérons le k-espace vectoriel k^s . Il existe un ouvert de Zariski U de k^s tel que $\forall\lambda \in U$, $\xi = \lambda_1 x_1 + \dots + \lambda_s x_s$ définit une courbe réduite H éventuellement singulière tel que la transformée stricte $\tilde{H}$ de H par f soit lisse et transverse au diviseur exceptionnel. C'est une conséquence du théorème de Bertini. D'autre part, on peut choisir l'ouvert U en sorte que $\mathrm{div}(\xi \circ f) = \tilde{H} + E$ où E est un diviseur exceptionnel tel que

$$Q.\mathcal{O}_{\tilde{X}} = \mathcal{O}_{\tilde{X}}(-E) .$$

Par la suite, nous noterons $\mathcal{L}$ le faisceau $Q.\mathcal{O}_{\tilde{X}}$. Soit $J = Q.\overline{\mathcal{O}}_H$ où $\overline{\mathcal{O}}_H$ est le normalisé de $\mathcal{O}_H$, $\overline{\mathcal{O}}_H$ est une somme disjointe d'anneaux locaux réguliers de dimension 1 , par conséquent, J est principal et $\overline{J^n} = J^n$, $\forall n \geq 1$. D'autre part, (voir ci-dessous lemme 1.2.6) $\mathcal{L}^n \otimes \mathcal{O}_{\tilde{H}} = \mathcal{L}^n.\mathcal{O}_{\tilde{H}}$ et $\overline{J^n} = f_*(\mathcal{L}^n.\mathcal{O}_{\tilde{H}}) = f_*(\mathcal{L}^n \otimes \mathcal{O}_{\tilde{H}})$ pour $n \geq 1$, d'après 0.2.

Soit $\mathrm{In}\,\xi$ la classe de ξ dans $\overline{Q}/\overline{Q^2}$, nous montrerons que $\mathrm{In}\,\xi$ est non diviseur de zéro dans $\overline{G}_{Q}A$ et $(\overline{G}_{Q}A)/(\mathrm{In}\,\xi)$ est un sous-anneau gradué de l'anneau gradué $\mathrm{gr}_J\overline{\mathcal{O}}_H = \bigoplus_{n\geq 0} J^n/J^{n+1}$, coïncidant avec ce dernier en degré ≥ 2 ; or $\mathrm{gr}_J\overline{\mathcal{O}}_H = \overline{\mathcal{O}}_H/J[Z]$ est un anneau de polynômes en une variable, nous voyons donc que Z^2 est un élément de $(\overline{G}_{Q}A)/(\mathrm{In}\,\xi)$ qui est non diviseur de zéro. Soit ζ un représentant de Z^2 dans $\overline{Q^2}/\overline{Q^3}$ alors (ξ,ζ) forment une suite régulière dans $S_+ = \bigoplus_{n\geq 1} \overline{Q^n}/\overline{Q^{n+1}}$.

Il nous reste à montrer que $(\overline{G}_{Q}A)/(\mathrm{In}\,\xi)$ est un sous-anneau gradué de $\mathrm{gr}_J\overline{\mathcal{O}}_H$.

Considérons dans $\tilde{X}$ la suite exacte

$$0 \longrightarrow \mathcal{O}_{\tilde{X}}(-\tilde{H}) \longrightarrow \mathcal{O}_{\tilde{X}} \longrightarrow \mathcal{O}_{\tilde{H}} \longrightarrow 0$$

tensorisons-la avec $\mathcal{L}^n$, $n \geq 1$ et remarquons que $\mathcal{O}_{\tilde{X}}(-\tilde{H}) \otimes \mathcal{L}^n \simeq \mathcal{L}^{n-1}$ puisque $\mathcal{O}_{\tilde{X}}(\tilde{H}+E) \simeq \mathcal{O}_{\tilde{X}}$ et $\mathcal{L} = \mathcal{O}_{\tilde{X}}(-E)$, on obtient la suite exacte

$$0 \longrightarrow \mathcal{L}^{n-1} \xrightarrow{*(\xi\circ f)} \mathcal{L}^n \longrightarrow \mathcal{L}^n \otimes \mathcal{O}_{\tilde{H}} \longrightarrow 0 .$$

Appliquant f_* à cette suite, on obtient la suite exacte longue de cohomologie

$$0 \longrightarrow f_*(\mathcal{L}^{n-1}) \xrightarrow{*\xi} f_*(\mathcal{L}^{n}) \longrightarrow f_*(\mathcal{L}^{n} \otimes \mathcal{O}_{\tilde{H}}) \longrightarrow R^1 f_*(\mathcal{L}^{n-1}) \longrightarrow R^1 f_* \mathcal{L}^{n} \longrightarrow 0 \quad ;$$

or, nous savons que $f_*(\mathcal{L}^n) = \overline{Q^n}$, $f_*(\mathcal{L}^n \otimes \mathcal{O}_{\tilde{H}}) = \overline{J^n} = J^n$ et $R^1 f_*(\mathcal{L}^n) = 0$, $\forall n \geq 1$.
Il y a deux cas à considérer :

$$(*) \quad \begin{array}{l} n = 1 \\ 0 \longrightarrow A \xrightarrow{*\xi} \overline{Q} \longrightarrow J \longrightarrow R^1 f_* \mathcal{O}_{\tilde{X}} \longrightarrow 0 \\ \\ n \geq 2 \\ 0 \longrightarrow \overline{Q^{n-1}} \xrightarrow{*\xi} \overline{Q^{n}} \longrightarrow J^n \longrightarrow 0 \ . \end{array}$$

Ces suites induisent le diagramme commutatif suivant sur X pour $n \geq 2$

$$\begin{array}{ccccccccc}
 & & 0 & & 0 & & 0 & & \\
 & & \downarrow & & \downarrow & & \downarrow & & \\
0 & \longrightarrow & \overline{Q^{n}} & \xrightarrow{*\xi} & \overline{Q^{n+1}} & \longrightarrow & J^{n+1} & \longrightarrow & 0 \\
 & & \downarrow & & \downarrow & & \downarrow & & \\
0 & \longrightarrow & \overline{Q^{n-1}} & \xrightarrow{*\xi} & \overline{Q^{n}} & \longrightarrow & J^{n} & \longrightarrow & 0 \\
 & & \downarrow & & \downarrow & & \downarrow & & \\
0 & \longrightarrow & \overline{Q^{n-1}}/\overline{Q^{n}} & \xrightarrow{*\mathrm{In}\,\xi} & \overline{Q^{n}}/\overline{Q^{n+1}} & \longrightarrow & J^{n}/J^{n+1} & \longrightarrow & 0 \\
 & & \downarrow & & \downarrow & & \downarrow & & \\
 & & 0 & & 0 & & 0 & &
\end{array}$$

où les lignes et colonnes sont exactes. On conclut déjà que $J^n/J^{n+1} \simeq (\overline{Q^n}/\overline{Q^{n+1}})/(\mathrm{In}\,\xi)$ si $n \geq 2$. Pour finir la preuve du théorème, nous établirons les lemmes suivants. Le deuxième a été mis au point avec M. Vaquié :

1.2.4. LEMME. - <u>Nous avons les suites exactes courtes</u>

$$0 \longrightarrow A/\overline{Q} \xrightarrow{*\mathrm{In}\,\xi} \overline{Q}/\overline{Q^2} \longrightarrow (\overline{Q}/\xi)/J^2 \longrightarrow 0$$

$$0 \longrightarrow (\overline{Q}/\xi)/J^2 \longrightarrow J/J^2 \longrightarrow R^1 f_* \mathcal{O}_{\tilde{X}} \longrightarrow 0 \ .$$

<u>Preuve</u>. - C'est une conséquence immédiate du diagramme commutatif suivant obtenu des suites (*)

$$
\begin{array}{ccccccccc}
 & & 0 & & 0 & & 0 & & \\
 & & \downarrow & & \downarrow & & \downarrow & & \\
0 & \rightarrow & \bar{Q} & \rightarrow & \overline{Q^2} & \rightarrow & J^2 & \rightarrow & R^1 f_* \mathcal{L} = 0 \\
 & & \downarrow & & \downarrow & & \downarrow & & \\
0 & \rightarrow & A & \rightarrow & \bar{Q} & \rightarrow & J & \rightarrow & R^1 f_* \mathcal{O}_{\tilde{X}} \rightarrow 0 \ .
\end{array}
$$

1.2.5. LEMME. - <u>Sans aucune hypothèse sur</u> $R^1 f_* \mathcal{L}$, <u>nous avons une injection naturelle</u>

$$0 \rightarrow \mathcal{O}_X / \bar{Q} \rightarrow \bar{\mathcal{O}}_H / J \ .$$

<u>Preuve</u>. - Considérons la suite exacte dans $\tilde{X}$

$$0 \rightarrow \mathcal{O}_{\tilde{X}}(-\tilde{H}) \rightarrow \mathcal{O}_{\tilde{X}} \rightarrow \mathcal{O}_{\tilde{H}} \rightarrow 0 \ .$$

Tensorisons-la avec $\mathcal{L}$ et avec $\mathcal{O}_E$ nous obtenons le diagramme commutatif suivant

$$
\begin{array}{ccccccccc}
 & & 0 & & 0 & & \mathrm{Tor}_1(\mathcal{O}_{\tilde{H}}, \mathcal{O}_E) & & \\
 & & \downarrow & & \downarrow & & \downarrow & & \\
0 & \longrightarrow & \mathcal{O}_{\tilde{X}} & \rightarrow & \mathcal{O}_{\tilde{X}}(+E) & \longrightarrow & \mathcal{O}_E(E) & \rightarrow & 0 \\
 & & \downarrow & & \downarrow & & \downarrow & & \\
0 & \longrightarrow & \mathcal{L} & \longrightarrow & \mathcal{O}_{\tilde{X}} & \longrightarrow & \mathcal{O}_E & \longrightarrow & 0 \\
 & & \downarrow & & \downarrow & & \downarrow & & \\
\mathrm{Tor}_1(\mathcal{O}_{\tilde{H}}, \mathcal{O}_E) & \rightarrow & \mathcal{L} \otimes \mathcal{O}_{\tilde{H}} & \longrightarrow & \mathcal{O}_{\tilde{H}} & \longrightarrow & \mathcal{O}_{\tilde{H}} \otimes \mathcal{O}_E & \longrightarrow & 0 \\
 & & \downarrow & & \downarrow & & \downarrow & & \\
 & & 0 & & 0 & & 0 & &
\end{array}
$$

où toutes les lignes et colonnes sont exactes, d'autre part $\tilde{H}$ est une courbe lisse coupant transversalement E , par conséquent $\mathrm{Tor}_1(\mathcal{O}_{\tilde{H}}, \mathcal{O}_E) = 0$. Appliquant f_* au diagramme précédent, nous aurons :

$$
\begin{array}{ccccccccc}
 & & 0 & & 0 & & 0 & & \\
 & & \downarrow & & \downarrow & & \downarrow & & \\
0 & \longrightarrow & \mathcal{O}_X & \longrightarrow & f_*\mathcal{O}_{\tilde{X}}(E) & \longrightarrow & H^0(E,\mathcal{O}_E(E)) & \longrightarrow & R^1f_*\mathcal{O}_{\tilde{X}} \\
 & & \downarrow{*\xi} & & \downarrow{*\xi} & & \downarrow & & \downarrow \\
0 & \longrightarrow & \bar{Q} & \longrightarrow & \mathcal{O}_X & \longrightarrow & H^0(E,\mathcal{O}_E) & \longrightarrow & R^1f_*\mathcal{L}=0 \\
 & & \downarrow & & \downarrow & & \downarrow & & \downarrow \\
0 & \longrightarrow & J & \longrightarrow & \overline{\mathcal{O}_H} & \longrightarrow & f_*(\mathcal{O}_{\tilde{H}}\otimes\mathcal{O}_E) & \longrightarrow & 0 \\
 & & \downarrow & & \downarrow & & \downarrow & & \\
H^0(E,\mathcal{O}_{\tilde{H}}(E)) & \longrightarrow & R^1f_*\mathcal{O}_{\tilde{X}} & \longrightarrow & R^1f_*\mathcal{O}_{\tilde{X}}(E) & \longrightarrow & H^1(E,\mathcal{O}_E(E)) & \longrightarrow & 0 \\
 & & \downarrow & & \downarrow & & \downarrow & & \\
 & & R^1f_*\mathcal{L} & \longrightarrow & R^1f_*\mathcal{O}_{\tilde{X}} & \longrightarrow & H^1(E,\mathcal{O}_E) & \longrightarrow & 0 \\
 & & \downarrow & & \downarrow & & \downarrow & & \\
 & & 0 & & 0 & & 0 & &
\end{array}
$$

or, $H^0(E,\mathcal{O}_E(E)) = 0$ (cf. 1.2.2) ; donc on en déduit de ce diagramme :

1) une inclusion naturelle

$$0 \longrightarrow \mathcal{O}_X/Q \longrightarrow \overline{\mathcal{O}_H}/J$$

2) $\lg H^1(E,\mathcal{O}_E(E)) = \lg(\overline{\mathcal{O}_H}/\mathcal{O}_H) = \delta$.

3) Comme $\lg(f_*(\mathcal{O}_{\tilde{H}}\otimes\mathcal{O}_E)) = e(Q)$, on a que $\chi(E,\mathcal{O}_E) = e(Q) - \delta$ (cf. [7]).

Pour finir la preuve du théorème, il nous faudra montrer le

1.2.6. LEMME. - Soit (A,m) un anneau local normal, noethérien, Cohen-Macaulay de dimension $d \geq 2$, Q un idéal m-primaire, ξ une combinaison linéaire générique d'un ensemble de générateurs de Q . Soit $X = \mathrm{Spec}(A)$, $f : \tilde{X} \to X$ un morphisme propre birationnel tel que

i) $f : \tilde{X} - f^{-1}\{m\} \to X - \{m\}$ soit un isomorphisme ;

ii) $\tilde{X}$ est normal, Cohen-Macaulay ;

iii) $Q\cdot\mathcal{O}_{\tilde{X}} = \mathcal{L}$ est un faisceau inversible d'idéaux

(i.e. il existe E diviseur de Cartier effectif tel que $\mathcal{L} = \mathcal{O}_{\tilde{X}}(-E)$).

Soit $H = \mathrm{Spec}(A/(\xi))$ et $\tilde{H}$ la transformée stricte par f de H . Alors :

1) $\mathrm{Tor}^1(\mathcal{O}_{\tilde{H}},\mathcal{O}_{nE}) = 0$ et par conséquent $\mathcal{L}^n \otimes_{\mathcal{O}_{\tilde{X}}} \mathcal{O}_{\tilde{H}} = \mathcal{L}^n.\mathcal{O}_{\tilde{H}}$, $\forall n \geq 1$.

2) $\operatorname{In} \xi \in \overline{Q}/\overline{Q^2}$ est non diviseur de zéro dans l'anneau $\overline{G}_Q A = \oplus \overline{Q^n}/\overline{Q^{n+1}}$.

Preuve. - Considérons la suite exacte dans $\tilde{X}$

$$0 \to \mathcal{L}^n \to \mathcal{O}_{\tilde{X}} \to \mathcal{O}_{nE} \to 0$$

qui, tensorisé avec $\mathcal{O}_{\tilde{H}}$, donne

$$0 \to \operatorname{Tor}_{\mathcal{O}_{\tilde{X}}}(\mathcal{O}_{\tilde{H}}, \mathcal{O}_{nE}) \to \mathcal{L}^n \otimes_{\mathcal{O}_{\tilde{X}}} \mathcal{O}_{\tilde{H}} \to \mathcal{O}_{\tilde{H}} \to \mathcal{O}_{nE} \otimes \mathcal{O}_{\tilde{H}} \to 0$$

$\tilde{H}$ et E n'ont pas de composantes irréductibles communes, donc $\dim(\tilde{H} \cap E) = d-2$. Pour finir la preuve de 1), remarquons que si B est un anneau local Cohen-Macaulay de dimension ≥ 2 , g et h deux éléments tels que $\dim(B/(g,h)) = d-2$, alors (g,h) est une suite régulière dans B et $\operatorname{Tor}(B/(h), B/(g)) = 0$.

Maintenant, montrons 2). Remarquons d'abord que

$$(\xi \circ f)\mathcal{O}_{\tilde{X}} = \mathcal{O}_{\tilde{X}}(-\tilde{H} - E)$$

pour ξ générique et considérons les suites exactes

$$0 \to \mathcal{O}_{\tilde{X}}(-\tilde{H}) \to \mathcal{O}_{\tilde{X}} \to \mathcal{O}_{\tilde{H}} \to 0$$

$$0 \to \mathcal{L}^{n-1} \xrightarrow{*(\xi \circ f)} \mathcal{L}^n \to \mathcal{L}^n \otimes \mathcal{O}_{\tilde{H}} \to 0 .$$

Or, $\mathcal{L}^n \otimes \mathcal{O}_{\tilde{H}} = \mathcal{L}^n \cdot \mathcal{O}_{\tilde{H}}$ ce qui donne le diagramme commutatif suivant où les lignes et colonnes sont exactes

$$\begin{array}{ccccccccc}
 & & 0 & & 0 & & 0 & & \\
 & & \downarrow & & \downarrow & & \downarrow & & \\
0 & \to & \mathcal{L}^{n-1} & \xrightarrow{*(\xi \circ f)} & \mathcal{L}^{n-} & \longrightarrow & \mathcal{L}^n \cdot \mathcal{O}_{\tilde{H}} & \longrightarrow & 0 \\
 & & \downarrow & & \downarrow & & \downarrow & & \\
0 & \to & \mathcal{L}^{n-2} & \longrightarrow & \mathcal{L}^{n-1} & \longrightarrow & \mathcal{L}^{n-1} \cdot \mathcal{O}_{\tilde{H}} & \longrightarrow & 0
\end{array}$$

et appliquant f_* à ce diagramme où les lignes et colonnes sont exactes

$$\begin{array}{ccccccccc}
 & & 0 & & 0 & & 0 & & \\
 & & \downarrow & & \downarrow & & \downarrow & & \\
0 & \longrightarrow & \overline{Q^{n-1}} & \xrightarrow{*\xi} & \overline{Q^{n}} & \longrightarrow & f_*(\mathcal{L}^n \cdot \mathcal{O}_{\tilde{H}}) & \longrightarrow & R^1 f_* \mathcal{L}^{n-1} \longrightarrow \\
 & & \downarrow & & \downarrow & & \downarrow & & \\
0 & \longrightarrow & \overline{Q^{n-2}} & \xrightarrow{*\xi} & \overline{Q^{n-1}} & \longrightarrow & f_*(\mathcal{L}^{n-1} \cdot \mathcal{O}_{\tilde{H}}) & \longrightarrow & R^1 f_* \mathcal{L}^{n-2} \\
 & & \downarrow & & \downarrow & & & & \\
0 & \longrightarrow & \overline{Q^{n-2}}/\overline{Q^{n-1}} & \xrightarrow{*\mathrm{In}\,\xi} & \overline{Q^{n-1}}/\overline{Q^{n-2}} & & & &
\end{array}$$

ce qui finit la preuve du lemme 1.2.6.

1.3. COROLLAIRE. - *Pour tout idéal* Q *m-primaire, il existe un* n *tel que* Q^n *vérifie les hypothèses de 1.1 pour* $n \geq N$, *en conséquence* $\overline{G}_{Q^n}A$ *est Cohen-Macaulay pour* $n \geq N$.

1.4. COROLLAIRE. - *Soit* $X = \mathrm{Spec}(A)$ *une surface normale ayant une singularité rationnelle en* m. *Alors, pour tout idéal* Q *m-primaire, l'anneau gradué* $\overline{G}_Q A = \bigoplus_{n\geq 0} \overline{Q^n}/\overline{Q^{n+1}}$ *est Cohen-Macaulay.*

En particulier, si Q *est intégralement clos, l'anneau gradué* $\mathrm{gr}_Q A = \bigoplus_{n\geq 0} Q^n/Q^{n+1}$ *est Cohen-Macaulay.*

Preuve. - Les hypothèses du théorème 1.1 sont facilement vérifiées. D'autre part, si $Q = \overline{Q}$ alors $\overline{Q^n} = Q^n$ pour tout $n \geq 1$ (voir [5], 7.3).

1.5. COROLLAIRE. - *Soit* $X = \mathrm{Spec}(R)$ *un germe de variété algébrique sur* k *algébriquement clos de caractéristique nulle, de dimension* 3, *ayant une singularité rationnelle isolée en* m, $f : \tilde{X} \to X$ *une résolution de singularités de* X, $\mathcal{L}$ *un faisceau d'idéaux sur* $\tilde{X}$, $\mathcal{L} = \mathcal{O}_{\tilde{X}}(-E)$, $E \subset f^{-1}(m)$ *tel que* $\mathcal{L}$ *est engendré par ses sections globales et* $R^i f_* \mathcal{L}^n = 0$ *pour* $i = 1, 2$ *et* $n \geq 1$. *Alors, si l'on pose* $Q = f_* \mathcal{L}$ *l'anneau gradué*

$\overline{G}_Q R = \bigoplus_{n\geq 0} \overline{Q^n}/\overline{Q^{n+1}}$ est Cohen-Macaulay.

Preuve. - Soit $x_1,\ldots,x_s$ un système de générateurs de $Q = f_* \mathcal{L}$. D'après [1], il existe un ouvert de Zariski U de l'espace vectoriel k^s tel que pour tout $\lambda \in U$, l'élément $\xi = \lambda_1 x_1 + \ldots + \lambda_s x_s$ définit une surface normale H dans X . Nous pouvons aussi supposer en appliquant le théorème de Bertini que $\forall \lambda \in U$ la transformée stricte $\tilde{H}$ de la surface H par f est non singulière et enfin que si E est le diviseur exceptionnel effectif tel que $Q.\mathcal{O}_{\tilde{X}} = \mathcal{L} = \mathcal{O}_{\tilde{X}}(-E)$ alors $\operatorname{div}(\xi\circ f) = \tilde{H} + E$.

La restriction $f : \tilde{H} \to H$ est une résolution de singularités $(Q.\mathcal{O}_H)\mathcal{O}_{\tilde{H}} = \mathcal{L} \otimes \mathcal{O}_{\tilde{H}}$ est engendré par ses sections globales et il est facile de voir que nos hypothèses entraînent que $R^1 f_*(\mathcal{L}^n \otimes \mathcal{O}_{\tilde{H}}) = 0$, $\forall n \geq 1$.

Par les méthodes employées dans la démonstration de 1.1, on peut vérifier que $\operatorname{In}\xi$ est non diviseur de zéro dans $\overline{G}_Q R$ et $(\overline{G}_Q R)/(\operatorname{In}\xi) = \overline{G}_{Q/(\xi)}\mathcal{O}_H$. Or, ce dernier contient une suite régulière de deux éléments homogènes de degré ≥ 1 . Ceci entraîne que $\overline{G}_Q R$ est Cohen-Macaulay.

N.B. 1.3 est obtenu par d'autres méthodes par T.D. Sancho (cf. ces proceedings).

§ 2. FONCTIONS D'HILBERT-SAMUEL.

2.1. PROPOSITION. - Avec les mêmes notations que 1.1, soit

$$P(n) = e(Q)\binom{n+1}{2} - \delta\binom{n}{1} + \lg R^1 f_* \mathcal{O}_{\tilde{X}}$$

le polynôme d'Hilbert-Samuel coïncidant avec la fonction $H(n) = \lg(A/\overline{Q^n})$ pour n assez grand. (voir [7]). Alors les conditions suivantes sont équivalentes :

i) $P(n) = \lg(A/\overline{Q^n})$ pour $n \geq k$;

ii) $P(1) = \lg(A/\overline{Q^k})$;

iii) $R^1 f_*((Q\mathcal{O}_{\tilde{X}})^k) = 0$;

iv) $R^1 f_*(Q\mathcal{O}^n_{\tilde{X}}) = 0$ pour $n \geq k$.

Preuve. - Les suites exactes dans $\tilde{X}$

$$0 \longrightarrow \mathcal{L}^n \longrightarrow \mathcal{O}_{\tilde{X}} \longrightarrow \mathcal{O}_{nE} \longrightarrow 0$$

et

$$0 \longrightarrow \mathcal{L}^{n-1} \xrightarrow{*(\xi\circ f)} \mathcal{L}^n \longrightarrow \mathcal{L}^n \otimes \mathcal{O}_{\tilde{H}} \longrightarrow 0 , \quad n \geq 2$$

donnent les suites exactes

$$0 \longrightarrow \overline{Q^n} \longrightarrow \mathcal{O}_X \longrightarrow H^0(nE,\mathcal{O}_{nE}) \longrightarrow R^1f_*\mathcal{L}^n \longrightarrow R^1f_*\mathcal{O}_{\tilde{X}} \longrightarrow H^1(nE,\mathcal{O}_{nE}) \longrightarrow 0$$

et

$$0 \longrightarrow \overline{Q^{n-1}} \xrightarrow{*\xi} \overline{Q^n} \longrightarrow f_*(\mathcal{L}^n \otimes \mathcal{O}_{\tilde{H}}) \longrightarrow R^1f_*\mathcal{L}^{n-1} \longrightarrow R^1f_*\mathcal{L}^n \longrightarrow 0 \qquad (n \geq 2)$$

et

$$\lg(\mathcal{O}_X/\overline{Q^n}) = \chi(nE,\mathcal{O}_{nE}) + \lg R^1f_*\mathcal{O}_{\tilde{X}} - \lg R^1f_*\mathcal{L}^n$$
$$= P(n) - \lg R^1f_*\mathcal{L}^n \qquad (\text{cf. [7], 3.3}).$$

La proposition est une conséquence immédiate de cette formule.

2.1.1. COROLLAIRE. - Avec les mêmes notations que 1.1 si

$$R^1f_*(Q\mathcal{O}_{\tilde{X}}) = 0$$

alors

$$\forall n \geq 1 , \quad \lg(A/\overline{Q^n}) = e(Q)\binom{n+1}{2} - \delta\binom{n}{1} + \lg R^1f_*\mathcal{O}_{\tilde{X}}$$

en outre, nous avons la relation $\delta \geq \lg R^1f_*\mathcal{O}_{\tilde{X}}$.

Preuve. - La première partie est conséquence directe de 2.1 et la relation $\lg(A/\overline{Q}) = e(Q) - \delta + \lg R^1f_*\mathcal{O}_{\tilde{X}}$ entraîne $\delta \geq \lg R^1f_*\mathcal{O}_{\tilde{X}}$, car on a toujours $\lg(A/\overline{Q}) \leq e(Q)$ pour Q idéal m-primaire.

2.2. LEMME. - Soit $X = \mathrm{Spec}(A)$ une surface normale, $\pi : \tilde{\tilde{X}} \to X$ la résolution minimale de singularités de X , $\Omega^2_{\tilde{\tilde{X}}}$ le faisceau des formes différentielles d'ordre 2 sur $\tilde{\tilde{X}}$ et K le diviseur canonique, i.e. $\Omega^2_{\tilde{\tilde{X}}} = \mathcal{O}_{\tilde{\tilde{X}}}(K)$. Soit E un diviseur exceptionnel effectif tel que $-E\cdot E_i \geq 2K\cdot E_i$ pour toute courbe irréductible exceptionnelle E_i . Posons $Q = \pi_*\mathcal{O}_{\tilde{\tilde{X}}}(-E)$. Alors $\mathcal{O}_{\tilde{\tilde{X}}}(-E) = Q\cdot\mathcal{O}_{\tilde{\tilde{X}}}$, l'éclatement normalisé de Q dans X n'a que des singularités rationnelles et $R^1\pi_*\mathcal{O}_{\tilde{\tilde{X}}}(-nE) = 0$ pour tout $n \geq 1$.

Aussi l'anneau gradué $\overline{G}_Q A$ est Cohen-Macaulay. La fonction d'Hilbert-Samuel $H(n) = \lg(A/\overline{Q^n})$ est donnée par le corollaire 2.1.1 et nous avons les relations

$$e(Q) \geq \delta \geq \lg R^1\pi_*\mathcal{O}_{\tilde{\tilde{X}}} \geq 0$$

$$\delta \geq \frac{e(Q)}{2} .$$

Preuve. - $\tilde{\tilde{X}}$ étant la résolution minimale, la condition $-E\cdot E_i \geq 2K\cdot E_i$ entraîne ([3], Th. 3.1) que $\mathcal{O}_{\tilde{\tilde{X}}}(-E)$ est engendré par ses sections globales, on aura ainsi $Q\cdot\mathcal{O}_{\tilde{\tilde{X}}} = \mathcal{O}_{\tilde{\tilde{X}}}(-E)$, d'autre part $K\cdot E_i \geq 0$ donc pour tout entier $n > 0$, on aura

$$-nE\cdot E_i \geq 2nK\cdot E_i \geq K\cdot E_i$$

et cela implique ([8]) que $R^1\pi_*\mathcal{O}_{\tilde{\tilde{X}}}(-nE) = 0$, $\forall n \geq 1$.

On en déduit que l'éclatement normalisé $\eta : \overline{X'} \to X$ de Q dans X n'a que des singularités rationnelles et que $R^1\eta_*(Q\cdot\mathcal{O}^n_{\overline{X'}}) = 0$, $\forall n \geq 1$.

Les conditions de 1.1 et de 2.1.1 sont donc remplies. En outre,

$$\lg(R^1\pi_*\mathcal{O}_{\tilde{\tilde{X}}}) = \lg(R^1\eta_*\mathcal{O}_{\overline{X'}}) .$$

En outre, d'après la preuve de 1.1, nous avons

$$e(Q) - \delta = \chi(E,\mathcal{O}_E) = -\tfrac{1}{2}E(E+K) \geq 0$$

car $-E\cdot E_i \geq 2K\cdot E_i \geq K\cdot E_i \geq 0$. L'inégalité $\delta \geq \frac{e(Q)}{2}$ provient de la formule ([7], 2.14)

$$\delta = -\tfrac{1}{2}E(E-K) = \frac{e(Q)}{2} + \frac{K\cdot E}{2} \geq \frac{e(Q)}{2} .$$

Ce qui finit la preuve de 2.2.

§ 3. EXEMPLES DANS LEQUEL ON A $R^1f_*(m\mathcal{O}_{\tilde{X}}) = 0$.

3.0. Soit $(X,m) = (\mathrm{Spec}\,A,m)$ un germe de surface normale, les notations étant celles de § 1, nous étudierons le cas particulier où $Q = m$ l'idéal maximal. Pour n

assez grand la fonction d'Hilbert-Samuel $H(n) = \lg(A/\overline{m^n})$ coïncide avec le polynôme

$$P(n) = e\binom{n+1}{2} - \delta\binom{n}{1} + \lg R^1 f_* \mathcal{O}_{\tilde{X}}$$

(cf. § 2, ou [7] 3.3)

où $f : \tilde{X} \to X$ est l'éclatement normalisé de l'idéal m dans X, e est la multiplicité de la singularité et $\delta = \lg(\overline{\mathcal{O}}_C/\mathcal{O}_C)$ où $\mathcal{O}_C = A/(\xi)$, $\overline{\mathcal{O}}_C$ sa normalisation et ξ une combinaison générique d'un système de générateurs de m.

Ce polynôme étant défini de façon intrinsèque, nous introduisons l'invariant de la singularité :

3.1. DEFINITION. - Le genre pseudo-arithmétique d'une singularité de surface normale noté $p_s(X)$ est le nombre

$$p_s(X) = 1 - (e-\delta) .$$

3.1.1. Remarque. - Soit E le diviseur exceptionnel effectif tel que $m\mathcal{O}_{\tilde{X}} = \mathcal{O}_{\tilde{X}}(-E)$, alors $p_s(X) = p_a(E) = 1 - \chi(E,\mathcal{O}_E)$, c'est un invariant de la singularité.

Par ailleurs, dans la preuve de 2.1, nous avons vu que

$$p_a(E) = \lg R^1 f_* \mathcal{O}_{\tilde{X}} - \lg R^1(m\mathcal{O}_{\tilde{X}}) \geq 0 .$$

Dans [13], Tomari étudie les singularités Gorenstein tels que $p_s(X) \leq 1$; les singularités Gorenstein elliptiques sont des cas particuliers de celles-ci.

L'inégalité suivante due à Abhyankar y joue un rôle très important.

3.2. THEOREME (Abhyankar). - Soit (A,m) un anneau local Cohen-Macaulay. Alors, nous avons

$$\lg(m/m^2) \leq e + \dim(A) - 1 .$$

3.3. Dans [9], [10], J. Sally étudie la propriété Cohen-Macaulay pour le gradué $gr_m A$ d'un anneau local (A,m), de dimension de plongement $e+d-1$, $e+d-2$.

(nous reviendrons sur ces résultats dans § 4).

Par la suite, nous énonçons les résultats de Tomari.

3.4. THEOREME (Tomari [13]). - Soit X une surface normale telle que $p_a(E) = 0$, alors l'éclatement de l'idéal maximal est normal.

3.4.1. Remarque. - Dans ce cas, l'anneau gradué $gr_m A$ est Cohen-Macaulay et la fonction d'Hilbert est calculée par Sally.

On en déduit que $\lg R^1 f_* \mathcal{O}_{\tilde{X}} = 0$ et $\lg R^1 f_*(m\mathcal{O}_{\tilde{X}}) = 0$, où $\tilde{X}$ est l'éclatement (normalisé) de m dans X.

3.5. THEOREME (Tomari [13]). - Soit X une surface normale Gorenstein telle que $p_a(E) = 1$, alors :

i) si $e = 2$, alors l'éclatement de m dans X n'est pas normal et $R^1 f_*(m\mathcal{O}_{\tilde{X}}) = 0$,

ii) si $e \geq 3$, alors l'éclatement de m dans X est normal.

3.5.1. Remarque. - Dans ce dernier cas, le calcul de la fonction de Hilbert-Samuel par Sally donne que $\lg R^1 f_* \mathcal{O}_{\tilde{X}} = 1$, et par conséquent, $R^1 f_*(m\mathcal{O}_{\tilde{X}}) = 0$.

3.6. La preuve de Tomari repose sur le fait que dans les cas qu'il considère le gradué $gr_m A$ est Cohen-Macaulay, sur une étude détaillée de la courbe transformée stricte C' d'une courbe générique C (notation de 1.1) par l'éclatement de l'idéal maximal m dans X et surtout sur la formule ([13], 3.4)

$$p_a(E) = (\delta - \delta_1) + \sum_{n \geq 1} (e - H_C(n))$$

où $\delta_1 = \lg(\pi_* \mathcal{O}_{C'} / \mathcal{O}_C)$, $\pi : C' \to C$ l'éclatement de m dans C et $H_C(n) = \lg(m_C^n / m_C^{n+1})$, $m_C = m\mathcal{O}_C$. D'après un résultat de Sally $e \geq H_C(n)$, $\forall n$. Autrement dit, $p_a(E)$ est écrit comme somme de nombres positifs.

§ 4. $Q^n = \overline{Q^n}$ pour n grand entraîne $Q^n = \overline{Q^n}$ $\forall n$?

Le but de cette section est de démontrer le théorème suivant, les notations sont celles de l'introduction.

4.0. THEOREME. - Soit (A, m) un anneau local noethérien réduit, Q un idéal m-primaire tel que $Q^n = \overline{Q^n}$ pour n grand, alors $Q^n = \overline{Q^n}$ pour tout n si et seulement si l'anneau gradué $gr_Q A$ est de profondeur ≥ 1 .

4.1. Avant de passer à la démonstration de 4.0, signalons que J. Sally connaissait ce résultat lorsque la dimension de A est 1 . Nous donnons ci-dessous quelques exemples en dimension 1 où l'anneau gradué $gr_m A$ n'est pas Cohen-Macaulay, Q sera l'idéal maximal.

4.1.1. Soit C le germe de courbe algébroïde gauche ayant comme paramétrisation

$$x = t^4$$
$$y = t^5$$
$$z = t^{11}$$

l'anneau local $\mathcal{O}_{C,0}$ est inclus dans $\mathbb{C}[[t]]$ et $\mathcal{O}_{C,0} = \mathbb{C}[[t^4, t^5, t^{11}]]$. Soit m l'idéal maximal de $\mathcal{O}_{C,0}$, $m = (t^4, t^5, t^{11})\mathcal{O}_{C,0}$,

$$m^2 = (t^8)\cdot\mathbb{C}[[t]] - \{t^{11}\} ,$$

par contre

$$\overline{m^2} = (t^8)\cdot\mathbb{C}[[t]] \cap \mathcal{O}_t = (t^8)\cdot\mathbb{C}[[t]]$$

d'autre part

$$\overline{m^n} = m^n = t^{4n}\mathbb{C}[[t]] , \quad \forall n \geq 3 .$$

Remarquons que l'anneau gradué $gr_m \mathcal{O}_C = \oplus\, m^n/m^{n+1}$ n'est pas Cohen-Macaulay. En effet, $\mathrm{in}\, t^{11} \cdot m^i/m^{i+1} = 0$, $i \geq 1$. Par contre, l'anneau $\overline{G}_m \mathcal{O}_C$ est Cohen-Macaulay, car il suffit de remarquer que $t^4 \in m/\overline{m^2}$ est non diviseur de zéro dans cet anneau. En effet,

$$m_C/\overline{m_C^2} = \mathbb{C}t^4 \oplus \mathbb{C}t^5 ,$$

et pour $n \geq 2$

$$\overline{m_C^n}/\overline{m_C^{n+1}} = \mathbb{C}t^{4n} \oplus \mathbb{C}t^{4n+1} \oplus \mathbb{C}t^{4n+2} \oplus \mathbb{C}t^{4n+3} .$$

4.1.2. En fait, toute courbe gauche ayant comme paramétrisation

$$x_1 = t^e$$
$$x_2 = t^{e+1}$$
$$x_3 = t^{\alpha_1}$$
$$\dots$$
$$x_s = t^{\alpha_{s-2}}$$

avec α_1 n'appartenant pas au semi-groupe engendré par e , $e+1$ dans $\mathbb{Z}$ et $\alpha_1 > 2e+2$ fournit un contre-exemple. Alors, nous avons

$$\overline{m^2} = t^{2e}\mathbb{C}[[t]] \cap \mathcal{O}_C$$

donc $t^{\alpha_1} \in \overline{m^2}$ mais $t^{\alpha_1} \notin m^2$, et pour tout $n \geq e-1$, on aura $m^n = t^{ne}\mathbb{C}[[t]] = \overline{m^n}$.

4.2. La preuve du théorème sera une conséquence des lemmes suivants.

4.2.1. LEMME 1. - L'anneau gradué $\overline{G}_Q A = \oplus_{n\geq 0} \overline{Q^n}/\overline{Q^{n+1}}$ contient des éléments non diviseurs de zéro dans $\oplus_{n\geq 1} \overline{Q^n}/\overline{Q^{n+1}}$.

4.2.2. LEMME 2. - Soit $\mathcal{F}_k$ une filtration de A décroissante exhaustive (i.e. $\bigcap_{k\geq 0} \mathcal{F}_k = (0)$), $\mathcal{F}_0 = A$, $\mathcal{F}_k$ est un idéal m-primaire pour $k \geq 1$ et $\mathcal{F}_k \cdot \mathcal{F}_\ell \subset \mathcal{F}_{k+\ell}$. Nous avons les résultats suivants :

I) soit $p \in \mathcal{F}_s/\mathcal{F}_{s+1}$ un élément non diviseur de zéro dans $gr_{\mathcal{F}}A$, alors il existe un ouvert de Zariski $U \subset \mathcal{F}_s/\mathcal{F}_{s+1}$ tel que $\forall \gamma \in U$, γ soit non diviseur de zéro dans $gr_{\mathcal{F}}A$.

II) Soit $y \in \mathcal{F}_s - \mathcal{F}_{s+1}$ et $\text{in}\, y \in \mathcal{F}_s/\mathcal{F}_{s+1}$ sa classe d'équivalence ; $\text{in}\, y$ est non diviseur de zéro dans $gr_{\mathcal{F}}A$ si et seulement si :

a) y est non diviseur de zéro dans A ,

b) $\mathcal{F}_n \cap (y) = \mathcal{F}_{n-s} \cdot (y)$, $\forall n \geq s$.

4.2.3. Preuve du théorème. -

La partie $\Rightarrow$ c'est le lemme 1.

Montrons l'autre implication.

Supposons que $gr_Q A = \bigoplus_{n\geq 0} Q^n/Q^{n+1}$ a des éléments non diviseurs de zéro dans $\bigoplus_{n\geq 1} Q^n/Q^{n+1}$, soit β un de ces éléments que l'on peut choisir homogène $\beta = \text{in}\, y$, $y \in Q^s - Q^{s+1}$; d'autre part, en prenant une puissance assez grande de y on peut supposer que $Q^n = \overline{Q^n}$ $\forall n \geq s$. Les lemmes 1) et 2) appliqués à $\mathcal{F}_k = Q^k$ et à $\mathcal{F}_k = \overline{Q^k}$, nous disent que dans $Q^s/Q^{s+1} = \overline{Q^s}/\overline{Q^{s+1}}$ il y a un ouvert de Zariski $U \subset Q^s/Q^{s+1}$ tel que $\forall \gamma \in U$, γ soit non diviseur de zéro dans $gr_Q A$ (resp. dans $\overline{G}_Q A$).

Soit donc $z \in Q^s - Q^{s+1}$ tel que in z soit non diviseur de zéro dans $gr_Q A$ (resp. dans $\overline{G}_Q A$), et la partie II) du lemme 2 nous dit que l'on aura :

a) z est non diviseur de zéro dans A,

et b) $Q^n \cap (z) = Q^{n-s}.(z)$ $\forall n \geq s$,

b') $\overline{Q^n} \cap (z) = \overline{Q^{n-s}}.(z)$ $\forall n \geq s$.

Or, on a supposé que $Q^n = \overline{Q^n}$ $\forall n \geq s$. Cela implique $Q^{n-s}.(z) = \overline{Q^{n-s}}.(z)$, z étant non diviseur de zéro dans A, $Q^{n-s} = \overline{Q^{n-s}}$, et donc $Q^n = \overline{Q^n}$ $\forall n \geq 0$.

4.2.4. Preuve du lemme 1. - Rappelons d'après [L-T] qu'il existe $q \in \mathbb{N}$ tel que $\bar{\nu}_Q(x) \in \frac{\mathbb{Z}}{q}$ $\forall x \in A$, et l'anneau gradué $\overline{gr}_Q A = \bigoplus_{\nu \geq 0} \overline{Q^\nu}/\overline{Q^{\nu+}}$ est réduit, cela implique que $\overline{gr}_Q A$ a des éléments non diviseurs de zéro que l'on peut choisir dans $\bigoplus_{\nu \geq 1/q} \overline{Q^\nu}/\overline{Q^{\nu+}}$ car $A/\overline{Q^{1/q}}$ est artinien. D'autre part, on peut le choisir homogène de la forme in $y \in \overline{Q^\nu}/\overline{Q^{\nu+}}$ avec $\bar{\nu}(y) = \nu \geq 1/q$. Et en prenant une puissance de y on peut supposer que $\bar{\nu}(y) = s \in \mathbb{N} - \{0\}$; le fait que $\overline{\text{in}}\, y$ soit non diviseur de zéro dans $\overline{gr}_Q A$ entraîne que

$$\forall z \in A \quad \bar{\nu}(y.z) = \bar{\nu}(y) + \bar{\nu}(z) .$$

Cela implique que in $y \in \overline{Q^s}/\overline{Q^{s+1}}$ est non diviseur de zéro dans $\overline{G}_Q A = \bigoplus_{n \in \mathbb{N}} \overline{Q^n}/\overline{Q^{n+1}}$.

4.2.5. Preuve du lemme 2. -

I) $\mathcal{F}_s/\mathcal{F}_{s+1}$ est un $A/\mathcal{F}_1$-module, car $\mathcal{F}_1.\mathcal{F}_s \subset \mathcal{F}_{s+1}$; comme $A/\mathcal{F}_1$ est local artinien et de dimension finie sur A/m . Soit $\mathfrak{X} = \bigoplus_{n\geq 1} \mathcal{F}_n/\mathcal{F}_{n+1}$, soit $\{p_i\}$ l'ensemble des idéaux premiers associés à (0) , l'ensemble des diviseurs de zéro est la réunion des p_i . Par hypothèse, il existe un élément non diviseur de zéro $\text{in}\,\beta \in \mathcal{F}_s/\mathcal{F}_{s+1}$, donc $p_i \cap \mathcal{F}_s/\mathcal{F}_{s+1} \neq \mathcal{F}_s/\mathcal{F}_{s+1}$ pour tout i . D'autre part, les ensembles $p_i \cap \mathcal{F}_s/\mathcal{F}_{s+1}$ sont des $A/\mathcal{F}_1$-sous-modules propres de $\mathcal{F}_s/\mathcal{F}_{s+1}$, donc le complémentaire de leur réunion est un ouvert de Zariski dans $\mathcal{F}_s/\mathcal{F}_{s+1}$ ce qui finit la preuve du lemme 2. I).

<u>Preuve du lemme 2. II)</u>. -

Voyons l'implication ⇒

Si $\text{in}\,y \in \mathcal{F}_s/\mathcal{F}_{s+1}$ est non diviseur de zéro dans $\text{gr}_{\mathcal{F}}A$, alors il est immédiat que y est non diviseur de zéro dans A .

Montrons b). Il est clair que $\mathcal{F}_{n-s}\cdot(y) \subset \mathcal{F}_n \cap (y)$. Prouvons l'autre inclusion.

Soit $x \in \mathcal{F}_n \cap (y)$, alors $x = \alpha y$, il suffira de montrer que $\alpha \in \mathcal{F}_{n-s}$. Supposons que $\alpha \notin \mathcal{F}_{n-s}$ et soit $k < n-s$ tel que $\alpha \in \mathcal{F}_k$, $\alpha \notin \mathcal{F}_{k+1}$, alors $\text{in}\,\alpha \in \mathcal{F}_k/\mathcal{F}_{k+1}$ est non nul et $\text{in}(\alpha y) = \text{in}\,\alpha \cdot \text{in}\,y \in \mathcal{F}_{s+k}/\mathcal{F}_{s+k+1}$ est non nul, ce qui entraîne que $\alpha y \notin \mathcal{F}_{s+k+1}$ et a fortiori $x = \alpha y \notin \mathcal{F}_n$, ce qui est absurde.

Prouvons l'autre implication.

Soit $\alpha \in \mathcal{F}_k - \mathcal{F}_{k+1}$, $0 \neq \text{in}\,\alpha \in \mathcal{F}_k/\mathcal{F}_{k+1}$. Voyons que $\text{in}(\alpha y) \in \mathcal{F}_{k+s}/\mathcal{F}_{k+s+1}$ est non nul.

Remarquons que d'après a), $\alpha y \neq 0$; d'autre part, si $\text{in}(\alpha y) = 0$, cela voudrait dire que $\alpha y \in \mathcal{F}_{k+s+1}$; donc $\alpha y \in \mathcal{F}_{k+s+1} \cap (y) = \mathcal{F}_{k+1}\cdot(y)$ par b). Donc, il existerait $\alpha_1 \in \mathcal{F}_{k+1}$, tel que $\alpha y = \alpha_1 y$, mais y est non diviseur de zéro dans A . Donc $\alpha = \alpha_1$, ce qui impliquerait $\alpha \in \mathcal{F}_{k+1}$, en contradiction avec l'hypothèse $\text{in}\,\alpha \neq 0$. Et nous avons fini la preuve du lemme 2.

4.3. COROLLAIRE. - <u>Soit</u> $(X,x) \subset \mathbb{C}^{d+1}$ <u>une hypersurface réduite</u>, <u>alors si</u> $m^n = \overline{m^n}$ <u>pour</u> n <u>assez grand</u>, <u>alors</u> $m^n = \overline{m^n}$ $\forall n$.

J. Sally ([9], [10], [11]) a étudié plusieurs cas dans lesquels l'anneau gradué $\text{gr}_m A$ est Cohen-Macaulay et plus généralement $\text{prof}(\text{gr}_m A) \geq 1$.

4.4. THEOREME (J. Sally). - Soit (A, m) un anneau local Cohen-Macaulay, de dimension d.

1) Si $lg(m/m^2) = d$, $d+1$, $e+d-1$, alors $gr_m A$ est Cohen-Macaulay (cf. [9]).

2) Si (A, m) est Gorenstein $lg(m/m^2) = d, d+1, e+d-1, e+d-2$ ou $e+d-3$, alors $gr_m A$ est Cohen-Macaulay (cf. [10]).

3) Si $lg(m/m^2) = e+d-2$, alors le type de R défini comme $lg(Ext^1(R/m, R))$ est inférieur ou égal à $e-2$ et

i) si type de $R < e-2$, alors $gr_m A$ est Cohen-Macaulay ;

ii) si type de $R = e-2$, alors pour certains $prof(gr_m A) \geq 1$ (pour plus de précision, voir [11]).

4.5. COROLLAIRE. - Dans chacun des cas qui suivent si $m^n = \overline{m^n}$ pour n grand, alors $m^n = \overline{m^n}$ pour tout n.

1) Singularités rationnelles.

2) Singularités elliptiques Gorenstein.

3) Singularités Gorenstein de genre géométrique 2.

4.6. Question. - Trouver un anneau local (A, m) noethérien réduit de dimension ≥ 2, tel que $m^n = \overline{m^n}$ pour n grand, mais $prof(gr_m A) = 0$.

BIBLIOGRAPHIE.

[1] FLENNER H., Die Sätze von Bertini für lokale ringe.
Math. Ann. 229, 97-111 (1977).

[2] HOCHSTER M., and RATLIFF L.J.Jr, Five Theorems on Macaulay Rings.
Pacific J. of Maths., vol. 44, n° 1, 1973.

[3] LAUFER H.B., Proc. AMS Symposium in Pure Math., Arcata 1981.

[4] LEJEUNE M. et TEISSIER B., Clôture intégrale des idéaux et équisingularité. Chap. I. Séminaire Centre de Math. de l'Ecole Polytechnique, 1974.

[5] LIPMAN J., Rational Singularities... Pub. Maths IHES, n° 36.

[6] LIPMAN J., Desingularization of two-dimensional schemes. Ann. of Math., 107 (1978), 151-207.

[7] MORALES M., Calcul de quelques invariants de surface normale, dans Nœuds, Tresses et Singularités. Sém. Les Plans sur Bex, Monographie 31 de l'Enseignement Math., Genève 1983.

[8] RAMANUJAM C.P., Remarks on the Kodaira Varishing Theorem, Journal of the Indian Math. Soc. 36 (1972), 41-51.

[9] SALLY Judith D., Cohen-Macaulay local rings of maximal embedding dimension. J. of Alg. 1979, vol. 56, n° 1.

[10] SALLY Judith D., Good embedding dimensions for Gorenstein Singularities. Math. Ann. 1980, 95-106.

[11] SALLY Judith D., Cohen-Macaulay local rings of embedding dimension $e+d-2$. J. of Algebra, vol. 2, 1983.

[12] SAMUEL P., Some asymptotic properties of powers of ideals. Ann. of Maths. 56-1 (1952), 11-21.

[13] TOMARI M., A p_g- formula and elliptic singularities. Preprint Pub. RIMS. October 1983, Kyoto, Japan.

[14] ZARISKI O. and SAMUEL P., Commutative Algebra. Vol. II. Graduate Texts in Math. n° 29, Springer-Verlag.

U. ORBANZ

On equimultiplicity of the normal cone

INTRODUCTION. The starting point for this short note is a result on families of varieties due to Teissier in the complex-analytic case ([10]) and to Lipman in the algebraic case ([4]). Let the family be given by a morphism $f : X \longrightarrow Y$ and assume that X contains a subvariety Z on which f induces a finite projection. For any $y \in Y$ one can define a multiplicity $e(y)$ of the fibre X_y at $X_y \cap Z$, and the above mentioned result is concerned with the local constancy of the number $e(y)$. Namely, if X is locally given by a local ring R and Z by an ideal I of R, and if f is flat, then $e(y)$ is locally constant if and only if $ht(I) = \ell(I)$, where I denotes the analytic spread of I (see [3] for definition).

Now the condition $ht(I) = \ell(I)$ given by Lipman and Teissier does not involve the base space Y of the family, and therefore the question arises: Given just $Z \subset X$, is there a "natural" construction of a family $f : X \longrightarrow Y$ such that $f|Z$ is finite? Since there is no obvious such construction, we replace X by the normal cone $C_Z(X)$ which approximates X near to Z. Then we may take $Y = Z$ since we have natural morphisms $Z \hookrightarrow C_Z(X) \twoheadrightarrow Z$. By applying some techniques which we have developed in earlier Papers, we will derive some results on the equimultiplicity of the fibres of the morphism $C_Z(X) \longrightarrow Z$ along $Z \subset C_Z(X)$.

We will now introduce some notation in order to state the results. This notation (together with the assumptions stated below) will be kept fixed for the rest of the paper.

We fix a quasi-unmixed local ring R with maximal ideal $\mathfrak{m}$ and with an infinite residue field. P will denote a prime ideal of R such that R/P is regular. We put

$X = \operatorname{Spec} R$, $Z = \operatorname{Spec} R/P$,

$C = C_Z(X) = \operatorname{Spec} gr_P(R)$

$Bl_P(R) = \operatorname{Proj}(\underset{n \geq 0}{\oplus} P^n)$ = the blowing up of X with center Z

$E = \operatorname{Proj}(gr_P(R)) \subset Bl_P(R)$ the exceptional divisor

$C_\circ$ = the fibre of $C \longrightarrow Z$ at $\mathfrak{m}/P = \operatorname{Spec}(gr_P(R) \otimes_R R/\mathfrak{m})$

$E_\circ$ = the fibre of $E \longrightarrow Z$ at $\mathfrak{m}/P = \operatorname{Proj}(gr_P(R) \otimes_R R/\mathfrak{m})$.

We will assume that $\operatorname{codim}_X(Z) \geq 1$. We note that the fibres of $C \longrightarrow Z$ are cones, and the intersection of a fibre with $Z \subset C$ is the vertex of that cone. Therefore we will call $C \longrightarrow Z$ an equimultiple family of vertices if the fibres are equimultiple along Z . Now the main results can be stated in the following way:

PROPOSITION 1. If X is equimultiple along Z , then the following conditions are equivalent:

(i) $C \longrightarrow Z$ is an equimultiple family of vertices.

(ii) E is generically Cohen-Macaulay along $E_\circ$.

One consequence of Proposition 1 will be that if $E \longrightarrow Z$ is flat (and in particular if X is normally flat along Z) then $C \longrightarrow Y$ is an equimultiple family of vertices (see Corollary 1).

PROPOSITION 2. Assume that

1) X is equimultiple along Z ,

2) $C \longrightarrow Z$ is an equimultiple family of vertices,

3) $C_\circ$ has no embedded flat components.

Then X is normally flat along Z .

We point out that without the assumption of X being equimultiple along Z not much can be said about $C \longrightarrow Z$ (compare example 2 below). This corresponds to the fact that this equimultiplicity is essential in order to get some control over the ring $gr_P(R)$, as one also can see from the results of [1].

I am indebted to L. Robbiano, whom I thank very much for illuminating discussions about this subject. Also I thank B. Moonen for suggesting the problem.

1. We start by recalling some algebraic results which will be needed in the proofs. From Ratliff's papers on quasi-unmixed rings one can deduce the following facts:

(1.1) From R being quasi-unmixed it follows that any localisation of $gr_P(R)$ is quasi-unmixed again. Let R_1 be the local ring of a point of $Bl_P(R)$. Then R_1 is quasi-unmixed, and moreover if R_1 corresponds to a closed point of $Bl_P(R)$ then $\dim R_1 = \dim R$.

The condition that X is equmultiple along Z means that $e(R) = e(R_P)$, and in [2] we have shown:

(1.2) If $e(R) = e(R_P)$ then $ht(P) = \ell(P)$, where $\ell(P) = \dim C_o$.

Now since R/P is regular by assumption, we can choose $\underline{x} = (x_1,\ldots,x_r)$ such that $r = \dim R/P$ and $P + \underline{x}R = m$. Assume $e(R) = e(R_P)$ and let R_1 be a local ring of $Bl_P(R)$ corresponding to a closed point above m. Then (1.1) and (1.2) imply

$$\dim(R_1/mR_1) = \ell(P)-1 = ht(P)-1 = \dim R-(r+1) = \dim R_1-(r+1) .$$

Even if R_1 corresponds to a non-closed point above m, then by localising and using the fact that the rings of $Bl_P(R)$ are quasi-unmixed, we still have $\dim(R_1/mR_1) = \dim R_1-(r+1)$. Therefore we deduce:

(1.3) If R_1 is a local ring of $Bl_P(R)$ such that $mR_1 \neq R_1$ and if $e(R) = e(R_P)$, then $ht(mR_1) = r+1$ and $x_1,\ldots,x_r$ are part of a system of parameters of R_1/PR_1.

From [6] we take the following result:

(1.4) Let $\underline{y} = (y_1,\ldots,y_s)$ be part of a system of parameters of R. Then $e(R) = e(R/\underline{y}R)$ if and only if $\underline{y}$ can be extended to a minimal reduction of m and R_Q is Cohen-Macaulay for every minimal prime ideal Q of $\underline{y}R$.

Now let us write $m = P + \underline{x}R$ again, where $\underline{x} = (x_1, \ldots, x_r)$ and $r = \dim R/P$. Then there is a canonical epimorphism of graded rings

$$\varphi : gr_P(R) \otimes_R R/m[X_1, \ldots, X_r] \longrightarrow gr_m(R)$$

which is induced by the inclusion $P \subset m$ on $gr_P(R) \otimes_R R/m$ and which maps X_i to $in_m x_i$. In [4] one can find the following result, originally due to Schickhoff:

(1.5) $e(R) = e(R_P)$ if and only if φ has a nilpotent kernel.

For any graded ring $A = \bigoplus_{n \geq 0} A_n$ for which $A_\circ$ is local, we will use the notation $A^\vee$ for the localisation of A at its unique maximal homogeneous ideal.

In $gr_P(R)^\vee$ consider the ideal P^* generated by $\bigoplus_{n \geq 1} P^n/P^{n+1}$. Then from $\dim gr_P(R)^\vee = \dim R$ and $gr_P(R)^\vee/P^* \simeq R/P$ we see that $ht(P^*) = ht(P)$. Since the associated graded ring of $gr_P(R)^\vee$ with respect to P^* is simply $gr_P(R)$ itself, it is also clear that $\ell(P^*) = \ell(P)$ and therefore:

(1.6) $ht(P) = \ell(P) \Longleftrightarrow ht(P^*) = \ell(P^*)$ (compare [5]).

Let R_1 be a local ring of $B\ell_P(R)$ such that $PR_1 \neq R_1$. Then there is a unique homogeneous prime ideal Q of $gr_P(R)$ such that $R_1/PR_1 \simeq gr_P(R)_{(Q)}$. Furthermore there is some $t \in P/P^2$ which is not contained in Q, and for any such t there is an isomorphism

$$gr_P(R) \simeq gr_P(R)_{(Q)}[T]_{N[T]},$$

mapping t to T, where N denotes the maximal ideal of $gr_P(R)_{(Q)}$. From this isomorphism we deduce:

(1.7) $gr_P(R)_Q$ is Cohen-Macaulay if and only if $gr_P(R)_{(Q)}$ is Cohen-Macaulay.

2. We will now turn to the proof of Proposition 1, and to avoid heavy notation we put $F_P(R) = gr_P(R) \otimes_R R/m$. The symbol $e(-)$ will denote the multiplicity of a local ring with respect to the maximal ideal.

PROOF of Proposition 1. Since $e(R) = e(R_P)$ by assumption, we know from (1.2) that $ht(P) = \ell(P)$, which means that all the fibres of $C \longrightarrow Z$ have the same dimension. By semicontinuity of the multiplicity of the fibre (see [4], Proposition (3.1)), we see that (i) is equivalent to

$$(i') \qquad e((gr_P(R) \otimes_R R_P)^V) = e(F_P(R)^V) .$$

Choosing $\underline{x} = (x_1,\dots,x_r)$ such that $r = \dim R/P$ and $P + \underline{x}R = m$, we have

$$F_P(R)^V \simeq gr_P(R)^V/\underline{x}^* gr_P(R)^V,$$

where $x_i^* \in R/P$ is the initial form of x_i with respect to P and $\underline{x}^* = (x_1^*,\dots,x_r^*)$. By (1.6) we know that $ht(P^*) = \ell(P^*) = \dim gr_P(R)^V - r$. Therefore if we choose $\underline{y}^* = (y_1^*,\dots,y_s^*)$ in $gr_P(R)^V$ generating a minimal reduction of P^*, then $\underline{x}^*,\underline{y}^*$ generate a minimal reduction of the maximal ideal $P^* + \underline{x}^* gr_P(R)^V$ of $gr_P(R)^V$. Using (1.4) (applied to $gr_P(R)^V$) we see that

(1) $\quad e(gr_P(R)^V) = e(F_P(R)^V) \iff$ $\begin{cases} \text{for any minimal prime ideal } Q \text{ of} \\ \underline{x}^* gr_P(R) \text{ , the local ring } gr_P(R)_Q \\ \text{is Cohen-Macaulay.} \end{cases}$

Now using the isomorphism $(gr_P(R) \otimes_R R_P)^V \simeq gr_P(R)^V_{P^*}$ and $ht(P^*) = \ell(P^*)$ again we obtain

$$(2) \qquad e((gr_P(R) \otimes_R R_P)^V) = e(gr_P(R)^V_{P^*}) = e(gr_P(R)^V)$$

by (1.2). Combining (1) and (2) we conclude that (i) and (i') are equivalent to (i") For any minimal prime ideal Q of $\underline{x}^*gr_P(R)$, the local ring $gr_P(R)_Q$ is Cohen-Macanlay.

Since we assumed $codim_X(Z) = ht(P) \geq 1$, the minimal primes Q of $\underline{x}^*gr_P(R)$ are in one-to-one correspondence with the generic points of the subscheme E_o of E. Now applying (1.7) we finally get that (i") is equvalent to (ii).

COROLLARY 1. If $E \longrightarrow Z$ is flat then $C \longrightarrow Z$ is an equimultiple family of vertices.

PROOF. Flatness of $E \longrightarrow Z$, which has been called projective normal flatness in [7], implies $e(R) = e(R_P)$ (see [3], Thm. 1). and we can apply Proposition 1. Condition (ii) there is certainly equvalent to the following one: If R_1 is a local ring of $B\ell_P(R)$ such that the corresponding homomorphism $R \longrightarrow R_1$ is local, and if Q is any minimal prime ideal of $\mathfrak{m}\cdot R_1$, then $(R_1)_Q/P\cdot(R_1)_Q$ is Cohen-Macaulay. Choosing $\underline{x} = (x_1,\ldots,x_r)$ as above, we know from [7], Cor. (1.7), that $\underline{x}$ is a regular sequence on R_1/PR_1, which proves the assertion.

COROLLARY 2. Let $r = \dim Z$ and assume X equimultiple along Z. If $B\ell_P(R)$ satisfies the Serre condition S_{r+1} then $C \longrightarrow Z$ is an equimultiple family of vertices. This holds in particular if $B\ell_P(R)$ is Cohen-Macaulay.

PROOF. This follows directly from Proposition 1 together with (1.3).

For the proof of Proposition 2 we need the following

LEMMA. Let A be a quasi-unmixed local ring having no embedded components and let $\mathfrak{n} \subset A$ be a nilpotent ideal. If $e(A) = e(A/\mathfrak{n})$, then $\mathfrak{n} = (0)$.

PROOF. Put $\bar{A} = A/\mathfrak{n}$ and let $\pi : A \longrightarrow \bar{A}$ be the canonical homomorphism. By standard techniques we may assume that A has an infinite residue field, so we may choose a system of parameters

$y_1, \ldots, y_d$ of A such that

$$e(\underline{y}A, A) = e(A) \ , \ \underline{y} = (y_1, \ldots, y_d) \ .$$

Put $\pi(y_i) = \bar{y}_i$ etc. Then since $\underline{y}A$ is nothing but a minimal reduction of the maximal ideal of A, also $\underline{y} \cdot \bar{A}$ is a minimal reduction of the maximal ideal of $\bar{A}$, and consequently

$$e(\underline{y}\bar{A}, \bar{A}) = e(\bar{A}) \ .$$

By the associativity law for multiplicities we know that

$$e(\underline{y}A, A) = \sum_{\mathfrak{p} \in \operatorname{Assh}(0)} e(\underline{y}; A/\mathfrak{p}) \cdot \ell(A_{\mathfrak{p}}) \ ,$$

where $\operatorname{Assh}(0) = \{\mathfrak{p} \in \operatorname{Spec} A \mid \dim A/\mathfrak{p} = \dim A\}$, and similarly

$$e(\underline{y}\bar{A}, \bar{A}) = \sum_{\mathfrak{p} \in \operatorname{Assh}(0)} e(\underline{y}; A/\mathfrak{p}) \quad (\bar{A}_{\bar{\mathfrak{p}}}) \ .$$

Since $\ell(\bar{A}_{\bar{\mathfrak{p}}}) \leq \ell(A_{\mathfrak{p}})$ and $e(\underline{y}; A/\mathfrak{p}) \neq 0$ for all $\mathfrak{p} \in \operatorname{Assh}(0)$, we conclude from our assumption that

$$\ell(\bar{A}_{\bar{\mathfrak{p}}}) = \ell(A_{\mathfrak{p}}/\mathfrak{n}A_{\mathfrak{p}}) = \ell(A_{\mathfrak{p}}) \quad \text{for all} \quad \mathfrak{p} \in \operatorname{Assh}(0)$$

and therefore

$$\mathfrak{n} \cdot A_{\mathfrak{p}} = 0 \quad \text{for all} \quad \mathfrak{p} \in \operatorname{Assh}(0) \ .$$

Since A is quasi-unmixed and has no embedded components, we know that

$$\operatorname{Assh}(0) = \operatorname{Min}(0) = \operatorname{Ass}(A) \ .$$

So we have shown that $\pi \otimes A_{\mathfrak{p}}$ is an isomorphism for all $\mathfrak{p} \in \operatorname{Ass}(A)$, and therefore π is an isomorphism.

<u>PROOF</u> of Proposition 2. We use the notation of (1.5). Since we assume $e(R) = e(R_P)$, we know that

$$\varphi : gr_P(R) \otimes_R R/m[X_1,\dots X_r] \longrightarrow gr_m(R)$$

has a nilpotent kernel. Clearly

$$(3) \qquad e(gr_m(R)^V) = e(R)$$

and

$$(4) \qquad e((gr_P(R) \otimes_R R/m[X_1,\dots X_r])^V) = e((gr_P(R) \otimes_R R/m)^V)$$

$$= e((gr_P(R) \otimes_R R_P)^V) = e(R_P)$$

by assumption 2) and the isomorphism $gr_P(R) \otimes_R R_P \simeq gr_{PR_P}(R_P)$. The associated primes of $gr_P(R) \otimes_R R/m[X_1,\dots X_r]$ are the extensions of the associated primes of $gr_P(R) \otimes_R R/m$. Since we assumed that this ring has no embedded components, the same holds for the polynomial ring above. Now from (3), (4) and the Lemma we conclude that φ is an isomorphism, and this is equivalent to R being normally flat along P ([9], Thm (1.8)).

REMARK. Combining Proposition 2 with Corollary 1 we see that if X is projectively normally flat along Z and if C_o has no embedded components, then X is normally flat along Z . This conclusion was proved in [7] under the weaker assumption $depth(C_o) > 0$ on C_o .

COROLLARY 3. Assume that

1) X is equimultiple along Z ,
2) $B\ell_P(R)$ is Cohen-Macaulay,
3) $depth(C_o) > 0$.

Then X is normally flat along Z .

PROOF. By Corollary 2, $C \longrightarrow Z$ is an equimultiple family of vertices, and therefore the result will follow from Proposition 2 if we can show that C_o has no embedded components. Using our earlier notation we know that E is Cohen-Macaulay and E_o is defined in E by $x_1,\ldots x_r$ which are part of a system of parameters on E by (1.3), hence they are a regular sequence. It follows that E_0 has no embedded components, and so the only embedded component of C_0 could possibly be its vertex. But this is excluded by assumption 3).

3. We will now turn to some examples, for which we fix an infinite ground field k.

EXAMPLE 1 (see [8]). We take

$$R = k[\![x^4,x^{10},x^5y,y^2]\!] \subset k[\![x,y]\!]$$

and

$$P = (x^4,x^{10},x^5y) \quad R \quad .$$

Then

$$R \simeq k[\![U,V,W,Z]\!] \;/(U^5-V^2,W^2-VZ)$$

where U,V,W,Z correspond to x^4,x^{10},x^5y,y^2 respectively. In [8] it is shown that

$$gr_m(R) \simeq k[U,V,W,Z]/(V^2,W^2-VZ)$$

and

$$gr_P(R) \simeq k[\![Z]\!]\;[U,V,W]/(V^2,ZV,VW^2,W^4) \quad .$$

Moreover $e(R) = e(R_P)$ and R/P is regular. Obviously we have $e(R) = 4$ and therefore also $e((gr_P(R) \otimes_R R_P)^V) = 4$. Since

$$gr_P(R) \otimes_R R/m \simeq k[U,V,W]/(V^2,VW^2,W^4)$$

we see that

$$e((gr_P(R) \otimes_R R/m)^V) = \ell(k[V,W]/(V^2,VW^2,W^4)) = 6 \quad .$$

Therefore $C \longrightarrow Z$ is not an equimultiple family of vertices and $B\ell_P(R)$ is not Cohen-Macaulay by Corollary 2. Note that $B\ell_{\mathfrak{m}}(R)$ is Cohen-Macaulay since $gr_{\mathfrak{m}}(R)$ is a complete intersection.

By Corollary 1 we know that if X is equimultiple along Z and $C \longrightarrow Z$ is not an equimultiple family of vertices, then X is not projectively normally flat along Z. In the above example, this can also be checked by direct computation using the form of $gr_P(R)$ given above. We point out that finding the equations for $gr_P(R)$ is the most difficult part in this example.

<u>EXAMPLE 2</u>. Here we will show that $C \longrightarrow Z$ may be an equimultiple family of vertices without X being equimultiple along Z. Probably the simplest such example is

$$R = k\,[\![x^2, xy, y^2]\!]$$

and

$$P = (xy, y^2)R\ .$$

Clearly $e(R) = 2$ and $e(R_P) = 1$. Since

$$R \simeq k\,[\![U,V,W]\!]\,/(UW-V^2)\ ,$$

we see that

$$gr_P(R) \otimes_R R_P \simeq k((U))[V,W]/(UW)$$

and

$$gr_P(R) \otimes_R R/\mathfrak{m} \simeq k[V,W]\ ,$$

so both fibres are regular. This example also indicates that nothing can be concluded from the equimultiplicity of the family $C \longrightarrow Z$ if X is not equimultiple along Z. As we have pointed out in the proof of Proposition 1, equimultiplicity of X along Z means that all fibres of $C \longrightarrow Z$ have the same dimension, and without this assumption there is no reasonable way of comparing the multiplicities of these fibres.

4. We add some concluding remarks. The papers [1], [2], [3], [5], [6] and [7] contain some techniques by which one could generalise our results to the case where R/P is not regular. We don't give these more general results here because not only the proofs but also the statements have to be modified, and then they become less geometric.

Next we note that one might also like to consider the question if the fibres of $C \longrightarrow Z$ have constant Hilbert functions at the vertices. By results of Bennett and Hironaka, it is well known that this holds if and only if X is normally flat along Z. This allows to reformulate Proposition 2 and Corollary 3 in the following way: If the assumptions of either one are satisfied, then the fibres of $C \longrightarrow Z$ not only have the same multiplicities at their vertices, but they even have the same Hilbert function.

Finally we raise the following two questions:

QUESTION 1. Which conditions allow to deduce normal flatness of X along Z from projective normal flatness of X along Z? In particular, is it sufficient to assume X Cohen-Macaulay?

QUESTION 2. Are the same results as above still true if X and Z are complex-analytic spaces?

REFERENCES.

[1] U. Grothe - M. Herrmann - U. Orbanz, Graded Cohen-Macaulay rings associated to equimultiple ideals, Math. Z. 186 (1984), 531 - 556.

[2] M. Herrmann - U. Orbanz, Faserdimensionen von Aufblasungen lokaler Ringe und Äquimultiplizität, J. Math. Kyoto Univ. 20 (1980), 651 - 659.

[3] M. Herrmann - U. Orbanz, On equimultiplicity, Math. Proc. Camb. Phil. Soc. 91 (1982), 207 - 213.

[4] J. Lipman, Equimultiplicity, reduction and blowing up, in: Commutative Algebra (ed. R. Draper), Lecture Notes in Pure Appl. Math. 68, Marcel Dekker, New York 1982, 111 - 147.

[5] U. Orbanz, Multiplicities and Hilbert functions under blowing up, Manuscripta math. 36 (1981), 179 - 186.

[6] U. Orbanz, Transversal parameters and tangential flatness, to appear in Math. Proc. Camb. Phil. Soc.

[7] U. Orbanz - L. Robbiano, Projective normal flatness and Hilbert functions, Trans. Amer. Math. Soc. 283 (1984), 33 - 47.

[8] L. Robbiano, Remarks on blowing up divisorial ideals, Manuscripta math. 30 (1980).

[9] L. Robbiano, On normal flatness and some related topics, in: Commutative Algebra, Proc. of the Trento Conference (ed. S. Greco, G. Valla), Lecture Notes in Pure Appl. Math. 84, Marcel Dekker, New York 1983, 235 - 251.

[10] B. Teissier, Résolution simultanée et cycles évanescents, in: Séminaire sur les singularités des surfaces (ed. M. Demazure, H. Pinkham, B. Teissier), Lecture Notes in Mathematics 777, Springer Verlag, Berlin - New York - Heidelberg 1980, 71 - 146.

C. SANCHO DE SALAS

Moduli of analytic branches

Introduction

The purpose of this paper is to compute the underlying set of the moduli space for irreducible analytic branches embedded in affine-space over an algebraically closed field k of arbitrary characteristic.

Let:

$$C \hookrightarrow X = \mathrm{Spec}(k[[T_o,\dots,T_m]])$$

be an analytic branch and $\{r_i\}_{i=o}^{\infty}$ the sequence of multiplicities of C and its successive quadratic transforms. We will denote by r the following:

$$r = h + 2 \sum_{i=o}^{\infty} r_i(r_i - 1)^2$$

where h is the number of quadratic transformations needed to desingularise C. Let C_r be the r-th quadratic transform of C let $X_C^r \longrightarrow X$ be the r-th quadratic transform of X in the direction of C and

$$\pi_r : X_C^r \longrightarrow X$$

the canonical map. If X_o^C is the reduced exceptional fibre of π_r we will denote by I the sheaf of ideals defining X_o and let $X_n^C \hookrightarrow X_C^r$ be the closed subscheme which is defined by I^{n+1}. Let $L = I/I^2$ be the conormal sheaf to X_o in X_C^r.

Definition: Two embedded branches $C \hookrightarrow X'$, $C' \hookrightarrow X$ are equisingular when X_1^C and $X_1^{C'}$ are isomorphic schemes. That is, one defines the equisingularity of $C \hookrightarrow X$ to be the scheme X_1^C.

Let X_1 be an equisingularity. Also let $M(X_1)$ be the set of analytic equivalence classes of branches with equisingularity X_1.

Let G_L^K denote the sheaf of $\mathcal{O}_{X_o}$-modules

$$G_L^K = L^2 \oplus L^3 \oplus L^4 \oplus \ldots \oplus L^K .$$

Similarly let G_L denote the sheaf

$$G_L = L^2 \oplus L^3 \oplus \ldots \quad .$$

Let H^1 denote the k-vector space

$$H^1 = H^1(X_o, \mathbf{Der}_k(\mathcal{O}_{X_1}, \mathcal{O}_{X_o}) \otimes_{\mathcal{O}_{X_o}} G_L^K) .$$

Main theorem: There exists a natural integer K and a certain quotient set M of H^1

$$\pi : H^1 \longrightarrow M$$

such that $M(X_1)$ is the subset of M defined by the vanishing of a 2-cycle obstruction class belonging to

$$H^2(X_o, \mathbf{Der}_k(\mathcal{O}_{X_1}, \mathcal{O}_{X_o}) \otimes_{\mathcal{O}_{X_o}} G_L)$$

and associated to each point of M .

(More precision and details will be given below).

As a particular case: when $k = \mathbb{C}$, the complex field, and $\dim X = 2$ one gets a result of O. Zariski [5] stating that the moduli space for plane analytic branches over $\mathbb{C}$ is a quotient of a vector space.

In the present paper a sort of description of the fibres of π is given. I hope to come back to this problem in a future paper.

0. Notations

The ground field k will be algebraically closed and of arbitrary characteristic. We will denote the ring of formal power series in $m+1$ variables, with coefficients in k, by

$$A = k[[T_o, \ldots, T_m]] .$$

We will also denote by X the spectrum of A and by $\hat{X}$ the formal spectrum of A (in the sense of Grothendieck [2]).

Given a natural integer n and an analytic branch (always irreducible) $i : C \hookrightarrow X$, one defines the "n-th blowing up" of $\hat{X}$ in the direction of C as the sequence

$$\hat{X}(C_n) \longrightarrow \hat{X}(C_{n-1}) \longrightarrow \dots \longrightarrow \hat{X}(C_o) = \mathrm{Sp}\, f(A)$$

where $\hat{X}(C_i)$ is the formal blowing up of $\hat{X}(C_{i-1})$ along the closed point of C_{i-1} (i.e.: the formalisation of the local blowing up of $\hat{X}(C_{i-1})$) and C_i is the strict transform of C_{i-1} starting with $C_o = C$.

The morphism:

$$\pi_n : \hat{X}(C_n) \longrightarrow \mathrm{Sp}\ f(A)$$

is algebraisable, that is: there exists an ideal I of A such that the formalisation of the blowing up $X(C_n)$ of X along I :

$$X(C_n) \longrightarrow \mathrm{Spec}(A)$$

is exactly:

$$\pi_n : \hat{X}(C_n) \longrightarrow \mathrm{Sp}\ f(A) .$$

1. Equivalence theorem. Upper bound for the conductor

One starts with the following: for every multiplicity sequence $\{r_n\}_{n=o}^{\infty}$, if h denotes the minimum integer such that $r_h = 1$, one defines r to be the integer:

$$r = h + 2 \sum_{i=o}^{\infty} r_i (r_i - 1)^2 \quad ;$$

then if

$$\hat{X}(C_r) \longrightarrow \hat{X}$$

is the r-th blowing up of $\hat{X}$ directed by the branch C with multiplicity sequence $\{r_n\}_{n=o}^{\infty}$ then $\hat{X}(C_r)$ determines the branch C up to analytic equivalence. More precisely:

Theorem 1.1: If C , C' are two branches with the same multiplicity sequence $\{r_n\}_{n=o}^{\infty}$ then C , C' are analytically equivalent if and only if the schemes $\hat{X}(C_r)$ and $\hat{X}(C'_r)$ are isomorphic.

To prove this theorem one needs some lemmas.

Lemma 1.2: C , C' are analytically equivalent if and only if they are isomorphic schemes; i.e.

$$C = \mathrm{Spec}(\mathcal{O}_C) \approx \mathrm{Spec}(\mathcal{O}_{C'}) = C' .$$

if one denotes by

$$\bar{C} = \mathrm{Spec}(k[[T]])$$

the desingularization of C and by $\mathfrak{C}$ the conductor, then $\mathfrak{C} = T^c k[[T]]$, where

$$c = \ell(\mathcal{O}_{\bar{C}}/C)$$

is the length of the conductor and one has

$$T^c k[[T]] \subset \mathcal{O}_C \quad .$$

Lemma 1.3: If $\ell \geq c, c'$ then $\mathcal{O}_C$ and $\mathcal{O}_{C'}$ are isomorphic if and only if the respective subalgebras of $k[[T]]/(T^{\ell})$ they induce are isomorphic, i.e.: if and only if there exists an automorphism of $k[[T^{\ell}]]$ that maps one subalgebra onto the other.

We will now prove that the length c of the conductor of a branch C is bounded by the multiplicity sequence $\{r_n\}_{n=0}^{\infty}$. More precisely, there exists a positive integer K $(= 2\sum_{i=0}^{\infty} r_i(r_i - 1)^2)$, depending only on the given multiplicity sequence, such that $c \leq K$.

Let $\mathcal{O}_{\bar{C}} = k[[T]]$ be the ring of the desingularization of C and, let ν_C be the valuation of the field of fractions of $\mathcal{O}_C$ induced by $\mathcal{O}_{\bar{C}}$. If m_C is the maximal ideal of $\mathcal{O}_C$ and t is an element of m_C with minimum value for ν_C then

$$\nu_C(t) = \text{multiplicity of } \mathcal{O}_C = r_o \quad .$$

Moreover, one has

$$\dim_k(m_C/m_C^2) \leq r_o = \dim_k(m_C/tm_C) \quad .$$

We will denote by d_C the embedding dimension of C:

$$d_C = \dim_k(m_C/m_C^2) \quad ;$$

it is clear that d_C is a formal analogue of elements which generate the k-algebra $\mathcal{O}_C$.

Lemma 1.4: For a plane branch C, i.e.: $d_C = 2$, then

$$m_C^n = t m_C^{n-1}$$

for all $n > r_o - 1$.

As a corollary one gets the following general result in the case $d_C \geq 1$. As the algebra

$$\mathcal{O}_C = k[[t,t_1,\ldots,t_{d_C-1}]]$$

contains all the subalgebras $k[[t,t_i]]$ for $1 \leq i \leq d_C-1$, which are plane branches and with multiplicities $\leq r_o = \nu_C(t)$, one can apply lemma 1.4 to get

Lemma 1.5: $m_C^n = t\, m_C^{n-1}$ for all $n > (r_o - 1)(d_C - 1) = q$ and so one has

$$m_C^n = t^{n-q}\, m_C^q .$$

If $\mathcal{O}_{C_1}$ is the first quadratic transform of $\mathcal{O}_C$, then

$$\mathcal{O}_{C_1} = \bigcup_{i=o}^{\infty} \frac{m^i}{t^i} \subset \sum \qquad \text{(field of fractions of } \mathcal{O}_C)$$

and also $d_C \leq r_o$. The lemma applies and gives

Corollary 1.6: $m_C^{n-1}\mathcal{O}_C = m_C^{n-1}$ for all $n > (r_o - 1)^2$ and so

$$\ell(\mathcal{O}_{C_1}/\mathcal{O}_C) \leq r_o(r_o - 1)^2 .$$

Proof: The second part results from the fact that

$$m_C^q \mathcal{O}_{C_1} = m_C^q$$

(recall that $q = (r_o - 1)(d_C - 1) > (r_o - 1)^2$). So one has

$$\ell(\mathcal{O}_{C_1}/\mathcal{O}_C) \leq \ell(\mathcal{O}_{C_1}/m_C^q\mathcal{O}_{C_1}) = \ell(\mathcal{O}_{C_1}/t^q\mathcal{O}_{C_1}) = q \cdot r_o$$

because $r_o = \ell(\mathcal{O}_{C_1}/t\,\mathcal{O}_{C_1})$.

Corollary 1.7: $\ell(\mathcal{O}_{\bar{C}}/\mathcal{O}_C) \leq \sum_{i=o}^{\infty} r_i(r_i - 1)^2$.

If one uses the inequality

$$\ell(\mathcal{O}_C/\mathcal{C}) \leq \ell(\mathcal{O}_{\bar{C}}/\mathcal{O}_C)$$

one concludes that

$$c = \ell(\mathcal{O}_{\bar{C}}/\mathcal{C}) \leq \ell(\mathcal{O}_{\bar{C}}/\mathcal{O}_C) + \ell(\mathcal{O}_C/\mathcal{C}) \leq 2 \sum_{i=o}^{\infty} r_i(r_i - 1)^2 .$$

Corollary 1.8: The length c of the conductor of a branch C with multiplicity sequence $\{r_n\}_{n=o}^{\infty}$ is bounded as follows:

$$c \leq 2 \sum_{i=o}^{\infty} r_i (r_i - 1)^2 \ .$$

Let h be the number of quadratic transformations necessary to desingularise C , that is h is the least integer such that $r_h = 1$.

Let

$$\pi_h : \hat{X}(C_h) \longrightarrow \mathrm{Sp}\ f(A)$$

be the desingularisation map of C . Suppose $C' \hookrightarrow X$ is another branch and $\bar{C}' \hookrightarrow \hat{X}(C_h)$ its strict transform for π_h (C' is supposed to have the same multiplicity sequence as C). Then one has

Lemma 1.9: If C_h and $\bar{C}'$ have a contact of order $m \geq 1$, then $\mathcal{O}_C$ and $\mathcal{O}_{C'}$ induce isomorphic subalgebras in $k[[T]]/(T^m)$.

Proof: As C , C' have the same multiplicity sequence, if C_h and $\bar{C}'$ intersect, then $\bar{C}' = C'_h$ is simple and C , C' are direct identical h-blowing ups of $\hat{X}$. Let T be a function on $\hat{X}(C_h)$ that is a parameter for C_h and C'_h . If $A = k[[T_o, \ldots, T_m]]$, then by the contact condition $T_o, \ldots, T_m$ will have the same expansion up to order m along both branches C , C' .

This means that the following diagram of natural maps is commutative:

$$\begin{array}{ccccc} & & \mathcal{O}_C & & \\ & \nearrow & & \searrow & \\ A & & & & k[[T]]/(T^m) \\ & \searrow & & \nearrow & \\ & & \mathcal{O}_{C'} & & \end{array} \ .$$

Lemma 1.10: For the formal schemes $\hat{X}(C_{h+m})$ and $\hat{X}(C'_{h+m})$ to be isomorphic it is necessary and sufficient that there exists an automorphism τ of X such that the desingularisation $\tau(C)_h$ of $\tau(C)$ has a contact of order m with C'_h .

Proof: Given an isomorphism

$$\Phi : \hat{X}(C_{h+m}) \longrightarrow X(C_{h+m}) \ ,$$

by taking global sections one gets an automorphism τ of X . Conversely, given a τ with the properties of the lemma, τ induces an isomorphism

$$\Phi : \hat{X}(C_{h+m}) \longrightarrow \hat{X}_{\tau(C)_{h+m}} = \hat{X}_{C'_{h+m}} \ .$$

Proof (of theorem 1.1): Taking $m = 2 \sum_{i=o}^{\infty} r_i (r_i - 1)^2$ and applying lemmas 1.10, 1.9, then corollary 1.8 and lemmas 1.3, 1.2 (in this order) one concludes that if the formal schemes $\hat{X}(C_r)$ and $\hat{X}(C'_r)$ are isomorphic, then the branches C , C' in X are analytically equivalent . The converse is immediate.

2. Characterization of the "blowing ups" which are directed by a branch

Let $\{r_n\}_{n=o}^{\infty}$ be a multiplicity sequence of a branch C embedded in X . Let

$$r = h + 2 \sum_{i=o}^{\infty} r_i(r_i - 1)^2$$

where h is minimal with the condition that $r_h = 1$. For every embedded branch C' in X , with multiplicity sequence $\{r_n\}_{n=o}^{\infty}$, one denotes by

$$\pi'_r : \hat{X}(C'_r) \longrightarrow \hat{X}$$

the r-th formal blowing up in the direction of C' ; X'_o will denote the exceptional reduced fibre of π'_r and L' the conormal sheaf to X'_o in $\hat{X}(C'_r)$.

We now fix an embedded branch C in X with multiplicity sequence $\{r_n\}_{n=o}^{\infty}$. Let (X_o, L) be the exceptional fiber and the conormal sheaf in the r-th blowing up

$$\hat{X}(C_r) \longrightarrow \hat{X}$$

in the direction of C .

Let $\hat{X}'$ be a formal scheme along a closed subscheme isomorphic to X_o . Suppose that the conormal sheaf to X_o in $\hat{X}'$ is isomorphic to L . The main result characterizing the r-th blowing up is the following.

Theorem: $\hat{X}'$ is isomorphic to the composition of r formal blowing ups starting with $\hat{X}'$ and with centers at closed points if and only if the sheaf $\mathcal{O}_{\hat{X}'}$ is locally isomorphic to $\mathcal{O}_{X(C_r)}$ along X_o .

Proof: Let

$$\pi'_r : \hat{X}(C'_r) \longrightarrow \hat{X}$$

be an r-blowing up of $\hat{X}$ in the direction of $C' \hookrightarrow X$. Suppose also that X'_o and X_o are isomorphic. One can prove easily by induction on r that if $x \in X'_o$ is a closed point, then the local ring at x is:

$$\mathcal{O}_{\hat{X}(C'_r),x} = \begin{bmatrix} k[Y_o,\dots,Y_m][[Y_o \cdot Y_1 \cdot \dots \cdot Y_{t-1}]] \\ \text{localization at the origin} \end{bmatrix} ,$$

where t is the number of irreducible connected components of X'_o which pass through x . This proves the only if part.

Conversely, let X_o be embedded in $\hat{X}'$ with the conditions of the theorem. Suppose

$$X_o = X_o^1 \cup \ldots \cup X_o^r$$

is the decomposition of X_o into irreducible components, and

$$\hat{X}(C_r) \xleftarrow{i} X_o \xrightarrow{i'} \hat{X}'$$

are the given embeddings. Then there are positive integers $n_1, \ldots, n_r$ such that $\mathcal{O}(-(n_1 X_o' + \ldots + n_r X_o^r))$ is an ample line sheaf for

$$\pi_r : X(C_r) \longrightarrow X \ .$$

So its inverse image $i^*\mathcal{O}(-(n_1 X_o^1 + \ldots + n_r X_o^r))$ is ample on X_o , This implies that the other inverse images $i'^*\mathcal{O}(-(n_1 X_o^1 + \ldots + n_r X_o^r))$ are also ample on X_o (because by the hypothesis $i^*\mathcal{O}(-X_o) = L \approx L' = i'^*\mathcal{O}(-X_o))$. One can then apply M. Artin's theorem on contractions ([4], Corollary (6.10)) to conclude that there exists a modification (see [4] for definition):

$$\pi' : \hat{X}' \longrightarrow \bar{X}$$

where $\hat{\bar{X}}$ is the formal spectrum of a complete local ring. By Grothendieck's algebraization theorem [3], there is a scheme X^r containing X_o as a closed subscheme and such that $\hat{X}'$ is the formalization of X' along X_o ; corollary (6.11) of [4] applied to the subscheme $X_o^r = \mathbb{P}_m(k)$ allows us to contract X_o^r to a point. That is, there exists a contraction

$$f : X' \longrightarrow X''$$

such that the formalization of f along $f(X_o) = f(X_o') \cup \ldots \cup f(X_o^{r-1})$ is a formal blowing up with center at the closed point $f(X_o^r)$ of X'' . One concludes by induction on the number r of irreducible components of X_o .

3. The scheme of r-blowing ups and a theorem of boundedness

Let

$$\hat{X}(C_r) \xrightarrow{\pi_r} \hat{X} \longleftarrow \hat{X}(C_r')$$

be two r-blowing ups, and I , I' be the respectives sheaves of ideals defined by the reduced exceptional fibres. Denote by X_K , X_K' , the subschemes defined respectively by I^{K+1} , I'^{K+1} .

We want to prove the

Theorem 3.1 (Boundedness): For every r there exists a K such that the formal schemes $\hat{X}(C_r)$ and $\hat{X}(C'_r)$ are isomorphic if and only if the schemes X_K and X'_K are isomorphic.

Proof: The condition is obviously necessary for every K. To see the sufficiency suppose the following (*) is true:

(*) "for every positive integer r there exists a λ such that the r-th blowing up

$$\hat{X}(C_r) \longrightarrow \hat{X} = \mathrm{Sp}\ f(A) \ ,$$

with $A = k[[T_o,\dots,T_m]]$, is the blowing up of an ideal α of A such that

$$m^\lambda \subset \alpha \subset A \ ,$$

where m is the maximal ideal of A and $\pi_*(\alpha \mathcal{O}_{X(C_r)}) = \alpha$ ".

It is clear that there exists a positive integer K_1 such that

$$m\mathcal{O}_X \subset I^{K_1}$$

for every r-blowing up $\hat{Z}$ of $\hat{X}$ (it is enough to take $K_1 = r!$ and to prove it by induction on r). Let $K = (\lambda + 1)K_1$. Suppose

$$\Phi : X_K \approx X'_K$$

is an isomorphism. This induces another isomorphism between the subschemes defined by the sheaves $m^{\lambda+1}\mathcal{O}_X$ and $m^{\lambda+1}\mathcal{O}_{X'}$. By taking global sections one gets an automorphism $\bar{\tau}$ of $\mathrm{Spec}(A/m^{\lambda+1})$. Let τ be an automorphism of $\mathrm{Spec}(A)$ that induces $\bar{\tau}$. Let α be an ideal of A such that

$$\pi_r : \hat{X}(C_r) \longrightarrow \hat{X}$$

is the blowing up along α , and which satisfies the condition (*) above, then $\tau_*(\alpha)$ is another ideal in $\hat{X}$ such that

$$\tau_*(\alpha)\mathcal{O}_{X(C'_r)}$$

is locally principal (to see this use Nakayama and note that $\tau_*(\alpha)\mathcal{O}_{X'_K} = \Phi_*(\alpha\mathcal{O}_{X_K}))$. So the morphism

$$\hat{X}(C_r) \longrightarrow \mathrm{Sp}\ f(A)$$

factors through the r-blowing up

$$\hat{X}(C'_r) \longrightarrow \mathrm{Sp}\ f(A) \xrightarrow{\ \tau\ } \mathrm{Sp}\ f(A) \ ,$$

that is, there exists a morphism

$$f:\hat{X}(C_r) \longrightarrow \hat{X}(C'_r)$$

such that

$$\pi_r = \tau \circ \pi'_r \circ f \quad .$$

One concludes that f is an isomorphism, because $X(C_r)$ and $X(C'_r)$ are r-blowing ups.

To finish one has only to prove (*). Let X be the spectrum of a local k-algebra of finite type. One has:

Theorem 3.2 (Representability): There exists a noetherian scheme of finite type over k and a blowing up

$$\bar{\pi}_n:\bar{X} \longrightarrow X \times \Delta_n$$

such that for every closed point $x_n \in \Delta_n$ the blowing up of X induced by π_n on the closed subscheme $X = X \times x_n$ of $X \times \Delta_n$ is an n-blowing up of X and every n-blowing up is obtained in this way. Moreover, if $p_{x \times \Delta_n}$ is the sheaf of ideals of the subscheme $x \times \Delta_n$ of $X \times \Delta_n$, then the blowing up $\bar{\pi}_n$ is defined by a sheaf of ideals α such that

$$p^K_{x \times \Delta_n} \subset \alpha \subset p_{x \times \Delta_n} \quad .$$

Proof: We will only give the construction of Δ_n. The properties of Δ_n follow from the the general properties of a blowing up and the definition of Δ_n.

Firstly it is easy to see that if

$$\bar{\pi}:\bar{X}' \longrightarrow X'$$

is a blowing up of schemes over Y, and Z is a flat scheme over Y, and

$$X'_Z = X' \times_Y Z \longrightarrow Z$$

the map obtained by base change, then the blowing up that $\bar{\pi}$ induces on X'_Z is precisely

$$\bar{X}' \times_Y Z \xrightarrow{\bar{\pi} \times 1} X_Z$$

Construction of Δ_n : let

$$\pi_1 : \bar{X}_1 \longrightarrow X$$

be the blowing up of X at its closed point and Δ_2 the exceptional fibre. Let

$$i_2 : \Delta_2 \hookrightarrow \bar{X}_1 \times \Delta_2$$

be the diagonal, and

$$\pi_2 : \bar{X}_2 \longrightarrow \bar{X}_1 \times \Delta_2$$

be the blowing up of $\bar{X}_1 \times \Delta_2$ along $i_2(\Delta_2)$. Inductively one defines

$$\pi_n : \bar{X}_n \longrightarrow \bar{X}_{n-1} \times \Delta_n$$

by blowing up the closed subscheme $i_n : \Delta_n \hookrightarrow \bar{X}_{n-1} \times \Delta_n$, and Δ_{n+1} as the fibre over $i_n(\Delta_n)$ of π_n and where

$$i_{n+1} : \Delta_{n+1} \hookrightarrow \bar{X}_n \times \Delta_{n+1}$$

is the diagonal. It is clear that $\bar{X}_n$ is obtained from

$$R = X \times \Delta_1 \times \ldots \times \Delta_n$$

(with $\Delta_1 = x$) by a sequence of blowing ups. One also has projections

$$f_i : \Delta_n \longrightarrow \Delta_i$$

$(i \leq n)$. Let

$$f : X \times \Delta_n \longrightarrow X \times \Delta_1 \times \ldots \times \Delta_n$$

be the closed immersion defined by

$$f = (\pi_X, f_1 \circ \pi_{\Delta_n}, \ldots, f_n \circ \pi_{\Delta_n})$$

where π_X , π_{Δ_n} are the projections on the factors (with $f_n = Id_{\Delta_n}$) . Consider

$$\begin{array}{ccc} \bar{X} & \hookrightarrow & \bar{X}_n \\ \big\downarrow {\scriptstyle \bar{\pi}_n} & & \big\downarrow {\scriptstyle \pi} \\ X \times \Delta_n & \hookrightarrow & R \end{array}$$

where π is the blowing up constructed above and $\bar{\pi}_n$ the one induced on $X \times \Delta_n$ by π.

(*) Follows from this, because if

$$\pi : \tilde{X} \longrightarrow X$$

is a blowing up, there exists a closed point $x_n \varepsilon \Delta_n$ such that

$$\begin{array}{ccc} \tilde{X} & \hookrightarrow & \bar{X} \\ \downarrow \pi & & \downarrow \bar{\pi} \\ X = X \times x_n & \hookrightarrow & X \times \Delta_n \end{array}$$

where π is the blowing up induced by $\bar{\pi}$. But $\bar{\pi}$ is defined by the blowing up of the sheaf of ideals $\bar{\alpha}$ such that

$$p^K_{X \times \Delta_n} \subset \alpha \subset p_{X \times \Delta_n} .$$

Restricting everything to $X = X \times x_n$ one has that π is defined by the blowing up of a sheaf of ideals α such that

$$m^K_x \subset \alpha \subset m_x .$$

Moreover, one can easily see that $\beta = \pi_*(\alpha \mathcal{O}_{\tilde{X}})$ defines the same blowing up as α, and it verifies

$$\pi_*(\beta \mathcal{O}_{\tilde{X}}) = \pi_*(\alpha \mathcal{O}_{\tilde{X}}) = \beta ,$$

with which one concludes the proof of condition (*).

Observation: The scheme Δ_n parametrizes the analytic branches in $\hat{X}$ up to order n modulo the relation:

$C \sim C'$ if and only if the both direct the same n-blowing up.

4. Classification theorem

Let $\{r_n\}_{n=0}^{\infty}$ be the multiplicity sequence of an embedded branch in X. We will suppose all branches have multiplicity sequence equal to $\{r_n\}_{n=0}^{\infty}$. Let

$$\pi_r : \hat{X}(C_r) \longrightarrow \mathrm{Sp}\ f(A) ,$$

with $A = k[[T_0, \ldots, T_m]]$, be the r-blowing up of X in the direction of a branch C

embedded in X. We will denote by X_o the exceptional reduced fibre of π_r, by I the sheaf of ideals defining X_o in $\hat{X}(C_r)$ and by $L = I/I^2$ the conormal sheaf. Let X_n be the closed subscheme of $\hat{X}(C_r)$ defined by I^{n+1}.

To a given branch C embedded in X we associate the scheme X_1. Note that the pair (X_o, L) is part of the information X_1 carries which we have defined as the equisingularity of C as embedded in X. In this paragraph we want to classify embedded branches with the same, up to isomorphism, associated scheme X_1. So we will fix the scheme X_1. The pair (X_o, L) is also fixed and we will also fix, as a reference to classify, the formal scheme $\hat{X}(C_r)$.

By theorem (1.1), one knows that to classify, up to analytic equivalence, the branches embedded in X with multiplicity sequence $\{r_n\}_{n=o}^{\infty}$ and given associated pair (X_o, L) amounts to classifying isomorphism classes of formal schemes obtained by r-blowing ups of X $(r = h + 2 \sum_{i=o}^{\infty} r_i(r_i - 1)^2)$ such that their associated pair is (X_o, L). But by the theorem of equivalence (section 2) to classify these classes of formal schemes is the same as to classify the isomorphism classes of formal schemes $\hat{X}'$ which contain X_o as closed subscheme, which are complete along X_o and such that the conormal sheaf to X_o in X' is isomorphic to L and $\mathcal{O}_{\hat{X}'}$ is locally isomorphic to $\mathcal{O}_{\hat{X}^r}$ on X_o. Besides, by the boundedness theorem (3.1), a formal scheme such as X' determined, up to isomorphism, by the closed subscheme X'_K of $\hat{X}'$, where X'_K is the subscheme defined by the sheaf of ideals I'^{K+1}, I' being the defining sheaf of X_o in $\hat{X}'$ (and K is a positive integer whose existence is guaranteed by theorem 3.1).

So, it is enough to classify the schemes X'_K so obtained.

Consider now, for each pair of positive integers $n \geq m$, the sheaf $\mathbf{Aut}_{X_m}(X_n)$ of groups over X_o consisting of local automorphisms of the scheme X_n which restrict the identity on the subscheme X_m.

Denote by

$$\tau_n^m : \mathbf{Aut}_{X_1}(X_n) \longrightarrow \mathbf{Aut}_{X_1}(X_n)$$

(for $n \geq m \geq 1$) the natural restriction maps.

Lemma 4.1. For each $r > 1$, the sheaf of groups $\mathbf{Aut}_{X_{n-1}}(X_n)$ is canonically isomorphic to the sheaf of groups

$$\mathbf{Der}_k(\mathcal{O}_{X_1}, L^n) .$$

In particular

$$\mathbf{Aut}_{X_{n-1}}(X_n) \hookrightarrow \mathbf{Aut}_{X_1}(X_n)$$

is a subsheaf contained in the center of this last sheaf of groups.

Proof: The map

$$\Phi : \mathbf{Aut}_{X_{n-1}}(X_n) \longrightarrow \mathrm{Der}_k(\mathcal{O}_{X_1}, \mathcal{L}^n)$$

defined by

$$\Phi(\tau) = \tau - \mathrm{Id} = D_\tau$$

is a morphism of sheaves of groups. The image of Φ is contained in

$$j_* \mathbf{Der}_k(\mathcal{O}_{X_1}, \mathcal{L}^n)$$

where

$$j : X_1 \hookrightarrow X_n$$

is the canonical injection. Conversely, given a derivation $D \in \mathrm{Der}_k(\mathcal{O}_{X_1}, \mathcal{L}^n)$ one defines $\Phi^{-1}(D)$ to be

$$\Phi^{-1}(D) = \mathrm{Id} + j_* D = \tau_D \quad .$$

It is easily seen that τ_D is an automorphism of X_n giving the identity on X_1. The rest follows from this.

Corollary 4.2. The sheaves of groups $\mathbf{Aut}_{X_1}(X_n)$ for $n > 1$ have resolutions by sheaves of coherent $\mathcal{O}_{X_0}$-modules of the form

$$\mathbf{Der}_k(\mathcal{O}_{X_1}, \mathcal{L}^h)$$

for $2 \leq h \leq n$. More precisely, the sequences

$$(n) \qquad 0 \longrightarrow \mathbf{Der}_k(\mathcal{O}_{X_1}, \mathcal{L}^n) \xrightarrow{i_n} \mathbf{Aut}_{X_1}(X_n) \longrightarrow \mathbf{Aut}_{X_1}(X_{n-1}) \longrightarrow 0$$

are exact, where i_n is defined as in the above lemma, identifying

$$\mathbf{Der}_k(\mathcal{O}_{X_1}, \mathcal{L}^n) = \mathbf{Aut}_{X_{n-1}}(X_n) \quad .$$

To simplify the notation, let us write

$$D^n = \mathbf{Der}_k(\mathcal{O}_{X_1}, \mathcal{O}_{X_0}) \otimes \mathcal{L}^n$$

$$A^n = \mathrm{Aut}_{X_1}(X_n)$$

$$G^n = \mathcal{L}^2 \otimes \mathcal{L}^3 \otimes \ldots \otimes \mathcal{L}^n \quad .$$

Corollary 4.3: For every n there exists a quotient M_1 of the abelian group

$$H^1(X_0, D^0 \otimes_{X_0} G^n)$$

and a map

$$f_n : M_n \longrightarrow H^2(X_o, D^o \otimes G^n)$$

which identifies

$$H^1(X_o, A^n)$$

with the subset of M_n defined the elements $c \in M_n$ such that $f_n(c) = 0$.

Proof: By induction on n. For $n = 2$ one has

$$M_1 = H^1(X_o, D^2)$$

and $f_1 = 0$ by applying lemma 5.1. If $n > 2$ the cohomology sequence associated with (n) gives an exact sequence

$$B = H^1(D^n)/\delta H^o(A^{n-1}) \hookrightarrow H^1(A^n) \longrightarrow H^1(A^{n-1}) \xrightarrow{\overline{\delta^n}} H^2(D^n)$$

(see [1]). The first term on the left is an abelian group and acts freely on the left on $H^1(A^n)$. The orbits of this action are the fibres of

$$\mathrm{Im}(\bar{\tau}^n) = (\overline{\delta^n})^{-1}(o) .$$

So

$$H^1(A^n) = \mathrm{Im}(\bar{\tau}^n) \times B \subset H^1(A^{n-1}) \times B \subset M_{n-1} \times B .$$

We define

$$f_{n-1} : M_n \longrightarrow H^2(D^n) \oplus H^2(D^o \oplus G^{n-1}) = H^2(D^o \oplus G^n)$$

to be

$$f_{n-1} = \bar{f}_{n-1} \circ \pi ,$$

where

$$\pi : M_{n-1} \times B \longrightarrow M_{n-1}$$

is the natural projection and

$$\bar{f}_{n-1} = f_{n-1} + g$$

where $g : M_{n-1} \longrightarrow B$ is equal to $\bar{\delta}^n$ on $H^1(A^{n-1})$ and is zero on the complement.

As the sheaves $\mathcal{O}_{X'_K}$ are locally isomorphic to $\mathcal{O}_{X_K}$, they are classified by the set

$$H^1(X_1, \mathbf{Aut}_{X_1}(X_K))$$

(see [1]). The quotient of this H^1 by the action of the group $Aut(X_1)$ classified the schemes X'_K which contain X_1 as a closed subscheme, and whose structure sheaf $\mathcal{O}_{X'_K}$ is locally isomorphic to $\mathcal{O}_{X_K}$.

From Corollary 4.3 and the considerations at the beginning of this paragraph the main theorem of this introduction follows easily.

REFERENCES

[1] J. Giraud - "Cohomologie non abeliane", Springer-Verlag, §3 (1971).

[2] A Grothendieck and J. Dieudonné - "Le langage des schemes", EGA I , Publ. Math. IHES, 4 (1960).

[3] A. Grothendieck and J. Dieudonné - "Etude cohomologique des faisceaux cohe-rents", EGA III. Ibid. 11 (1961), and 17 (1963).

[4] M. Artin - "Algebraization of formal moduli II: Existence of modifications", Annals of Math., 91 (1970), 88-135.

[5] O. Zariski - "Le probleme des modules pour les branches planes" - Hermann, Paris, 1986.

J.B. SANCHO DE SALAS

Blowing-up morphisms with Cohen-Macaulay associated graded rings

INTRODUCTION.

Let X be a Cohen-Macaulay variety, and let I be a coherent sheaf of ideals on X. Consider the blowing-up $\pi:\bar{X} \longrightarrow X$ of X with respect to I. Our purpose in this paper is to study the consequences of the Cohen-Macaulayness of $G_I\mathcal{O}_X = \mathcal{O}_X/I \oplus I/I^2 \oplus I^2/I^3 \oplus \dots$. The main result is the following:

Theorem 1.4. *If* $\operatorname{Spec} G_I\mathcal{O}_X$ *is Cohen-Macaulay, then* $\bar{X}$ *is a Cohen-Macaulay variety and its dualizing sheaf* $\omega_{\bar{X}}$ *satisfies*

$$R^i\pi_*\omega_{\bar{X}} = 0 \quad \text{for} \quad i > 0 .$$

In this paper, variety means a equidimensional noetherian separated scheme locally of finite type over a field k. By a result of Nagata, any variety is an open subscheme of a proper variety Z. We denote by ω_X the restriction of the dualizing sheaf ω_Z to X. It is well known that ω_X is independent of the completion Z.

1. PROOF OF THEOREM 1.4.

Notation 1.1. We will write $C = \operatorname{Spec} G_I\mathcal{O}_X$ and $E = \operatorname{Proj} G_I\mathcal{O}_X$. The vertex V of the cone C is the subscheme corresponding to the irrelevant ideal of $G_I\mathcal{O}_X$. Note that V is also the center of the blowing-up, and $E \simeq \pi^{-1}(V)$.
Finally, we write $\mathcal{O}_{\bar{X}}(n) = I^n \cdot \mathcal{O}_{\bar{X}}$, $(n > 0)$.

Lemma 1.2. *Let* $x \in V$ *be a closed point such that* $\mathcal{O}_{C,x}$ *is a Cohen-Macaulay ring of dimension* n. *Let* Y *be the fibre of the morphism* $\pi:\bar{X} \longrightarrow X$ *over* x. *Then*

$$H^i_Y(E,\mathcal{O}_E(-r)) = 0 \quad \text{for} \quad r > 0 \quad \text{and} \quad i < n-1 .$$

Proof. We will consider the natural morphisms

$$f:C \longrightarrow V \quad , \quad g:C-V \longrightarrow E .$$

Take $Y_o = f^{-1}(x)$, then there is a long exact sequence

$$\longrightarrow H^i_x(C,\mathcal{O}_C) \longrightarrow H^i_{Y_o}(C,\mathcal{O}_C) \xrightarrow{\lambda} H^i_{Y_o}(C-x,\mathcal{O}_C) \longrightarrow \quad . \qquad (*)$$

The groups of this sequence are calculated in the following way.

a) $H^i_x(C,\mathcal{O}_C) = 0$ for $i < n$, because $\mathcal{O}_{C,x}$ is Cohen-Macaulay.

b) As f is an affine morphism, we obtain

$$H^i_{Y_o}(C,\mathcal{O}_C) = H^i_x(V,f_*\mathcal{O}_C) = \bigoplus_{r\geq 0} H_x(V,I^r/I^{r+1}) \quad .$$

c) As g is also an affine morphism, we have

$$H^i_{Y_o}(C-x,\mathcal{O}_C) = H^i_{Y_o}(C-V,\mathcal{O}_C) = H^i_Y(E,g_*\mathcal{O}_C) = \bigoplus_{r\in\mathbb{Z}} H^i_Y(E,\mathcal{O}_E(r)) \ .$$

Therefore, the groups in the middle and on the right of (*) are graded $G_I\mathcal{O}_X$-modules. Moreover, it is easy to see that λ is a homogeneous morphism of degree zero. We conclude from (*) that $H^i_Y(E,\mathcal{O}_E(-r)) = 0$ for $r > 0$, $i < n-1$.

<u>Theorem</u> 1.3. <u>Let</u> x <u>be a closed point of</u> X <u>and let</u> Y <u>be the fibre of</u> $\pi:\bar{X} \longrightarrow X$ <u>over</u> x . <u>If</u> Spec $G_I\mathcal{O}_X$ <u>is Cohen-Macaulay, then</u>

$$H^i_Y(\bar{X},\mathcal{O}_{\bar{X}}) = 0 \quad \text{for} \quad i < n = \dim X \quad .$$

<u>Proof</u>. Consider the exact sequence

$$0 \longrightarrow \mathcal{O}_{\bar{X}}(1) \longrightarrow \mathcal{O}_{\bar{X}} \longrightarrow \mathcal{O}_E \longrightarrow 0 \quad .$$

Tensoring with $\mathcal{O}_{\bar{X}}(-r)$ and taking cohomology, we get

$$\longrightarrow H^i_Y(\mathcal{O}_{\bar{X}}(-(r-1))) \longrightarrow H^i_Y(\mathcal{O}_{\bar{X}}(-r)) \longrightarrow H^i_Y(\mathcal{O}_E(-r)) \longrightarrow \quad .$$

Furthermore, we have

a) $H^i_Y(\mathcal{O}_E(-r)) = 0$ for $r > 0$ and $i < n-1$ (lemma 1.2) ;

b) $H^i_Y(\mathcal{O}_{\bar{X}}(-r))^* = (R^{n-i}\pi_*\omega_{\bar{X}}(r))^\wedge_x = 0$ for $i < n$ and $r \gg 0$.

The first equality in b) is a duality formula (see Appendix).

We conclude by descending induction on r .

Theorem 1.4. *Let X be a Cohen-Macaulay variety. Let $\pi:\bar{X} \longrightarrow X$ be the blowing-up with respect to a coherent sheaf of ideals I on X. Assume that $\operatorname{Spec} G_I\mathcal{O}_X$ is Cohen-Macaulay. Then $\bar{X}$ is a Cohen-Macaulay variety and its dualizing sheaf $\omega_{\bar{X}}$ satisfies*

$$R^i\pi_*\omega_{\bar{X}} = 0 \quad \text{for} \quad i > 0 .$$

Proof. As $C-V$ is Cohen-Macaulay and $g:C-V \longrightarrow E$ is smooth, E is Cohen-Macaulay. This implies that $\bar{X}$ is Cohen-Macaulay. From 1.3 and a duality formula, we deduce that $R^i\pi_*\omega_{\bar{X}} = 0$ for $i > 0$.

Remark 1.5. Note that C is Cohen-Macaulay if and only if $\mathcal{O}_{C,x}$ is Cohen-Macaulay for each $x \in V$.

There is an analogous result for the Rees algebra of I, $R(I) = \mathcal{O}_X \oplus I \oplus I^2 \oplus \dots$.

Corollary 1.6. *Let X and I be as in 1.4. If $R(I)$ is Cohen-Macaulay, then $\bar{X}$ is Cohen-Macaulay and $R^i\pi_*\omega_{\bar{X}} = 0$ for $i > 0$.*

Proof. According to a result of Huneke [5], if $R(I)$ is Cohen-Macaulay, then $G_I\mathcal{O}_{\bar{X}}$ is Cohen-Macaulay. We conclude by 1.4.

Finally, we obtain a converse of 1.4:

Theorem 1.7. *Let X be a Cohen-Macaulay variety. Let $\pi:\bar{X} \longrightarrow X$ be the blowing-up with a coherent sheaf of ideals I on X. Assume that $\bar{X}$ is Cohen-Macaulay and $R^i\pi_*\omega_{\bar{X}} = 0$ for $i > 0$. Then there exists an integer r_o such that for each $r \geq r_o$, $\operatorname{Spec} G_{I^r}\mathcal{O}_X$ is Cohen-Macaulay.*

Proof. Take r_o such that the following conditions are fulfilled:

1. $\pi_*\mathcal{O}_{\bar{X}}(r) \simeq I^r$ for $r \geq r_o$.
2. $R^i\pi_*\mathcal{O}_{\bar{X}}(r)$ for $i > 0$ and $r \geq r_o$.
3. $H^i_Y(\bar{X},\mathcal{O}_{\bar{X}}(-r))^* = (R^{n-i}\pi_*\omega_{\bar{X}}(r))^\wedge_x = 0$ for $i < n = \dim X$ and $r \geq r_o$, where x and Y are as in 1.3. Moreover $H^i_Y(\bar{X},\mathcal{O}_{\bar{X}}) = 0$ for $i < n$, by the duality formula.

Now, we will show that $G_J\mathcal{O}_X$ is Cohen-Macaulay for $J = I^r$, $r \geq r_o$. As in 1.1, we write $C = \operatorname{Spec} G_J\mathcal{O}_X$, $E = \operatorname{Proj} G_J\mathcal{O}_X$ and V for the vertex of C. Changing the notation, we write $\mathcal{O}_{\bar{X}}(1) = J \cdot \mathcal{O}_{\bar{X}}$. Then, as in the proof of 1.2, we have the exact sequence

$$\longrightarrow H^i_x(C,\mathcal{O}_C) \longrightarrow H^i_{Y_o}(C,\mathcal{O}_C) \longrightarrow H^i_{Y_o}(C-x,\mathcal{O}_C) \longrightarrow$$

where

$$H^i_{Y_o}(C,\mathcal{O}_C) = \bigoplus_{m\geq o} H^i_x(V,J^m/J^{m+1})$$

$$H^i_{Y_o}(C-x,\mathcal{O}_C) = \bigoplus_{m\in\mathbb{Z}} H^i_Y(E,{}_E(m)) \ .$$

Therefore, we have to prove the following facts:

a) $H^i_x(V,J^m/J^{m+1}) = H^i_Y(E,\mathcal{O}_E(m))$ for $m > 0$.

b) $H^i_x(V,\mathcal{O}_X/J) = H^i_Y(E,\mathcal{O}_E)$ for $i < n-1$, and $H^{n-1}_x(V,\mathcal{O}_X/J) \longrightarrow H^{n-1}_Y(E,\mathcal{O}_E)$ is injective.

c) $H^i_Y(E,\mathcal{O}_E(m)) = 0$ for $i < n-1$ and $m < 0$.

Proof of a). By 1 and 2 above, we have

$$R^i\pi_*\mathcal{O}_{\bar{X}}(m) = 0 \quad \text{for} \quad i > 0 \quad \text{and} \quad \pi_*\mathcal{O}_{\bar{X}}(m) = J^m \quad , \quad (m > 0)$$

Therefore, from the exact sequence

$$0 \longrightarrow \mathcal{O}_{\bar{X}}(m+1) \longrightarrow \mathcal{O}_{\bar{X}}(m) \longrightarrow \mathcal{O}_E(m) \longrightarrow 0$$

we deduce that

$$R^i\pi_*\mathcal{O}_E(m) = 0 \quad \text{for} \quad i > 0 \ , \ \text{and} \quad \pi_*\mathcal{O}_E(m) = J^m/J^{m+1} \ .$$

We conclude, from an obvious spectral sequence, that

$$H^i_x(V,J^m/J^{m+1}) = H^i_Y(E,\mathcal{O}_E(m)) \ .$$

Proof of b). Taking cohomology with supports in x and Y , respectively, in the exact sequences

$$0 \longrightarrow J \longrightarrow \mathcal{O}_X \longrightarrow \mathcal{O}_X/J \longrightarrow 0$$

$$0 \longrightarrow \mathcal{O}_{\bar{X}}(1) \longrightarrow \mathcal{O}_{\bar{X}} \longrightarrow \mathcal{O}_E \longrightarrow 0$$

we obtain the following diagram

$$\begin{array}{ccccccccc}
\longrightarrow & H^i_x(X,J) & \longrightarrow & H^i_x(X,\mathcal{O}_X) & \longrightarrow & H^i_x(X,\mathcal{O}_X/J) & \longrightarrow & \\
& \downarrow \wr & & \downarrow & & \downarrow & & \\
\longrightarrow & H^i_Y(\bar{X},\mathcal{O}_{\bar{X}}(1)) & \longrightarrow & H^i_Y(\bar{X},\mathcal{O}_{\bar{X}}) & \longrightarrow & H^i_Y(E,\mathcal{O}_E) & \longrightarrow & .
\end{array}$$

The vertical arrows on the left are isomorphisms, because $R^i\pi_*\mathcal{O}_{\bar{X}}(1) = 0$ for $i > 0$, and $\pi_*\mathcal{O}_{\bar{X}}(1) = J$. Moreover, the groups in the middle vanish for $i < n-1$. The assertion follows easily from the diagram.

Proof of c). Taking cohomology with supports in Y in the exact sequence

$$0 \longrightarrow \mathcal{O}_{\bar{X}}(1+m) \longrightarrow \mathcal{O}_{\bar{X}}(m) \longrightarrow \mathcal{O}_E(m) \longrightarrow 0$$

we conclude by condition 3.

2. EXAMPLES

a) The obvious example is when I is generated (locally) by a regular sequence. In this case, it is well known that $\mathrm{Spec}\, G_I\mathcal{O}_X$ is Cohen-Macaulay. Therefore the blowing-up $\pi:\bar{X} \longrightarrow X$ of I satisfies $R^i\pi_*\omega_{\bar{X}} = 0$, for $i > 0$.
A particular case is the blowing-up of a smooth variety along a smooth subvariety.

b) Let X be a hypersurface of a smooth variety Z . Let $\pi:\bar{X} \longrightarrow X$ be the blowing-up of X along a smooth subvariety Y . If p is the ideal defining Y , it is easy to see that $G_p\mathcal{O}_X$ is Cohen-Macaulay. Therefore $R^i\pi_*\omega_{\bar{X}} = 0$ for $i > 0$.
Moreover, if m is the multiplicity of X at the generic point of Y and d is the codimension of Y in X , then $\pi_*\omega_{\bar{X}} = p^{m-d} \otimes \omega_X$. With these results, one can calculate the variation of the arithmetic genus in the morphism π , (see [11]).

c) Let X be a Cohen-Macaulay variety and let $\pi:\bar{X} \longrightarrow X$ be the blowing-up at a closed point x . Let m be the maximal ideal corresponding to x . We will write m = multiplicity of X at x , $d = \dim \mathcal{O}_{X,x}$ and δ = length m/m^2 . According to a result of Abhyankar [1] , $d \leq \delta \leq m+d-1$. In general $G_m\mathcal{O}_X$ is not Cohen-Macaulay, though in the case of high embedding dimension we have the following result

Theorem (Sally, [8], [10]). If $\delta = m+d-1$, then $G_m \mathcal{O}_X$ is Cohen-Macaulay. If $\mathcal{O}_{X,x}$ is Gorenstein and $\delta = m+d-2$ or $m+d-3$, then $G_m \mathcal{O}_X$ is Cohen-Macaulay.

Therefore, we obtain the following

Corollary 2.1. If $\delta = m+d-1$, then $R^i\pi_*\omega_{\bar{X}} = 0$ for $i > 0$. If $\mathcal{O}_{X,x}$ is Gorenstein and $\delta = m+d-2$, $m+d-3$, then $R^i\pi_*\omega_{\bar{X}} = 0$ for $i > 0$.

Remark 2.2. It is easy to see that if $\mathcal{O}_{X,x}$ is Gorenstein and $m \leq 5$, then $\delta = d, d+1, m+d-3$, or $m+d-2$.

J. Sally also obtained the Hilbert function in the cases of 2.1. This allows us to calculate the variation of the arithmetic genus and the groups of cohomology in the blowing-up π . If one knows the Hilbert function $H(n) = \dim.\ \chi(X, I^n/I^{n+1})$ (or the Samuel function $S(n) = \dim.\ \chi(X, \mathcal{O}_X/I^n))$ corresponding to an ideal I on X , then one can calculate the variation of the arithmetic genus in the blowing-up of I . The following theorem shows that the variation is the last coefficient of Samuel's polynomial.

Theorem 2.3 (see also Ramanujam [7]). Let X be a r-dimensional variety, proper over k , and let I be a coherent sheaf of ideals on X . Let $\pi : \bar{X} \longrightarrow X$ be the blowing-up of X with respect to I . If $E = cl^{\cdot}(\mathcal{O}_{\bar{X}}) - cl^{\cdot}(\mathcal{O}_{\bar{X}}(1)) \in K^{\cdot}(\bar{X})$, then one has

$$S(n) = \chi(X, \mathcal{O}_X) - \chi(\bar{X}, \mathcal{O}_{\bar{X}}) - \sum_{i=1}^{r} (-1)^i \chi(E^i) \binom{n}{i} \quad , \quad n \gg 0 .$$

Note 2.4. $K^{\cdot}(\bar{X})$ denotes, as usual , the Grothendieck group of coherent locally free sheaves on $\bar{X}$.

Proof of 2.3. One has $R^i\pi_*\mathcal{O}_{\bar{X}}(n) = 0$ for $i > 0$ and $n \gg 0$, and $\pi_*\mathcal{O}_{\bar{X}}(n) = I^n$ for $n \gg 0$. Therefore $\chi(\bar{X}, I^n \cdot \mathcal{O}_{\bar{X}}) = \chi(X, I^n)$ for $n \gg 0$. Writing $1 = cl^{\cdot}(\mathcal{O}_{\bar{X}})$, one has

$$S(n) = \chi(\mathcal{O}_X) - \chi(I^n) = \chi(\mathcal{O}_X) - \chi(I^n \cdot \mathcal{O}_{\bar{X}}) = \chi(\mathcal{O}_X) - \chi((1-E)^n) =$$

$$= \chi(\mathcal{O}_X) - \chi(\mathcal{O}_{\bar{X}}) - \sum_{i=1}^{r} (-1)^i \chi(E^i) \binom{n}{i} .$$

The last equality results from $E^i = 0$ for $i > r$, in the Grothendieck group $K_{\cdot}(\bar{X})$ of coherent sheaves (S.G.A. 6, exp. X).

Remark 2.5. Note that $H(n) = S(n+1) - S(n)$. In particular, we have that $H(n)$ is a polynomial for $n \gg 0$, as is well known. Moreover, if we write $P(n)$ for that polynomial, it is easy to see that the last coefficient of Samuel's polynomial is

$$\chi(X,\mathcal{O}_X) - \chi(\bar{X},\mathcal{O}_{\bar{X}}) = \sum_{n=0}^{\infty} (H(n) - P(n)) .$$

Theorem 2.6. Let X be a Cohen-Macaulay variety, proper over k . Let $\pi:\bar{X} \longrightarrow X$ be the blowing-up at a closed point x . Suppose one of the following conditions is satisfied:

a) $\delta = m+d-1$ and $d > 1$,

b) $\mathcal{O}_{X,x}$ is Gorenstein, $\delta = m+d-2$ and $d > 2$,

c) $\mathcal{O}_{X,x}$ is Gorenstein, $\delta = m+d-3$ and $d > 3$.

Then $H^i(X,\mathcal{O}_X) = H^i(\bar{X},\mathcal{O}_{\bar{X}})$.

Proof. $R^i\pi_*\omega_{\bar{X}} = 0$ for $i > 0$, by 2.1. Therefore, we are done if $\pi_*\omega_{\bar{X}} = \omega_X$. In any case, there is a natural morphism $f:\pi_*\omega_{\bar{X}} \hookrightarrow \omega_X$. Taking Euler characteristics in the exact sequence

$$0 \longrightarrow \pi_*\omega_{\bar{X}} \longrightarrow \omega_X \longrightarrow \text{Coker } f \longrightarrow 0$$

we obtain

$$\chi(X,\omega_X) - \chi(\bar{X},\omega_{\bar{X}}) = \text{length Coker } f .$$

However J. Sally shows ([9], [10]) that the Hilbert function is a polynomial for $n \geq 0$. This means, by 2.5, that the variation of the Euler characteristic is zero. Therefore $\text{Coker } f = 0$ and we have finished.

d) Let I be an ideal of a Gorenstein ring $\mathcal{O}_X$. We set $v(I)$ equal to the least number of generators of I . We assume that I is an almost complete intersection which is a generic complete intersection. This means that $v(I) = ht(I) + 1$, $v(I_p) = h(I)$ for all $p \in \text{Min } \mathcal{O}_X/I$. If $\mathcal{O}_X/I$ is Cohen-Macaulay, then $G_I\mathcal{O}_X$ is Gorenstein (Valla, [12]). Therefore, we have

Theorem 2.7. Let X be a Gorenstein variety and let $\pi:\bar{X} \longrightarrow X$ be the blowing-up with respect to a coherent sheaf of ideals I . We assume that $\text{Spec } \mathcal{O}_X/I$ is Cohen-Macaulay and that I is locally an almost complete intersection which is a generic complete intersection. Then, $R^i\pi_*\omega_{\bar{X}} = 0$ for $i > 0$.

e) Let X be a Cohen-Macaulay variety over k and let $\pi:\bar{X} \longrightarrow X$ be the blowing-up with respect to a coherent sheaf of ideals I .

Theorem 2.8. Suppose one of the following conditions is satisfied:

a) $k = \mathbb{C}$ and $\bar{X}$ is smooth,

b) $\dim X = 2$ and $\bar{X}$ is normal.

Then $\operatorname{Spec} G_{I^n}\mathcal{O}_X$ is Cohen-Macaulay for $n \gg 0$.

Proof: The vanishing theorem $R^i\pi_*\omega_{\bar{X}} = 0$ for $i > 0$, holds in the two cases (Grauert-Riemenschneider [2] and Lipman [6]).

3. APPENDIX: A DUALITY FORMULA

Our purpose is to prove the following

Theorem 3.1. *Let $\pi : Z \longrightarrow X$ be a proper morphism and let Y be the fibre over a closed point x. If Z is an n-dimensional Cohen-Macaulay variety and L is a coherent locally free sheaf on Z, one has*

$$H^i_Y(Z, L)^* = (R^{n-i}\pi_*(\omega_Z \otimes \check{L}))^{\wedge}_x ,$$

where the dual is taken over the base field k.

Proof: Let p be the sheaf of ideals corresponding to Y. Then by the theorem of formal functions and global duality, one has:

$$(R^{n-i}\pi_*(\omega_Z \otimes \check{L}))^{\wedge}_x = \varprojlim_r H^{n-i}(\omega_Z \otimes \check{L} \otimes \mathcal{O}_Z/p^r) = \varprojlim_r \operatorname{Ext}^i_{\mathcal{O}_Z}(\omega_Z \otimes \check{L} \otimes \mathcal{O}_Z/p^r, \omega_Z)^* =$$

$$= [\varinjlim_r \operatorname{Ext}^i_{\mathcal{O}_Z}(\omega_Z \otimes \mathcal{O}_Z/p^r, L \otimes \omega_Z)]^* \overset{(1)}{=} \varinjlim_r \operatorname{Ext}^i_{\mathcal{O}_Z}(\mathcal{O}_Z/p^r, L)]^* = H^i_Y(Z, L)^* .$$

Equality (1) is a consequence of the spectral sequences with the same abutment:

$$E_2^{p,q} = [\varinjlim \operatorname{Ext}^p_{\mathcal{O}_Z}(\mathbf{Tor}_q^{\mathcal{O}_Z}(\mathcal{O}_Z/p^r, \omega_Z), L \otimes \omega_Z)]^* = \varprojlim H^{n-p}(\mathbf{Tor}_q^{\mathcal{O}_Z}(\mathcal{O}_Z/p^r, \omega_Z) \otimes \check{L})$$

$$\bar{E}_2^{p,q} = [\varinjlim \operatorname{Ext}^p_{\mathcal{O}_Z}(\mathcal{O}_Z/p^r, \mathbf{Ext}^q_{\mathcal{O}_Z}(\omega_Z, \omega_Z) \otimes L)]^* .$$

A computation gives $E_2^{p,q} = 0$ for $q \neq 0$, and the second spectral sequence is also degenerate by the following fact (see [4], Satz 6.1)

$$\mathbf{Ext}^q_{\mathcal{O}_Z}(\omega_Z,\omega_Z) = 0 \quad \text{for} \quad q > 0 \quad , \quad \mathbf{Hom}_{\mathcal{O}_Z}(\omega_Z,\omega_Z) = \mathcal{O}_Z \qquad \text{q.e.d.}$$

Theorem 3.1 is probably known. There are analogous results in Hartshorne ([3]) and Lipman [6].

REFERENCES

[1] Abhyankar, S.S. - "Local rings of high embedding dimension". Amer. J. Math. 89, 1073-1077 (1967).

[2] Grauert, H. - Riemenschneider, O. - "Verschwindungssätze für analytische Kohomologiegruppen auf komplexem Räumen". Inv. Math., 11 (1970), 263-292.

[3] Hartshorne, R. - "On the De Rham cohomology of algebraic varieties". Publ. Math. I.H.E.S., 45 (1976), 5-99.

[4] Herzog, J. and Kunz, E. - "Der kanonische Modul eines Cohen-Macaulay-Rings". Lecture Notes in Math., 238.

[5] Huneke, C. - "On the associated graded ring of an ideal". Ill. J. of Math. 104, nº 5 (1982), 1043-1062.

[6] Lipman, J. - "Desingularization of two dimensional schemes". Annals of Math. 107, (1978), 151-207.

[7] Ramanujam, C.P. - "On a geometric interpretation of multiplicity". Inv. Math. 22 (1973), 63-67.

[8] Sally, J. - "On the associated graded ring of a local Cohen-Macaulay ring". J. Math. Kyoto Univ., 17 (1977), 19-21.

[9] Sally, J. - "Local Cohen-Macaulay rings of maximal embedding dimension". J. Algebra, 56 (1979), 168-183.

[10] Sally, J. - "Good embedding dimensions for Gorenstein singularities". Math. Ann., 248, 95-106 (1980).

[11] Sancho de Salas, J. - "A vanishing theorem for birational morphism". Lecture Notes in Math., 961.

[12] Valla, G. - "A property of almost complete intersections". Quart. J. Math. Oxford Ser. (2), 33 (1982), nº 132, 487-492.

M.T. SANCHO DE SALAS

Factorization theorem for birational morphisms and relations between the multiplicities

Introduction: O. Zariski proved [1942] that every birational proper map of smooth surfaces factors into a composition of blowing ups with centers at points. Later Shafarevich [1] generalized this to regular 2-dimensional schemes. Recently Danilov [5] has proved that birational proper maps of smooth schemes over a field k with fibres of dimension ≤ 1 factor locally into blowing ups of smooth subschemes of codimension 2. At the end of his paper Danilov comments on the difficulties he met trying prove the theorem for regular schemes. In the present paper we overcome these difficulties using essentially general duality theory and the factorization theorem is proved for regular proper schemes flat over a base scheme (theorems 3.6 and 4.1).

The technique of proof consists in the systematic use of the birational invariance properties of valuations (section 1) and of course duality theory.

This same method gives the following (Corollaries 3.3 and 3.4): Let $\pi : X \longrightarrow Y$ be a proper birational morphism of regular schemes. Then there exists a relation between the multiplicities of a hypersurface H embeded in Y, the multiplicities of its strict transform $\tilde{H}$ and the dimensions of the fibres of π.

In particular for the Abel contraction morphism one gets a Kempf theorem.

Notations: We will always work in the category of schemes X proper and flat over S. X and S will be noetherian integral and normal. The quotient field Σ of X will have transcendence degree n over the quotient field Σ_S of S.

0. Valuations

All valutations will be discrete of rank 1 and trivial over Σ_S. Given a valuation v of Σ we will say it has center $x \in X$ (or the irreducible subvariety $Y = \overline{\{x\}} \subset X$), if the local ring of X at x, $\mathcal{O}_{X,x}$, is contained in $\mathcal{O}_v$ and $p_v \cap \mathcal{O}_{X,x} = m_x$.

If $x \in X$, we will call the valuation v defined by: $f \in \mathcal{O}_{X,x}$, $v(f) = k \iff f \in m_x^k$ and $f \notin m_x^{k+1}$, *the normal valuation at* x (or m_x-adic valuation). We denote it by v_x or v_Y $(Y = \overline{\{x\}})$. This is a valuation if and only if $G_x\mathcal{O}_{X,x} = \mathcal{O}_{X,x}/m_x \oplus m_x/m_x^2 \oplus \ldots \oplus m_x^n/m_x^{n+1} \oplus \ldots$ is integral. In particular if X is regular at x, the normal

valuation v_x always exists and it coincides with the multiplicity function; that is $v_x(f) =$ multiplicity of the hypersurface $f = 0$ at $x = m_x(f)_o$.
If H is a subvariety of X of codimension 1, the normal valuation v_H is the only valuation of Σ/Σ_S with center at H because the local ring of X at the generic point of H is regular of dimension 1 and so a valuation ring.

1. Ordering of valuations

Let $\mathcal{O}$ be a local ring and $\mathcal{O}_{v_1}, \mathcal{O}_{v_2} \supset \mathcal{O}$ two valuation rings. We will say that $v_1 < v_2$ (with respect to $\mathcal{O}$) if $v_1(f) \leqq v_2(f)$ for all $f \in \mathcal{O}$.

Proposition 1.1. Let $\mathcal{O}$ be a regular local ring, x the closed point and v_x the normal valuation.

a) If v is a valuation which has center at x then $v_x \leqq v$.

b) If $Y \subset \operatorname{Spec} \mathcal{O}$ is an irreducible closed subscheme then $v_Y \leqq v_x$.

Proof. a) If $\mathcal{O}_v \supset \mathcal{O}$ and $p_v \cap \mathcal{O} = m_x$ then $v(f) \geqq 1$ for all $f \in m_x$. As $v(f \cdot g) = v(f) + v(g)$ and $v(f+g) \geqq \min(v(f), v(g))$ then $f \in m^n$ implies $v(f) \geqq n$.

b) It is well known that multiplicity is an upper semicontinuous function; that is $m_Y(f)_o \leqq m_x(f)_o$.

Proposition 1.2. Let $X \xrightarrow{\pi} Y$ be a proper birational morphism, where X and Y are regular. If $y \in Y$ then v_y has center on X at an irreducible component F of $\pi^{-1}(y)$ and it is the normal valuation at F.

Proof. Suppose that v_y has center at $x \in X$ and let F be the irreducible component of $\pi^{-1}(y)$ which passes through x. By proposition 1.1: $v_F \leqq v_x \leqq v_y$ with respect to $\mathcal{O}_{X,x}$ and $v_y \leqq v_F$, with respect to $\mathcal{O}_{Y,y}$. One then has $v_y = v_x = v_F$ and so $\overline{\{x\}} = F$.

Value of an ideal. Let $\mathcal{O}$ be a local ring, α an ideal of $\mathcal{O}$ and $\mathcal{O}_v \supset \mathcal{O}$ a valuation ring. The value of v on α is by definition: $v(\alpha) = \min_{f \in \alpha} \{v(f)\} =$ minimum value of v on a set of generators.
$v(\alpha)$ does not depend on the ring $\mathcal{O}$ in the following sense: If $\mathcal{O} \subset \mathcal{O}' \subset \mathcal{O}_v$, then $v(\alpha) = v(\alpha \cdot \mathcal{O}')$ because if $f_1, \ldots, f_n$ generate α, they also generate $\alpha \cdot \mathcal{O}'$.

Lemma 1.5. Let $\mathcal{O}$ be a regular local ring whose closed point is x and let α be an ideal such that $(\alpha)_o$ is of codimension 1. If $v_x(\alpha) = 1$ then α is principal.

Proof. If $(f_1,\ldots,f_n) = \alpha \subset p_H = (g)$ then $f_i = g \cdot x_i$ for some x_i. So $1 = v_x(\alpha) = v_x(f_i) = v_x(g) + v_x(x_i)$. Then $v_x(x_i) = 0$ and x_i is invertible in $\mathcal{O}$. Therefore $\alpha = (f_i) = (g)$.

2. Value of a section ω_0 of the dualizing sheaf for a given valuation

Let v be a valuation and $X \xrightarrow{\pi} S$ a Gorenstein morphism. In this section we will define $v(\omega_0)$ for each $\omega_0 \in \Gamma(U,\omega_{X/S})$, where $\omega_{X/S}$ is the dualizing sheaf of π. For this we need duality theory [2]. Recall:

Proposition 2.1. Let $\pi:\bar{X} \longrightarrow X$ be a birational proper morphism. Then:

1) $\omega_{\bar{X}/S} = \pi^*\omega_{X/S} \otimes \omega_{\bar{X}/X}$.

2) If $f:\bar{X}' \longrightarrow \bar{X}$ is another birational proper morphism one has $\omega_{\bar{X}'/X} = f^*\omega_{\bar{X}/X} \otimes \omega_{\bar{X}'/\bar{X}}$ on $f^{-1}(\bar{U})$, $\bar{U}$ being the open set of Gorenstein points of $\bar{X}$.

Notation. If π is a birational proper morphism, we will denote by $L(\pi)$ the closed set of points where π is not an isomorphism. We will also write $z(\pi) = \pi^{-1}(L(\pi))$ to denote the exceptional cycle.

Theorem 2.2. Let $\pi:\bar{X} \longrightarrow X$ and $\bar{U}$ be as above. Then the relative dualizing sheaf is invertible on $\bar{U}$. It defines a unique divisor $K_{\bar{X}/X}$ on the open set $\bar{U}$ whose support is contained in the exceptional cycle. Furthermore, if $f:\bar{X}' \longrightarrow \bar{X}$ is another birational proper morphism such that $\pi' = \pi \circ f:\bar{X}' \longrightarrow X$ satisfies the previous conditions, the divisors $K_{\bar{X}'/X}$ and $f^*K_{\bar{X}/X}$, which are defined on $\bar{U}' \cap f^{-1}(\bar{U})$, are equal outside the exceptional cycle of f.

Proof. By the proposition, $\omega_{\bar{X}/X}$ is invertible on $\bar{U}$. Moreover, as π is an isomorphism away from the exceptional cycle, $\omega_{\bar{X}/X}$ is isomorphic to $\mathcal{O}_{\bar{X}}$ away from the exceptional cycle. So it defines a divisor $K_{\bar{X}/X}$ on $\bar{U}$ and its support is contained in the exceptional cycle.

If $K'_{\bar{X}/X}$ is another divisor of $\omega_{\bar{X}/X}$ on $\bar{U}$ whose support is contained in the exceptional cycle, then $K'_{\bar{X}/X} = K_{\bar{X}/X} + D(f)$ on $\bar{U}$, f being a function in the quotient field with no zeros nor poles outside $L(\pi)$. But as X is normal, $L(\pi)$ is of codimension ≥ 2. So $f \in \Gamma(X,\mathcal{O}_X)$ is invertible and $D(f) = 0$ on $\bar{U}$.

For the second part, one can deduce in the same way that $\omega_{\bar{X}'/X}$ is invertible on $\bar{U}' \cap f^{-1}(\bar{U})$. So it defines a divisor $K_{\bar{X}'/X}$ whose support is concentrated on the exceptional cycle of π'. Moreover, according to proposition 2.1 part 2) one has $\omega_{\bar{X}'/X} = f^*\omega_{\bar{X}/X} \otimes \omega_{\bar{X}'/\bar{X}}$ on $\bar{U}' \cap f^{-1}(\bar{U})$. So $f^*K_{\bar{X}/X} + K_{\bar{X}'/\bar{X}}$ is a divisor on

$\bar{U}' \cap f^{-1}(\bar{U})$. As its support is contained in the exceptional cycle of π' , it equals $K_{\bar{X}'/X}$ on that open set. Therefore $K_{\bar{X}'/X}$ and $f^*K_{\bar{X}/X}$ coincide outside the exceptional cycle of f . q.e.d.

Let $\pi:\bar{X} \longrightarrow X$ be as in the theorem and let v be a valuation which has center at a point $\bar{x}_v$ of $\bar{X}$ of codimension 1. Let U be an open set containing $\pi(\bar{x}_v)$. If $\omega_o \in \Gamma(U,\omega_{X/S})$ is a local section of the dualizing sheaf of X , ω_o defines a unique canonical divisor on U , $K_U(\omega_o)$. So, by the theorem one has a unique canonical divisor on $\bar{U} \cap \pi^{-1}(U)$:

$$\bar{K}(\omega_o) = (\pi^* K_U(\omega_o) + K_{\bar{X}/X})|_{\bar{U} \cap \pi^{-1}(U)} \quad .$$

Definition. The value of ω_o for the valuation v with respect to π is defined to be the coefficient $v(\omega_o,\bar{X})$ of the divisor $\bar{K}(\omega_o)$ at the point $\bar{x}_v$.

Theorem 2.3. Let $\pi:\bar{X} \longrightarrow X$ be a birational morphism such that the valuation v has center on $\bar{X}$ of codimension 1 . Let ω_o be a differential as above. Then the value of ω_o for v with respect to π does not depend on the model $\bar{X}$ chosen. This will justify the notation $v(\omega_o)$.

Proof. Let $\pi':\bar{X}' \longrightarrow X$ be another normal scheme satisfying the conditions of the theorem. We may suppose that there exists a birational morphism $f:\bar{X}' \longrightarrow \bar{X}$ such that $\pi' = \pi \circ f$, since each scheme could be compared with the normalized graph of the birational transformation which exists between them. Now as $f(\bar{x}'_v) = \bar{x}_v$ and f is a isomorphism on a open set containing $\bar{x}'_v$, it is enough to prove that $\bar{K}'(\omega_o)$ and $f^*\bar{K}(\omega_o)$ have the same coefficient on $\bar{x}_v$. But this follows from the second part of theorem 2.2. q.e.d.

One now has a definition of $v(\omega_o)$ for each $\omega_o \in \Gamma(U,\omega_{X/S})$ and each U which passes through the center q of v on X . Therefore one can define $v(\omega_o)$ for each $\omega_o \in \omega_X \otimes_{\mathcal{O}_X} \mathcal{O}_{X,q} = \omega_{X,q}$. If $\omega_o \in \omega_X \otimes_{\mathcal{O}_X} \Sigma$ then there exists $f \in \Sigma$ such that $f \cdot \omega_o \in \omega_{X,q}$; and we define $v(\omega_o) = v(f \cdot \omega_o) - v(f)$. This does not depend on the f chosen because $v(g \cdot \omega_o) = v(g) + v(\omega_o)$ for each $g \in \mathcal{O}_{X,q}$.

Let $p \in X$ and ω_p be a generator of $\omega_{X,p}$. If v is a valuation which has center at $Y = \overline{\{y\}}$ such that $p \in Y$ then:

a) $v(\omega_p)$ *does not depend on the generator,* because another generator would be $f \cdot \omega_p$ with f invertible and so $v(f) = 0$.

b) $v(\omega_p) = v(\omega_y)$ and *hence does not depend on the point* $p \in Y$ *chosen,* because if

ω_p generates $\omega_{X,p}$, then it also generates $\omega_{X,y}$ and the result follows from a).

Let $\bar{X} \xrightarrow{\pi} X$ be as in theorem 2.2 and v be a valuation with center at Y. For all $p \in Y$, $v(\omega_p)$ = coefficient of the divisor $K_{\bar{X}/X}$ at $\bar{x}_v$, as the divisor which ω_p defines on a open neighbourhood of p is zero.

Proposition 2.4. If X is a regular scheme, Y a regular closed subscheme and $\bar{X} \xrightarrow{\pi} X$ the blowing up of X along Y, then $\omega_{\bar{X}/X} = \mathcal{O}_{\bar{X}}(1-d)$, d being equal to codimension of Y in X.

Proof. $\pi^{-1}(Y) = E \simeq \mathbb{P}_Y^{d-1}$ is the exceptional cycle and $L(-E) = \mathcal{O}_{\bar{X}}(1)$. Therefore $\omega_{\bar{X}/X} = \mathcal{O}_{\bar{X}}(m)$. As $\omega_{\bar{X}/S} = \pi^*\omega_{X/S} \otimes \omega_{\bar{X}/X}$, one has locally on X: $\omega_{\bar{X}/S} \simeq \mathcal{O}_{\bar{X}}(m)$. But $\omega_E = \omega_{\mathbb{P}_Y^{d-1}} = \mathcal{O}_E(-d)$ and the adjunction formula gives $\omega_E = \omega_{\bar{X}/S} \otimes \mathcal{O}_{\bar{X}}(1)|_E = \mathcal{O}_E(m-1)$. With this we are done.

Corollary 2.5. If X is a regular scheme and Y is a closed subscheme of X, then $v_Y(\omega_x) = d-1$ for each $x \in Y$, d being the codimension of Y in X.

Proof. One argues over the open set U of X where Y is regular. Applying the previous proposition one has $K_{\pi^{-1}(U)|U} = (d-1)E$.

Corollary 2.6. With the hypothesis of the above corollary, if v is a valuation with center on Y, then $v(\omega_x) \geq (d-1)v(p_Y)$, with equality if and only if $v = v_Y$.

Proof. Let $\mathcal{O}_y$ be the local ring of X at the generic point of Y. Also, let $\mathcal{O}_{x_1}$ be the local ring at the center of v of the blowing up of $\mathcal{O}_y$ along p_Y. By the above corollary $\omega_y = g^{\alpha}\omega_{x_1}$ where $g=0$ is the local equation of the exceptional fibre and $v_Y(\omega_y) = \alpha = d-1$. Hence $v(\omega_y) = \alpha v(g) + v(\omega_{x_1})$ and we are done.

Observation. This gives a method to compute $v(\omega_y)$: blow up successively the points where v centers until the center of v has codimension 1. This process is finite (see [3]).

Proposition 2.7. Let $\pi : X \longrightarrow Y$ be a proper birational morphism between regular schemes and let $y \in Y$. If v_y has center at $x \in X$ then $m_y\mathcal{O}_{X,x} = m_x$.

Proof. $m_y\mathcal{O}_{X,x} \subseteq m_x$. It is enough to prove that if one blows up X at x, $X' \xrightarrow{p} X$, then $v_p(m_y) = 1$ for all $p \in p^{-1}(x)$. Let k = codimension of $\overline{\{x\}}$ in X and $\omega_y = g\omega_x$. One has $v_x(g) = v_x(\omega_y) - v_x(\omega_x) = n-1-(k-1)$ and by the previous corollary $(n-1)v_p(m_y) < v_p(\omega_x) + v_p(g) \leq 2(k-1) + v_p(g) \leq 2(k-1) + 2 \cdot v_x(g) = 2(n-1)$.

3. Relations among the multiplicities with respect to a birational morphism $\pi : X \longrightarrow Y$ of regular schemes

Proposition 3.1. Let $\pi : X \longrightarrow Y$ be a morphism of regular schemes whose exceptional cycle is $H_1 \cup \ldots \cup H_r$ (H_i hypersurfaces). For each point $y \in Y$ one has $\dim F_y = \sum_{x \in H_i} v_{H_i}(\omega_y) m_x H_i$, where $F_y = \overline{\{x\}}$ is the component of $\pi^{-1}(y)$ on which v_y centers.

Proof. $\omega_y = g\omega_x$ where $g = f_1^{\alpha_1} \cdot \ldots \cdot f_r^{\alpha_r}$, $(f_y)_o = H_i$ and $\alpha_i = v_{H_i}(\omega_y)$. Therefore $v_y(\omega_y) = \Sigma \alpha_i v_x(f_i) + v_x(\omega_x)$. One concludes by using corollary 2.5.

Corollary 3.2. With the notations of the previous proposition, if the exceptional fibre E of π is irreducible for each $y \in Y$, we have that $\dim F_y = (d-1) m_x E$, d being the codimension of $\pi(E) = Z$.

Proof. Note that $v_E(\omega_y) = v_Z(\omega_y) = d-1$.

Corollary 3.3. With the hypothesis of the previous corollary, if H is a hypersurface which passes through Z and $\bar{H} \xrightarrow{\pi} H$ is its strict transform, then for each $y \in Y$ one has:

$$m_y H = \begin{cases} m_Z H \dfrac{\dim \bar{F}_y}{d-1} + m_x \bar{H} & \text{if} \quad x \in \bar{H} \\[2ex] m_Z H \dfrac{\dim \bar{F}_y + 1}{d-1} & \text{if} \quad x \notin \bar{H} \end{cases}$$

where $\bar{F}_y = F_y \cap H$ is a irreducible component of $\bar{\pi}^{-1}(y)$.

Proof. If $H = (f)_o$, $\bar{H} = (\bar{f})_o$ and $E = (g)_o$, then $f = g^{\alpha}\bar{f}$, where α is $v_Z(f)$. Therefore, $v_y(f) = \alpha v_x(g) + v_x(\bar{f})$. By the previous corollary $v_x(g) = \dfrac{\dim F_y}{d-1}$. Furthermore, if $x \in \bar{H}$, $\bar{F}_y = F_y$ and $x \notin \bar{H}$, then $\dim \bar{F}_y = \dim F_y - 1$.

Corollary 3.4 (a Kempf theorem [4]). Let $X = S^g C \longrightarrow J^g C = Y$ be the Abel morphism, where $S^g C$ is the g-th symmetric product of the curve C and $J^g C$ is the Jacobian of C (g = genus of C). Then π is a birational map and it satisfies the conditions of the corollary 3.3 where $d = 2$. Thus, if H is a hypersurface of $J^g C$, which is regular at the generic point of $L(\pi)$ and if its strict transform $\bar{H} \xrightarrow{\pi} H$ is regular, then for each $y \in H$ one has $m_y H = \dim \bar{F}_y + 1$.

Proposition 3.5. Let $\pi : X \longrightarrow Y$ be a birational proper morphism of regular schemes such that $L(\pi)$ is equidimensional and of codimension d. Suppose the fibres of π have dimension $\leq d-1$. For each point $y \in Y$ let v_y be the normal valuation at y. Then v_y has center F_y on X where F_y is the component of $\pi^{-1}(y)$ such that:

a) There exists a unique component H of the exceptional cycle of π passing through F_y.

b) H is regular at the generic point of F_y.

c) The normal valuation v_H is equal to the normal valuation of its image $\pi(H)$, $v_H = v_{\pi(H)}$.

Proof. According to proposition 3.1. $\dim F_y = \sum_{F_y \subset H_i} v_{H_i}(\omega_y) \cdot m_{F_y} H_i \leq d-1$; now one concludes by using corollary 2.6.

Conversely: If F_y satisfies the conditions of the theorem, then $\omega_y = g^{\alpha} \omega_{F_y}$ where $(g)_0 = H$ and $\alpha = v_H(\omega_y) = v_{\pi(H)}(\omega_y) = d-1$. Therefore $v_{F_y}(\omega_y) = d-1+n-d+1 = n-1$ and by corollary 2.6 $v_{F_y} = v_y$.

Theorem 3.6. With the hypothesis of the proposition 3.5, for each $y \in Y$ there exists a component Z of $L(\pi)$ which is regular at y. (Z will be $\pi(H)$).

Proof. By proposition 2.7, $m_y \mathcal{O}_X = p_{F_y}$ at the generic point of F_y. As H is regular at F_y, there exists a regular subscheme $V \subset H$ whose codimension in H is equal to the dimension of F_y, and it meets F_y transversally. Therefore $V \xrightarrow{\bar{\pi}} Z$ is an isomorphism at y and we are done.

4. Theorem of factorization

Theorem 4.1. Let $\pi : X \longrightarrow Y$ be a proper birational morphism between regular schemes such that the fibres of π have dimension ≤ 1. For each $y \in Y$ there exists an open neighbourhood U such that $\pi^{-1}(U) \longrightarrow U$ can be factored through a blowing up along a regular subscheme of codimension 2.

Proof. Let $y \in Y$ and let Z be the component of $L(\pi)$ of theorem 3.6 and proposition 3.5. Let U be the open set where Z is regular and for all $x \in Z \cap U$, v_x has center on X at a subscheme of H.

Let

$$\begin{array}{ccc} \Gamma & \xrightarrow{p_1} & X \\ {\scriptstyle p_2}\downarrow & & \downarrow{\scriptstyle \pi} \\ \bar{Y} & \xrightarrow{p} & Y \end{array}$$

be the graph of the birational transformation between X and the blowing up $\bar{Y}$ of Y along Z.

If p_1 is not an isomorphism, there exists $Z_1 \subset X$, irreducible of codimension ≥ 2, such that $p_1^{-1}(Z_1)$ is of codimension 1. Let $\bar{H}$ be an irreducible component of $p_1^{-1}(Z_1)$ and let $p_2(\bar{H}) = Z_2$, $\pi(Z_1) = p(Z_2) = \bar{Z}$. One has $\bar{H} \subseteq Z_1 \times_{\bar{Z}} Z_2$, so $n-1 = \dim \bar{H} \leq \dim Z_1 + \dim Z_2 - \dim \bar{Z}$ (1), computing the dimension of the generic fibre.

But $\dim Z_2 - \dim \bar{Z} \leq \dim$ (fibres of $Z_2 - \bar{Z}) \leq 1$. Therefore $n-1 \leq \dim Z_1 + 1$, that is $\dim Z_1 = n-2$. In the same way one gets $\dim Z_1 - \dim \bar{Z} \leq 1$ and $\dim Z_2 \geq n-2$.

If $\dim Z_2 = n-1$ then $Z_2 = p^{-1}(Z)$. A valuation v, which has center at $\bar{H}$, has center $p^{-1}(Z)$ on $\bar{Y}$ and has center Z on X. Therefore $v = v_Z$ and this valuation has to have center on X of codimension 1 and not at Z_1.

If $\dim Z_2 = n-2$: $\dim Z_1 = n-2 = \dim Z_2$. By (1) $\dim \bar{Z} \geq n-3$. As $\dim p^{-1}(\bar{Z}) = \dim \bar{Z} + 1 \leq n-2$, we conclude that $Z_2 = p^{-1}(\bar{Z})$ and $v_{\bar{Z}} = v_{Z_2}$.

Let H_1 be the irreducible component of codimension 1 which passes through the center of v_{Z_2} on Γ. Then $\dim p_1(H_1) < n-1$ because $\pi \circ p_1(H_1) \neq Z$. Therefore, at the generic point of $p_1(\bar{H})$, p_1 is not an isomorphism. As the center of $v_{\bar{Z}}$ on X is contained in $p_1(\bar{H})$ one has $v_{\bar{Z}}(p_Z) = 1 \geq v_{p_1(H_1)}(p_Z)$. But this is impossible since $p_Z \mathcal{O}_X$ is not principal and by lemma 1.5 we have a contradiction.

REFERENCES

[1] I.R. Shafarevich - "Lectures on minimal models and birational transformations of two dimensional schemes". Tata Institute of Fundamental Research, Bombay (1966).

[2] D. Hernández Ruipérez - "Dualidad en los espacios algebraicos". Acta Salmanticensia. Ediciones Univ. de Salamanca, (1981).

[3] D. Shannon - "Monoidal transforms of regular local rings". Amer. J. Math., 95 (1973), 294-320.

[4] G. Kempf - "On the Geometry of a theorem of Riemann". Ann. of Math. (1973).

[5] V.I. Danilov - "Decomposition of certain birational morphism". Math. U.S.R.R. Izvestija, Vol. 16 (1981), nº 2.

Imprimé en France. Imprimerie de l'Indépendant
Dépôt légal : deuxième trimestre 1987
Numéro d'édition : 6027
Hermann, éditeurs des sciences et des arts